Emma Diel

Emma Diel

Schnittpunkt **8**

Mathematik

Rainer Maroska
Achim Olpp
Rainer Pongs
Claus Stöckle
Hartmut Wellstein
Heiko Wontroba

Ernst Klett Verlag
Stuttgart · Leipzig

Schnittpunkt 8, Mathematik

Begleitmaterial:
Lösungsheft (ISBN 978-3-12-742390-x)
Schnittpunkt Kompakt, Klasse 5/6 (ISBN 978-3-12-740358-9)
Schnittpunkt Kompakt, Klasse 7/8 (ISBN 978-3-12-740378-7)
Kompetenztest 2, Klasse 7/8 (ISBN 978-3-12-740487-6)
Formelsammlung (ISBN 978-3-12-740322-0)

1. Auflage   1 ^{6} ^{5} ^{4} ^{3} ^{2} | **13 12 11 10 09**

Alle Drucke dieser Auflage sind unverändert und können im Unterricht nebeneinander verwendet werden. Die letzten Zahlen bezeichnen jeweils die Auflage und das Jahr des Druckes.

Autoren: Rainer Maroska, Achim Olpp, Rainer Pongs, Claus Stöckle, Prof. Dr. Hartmut Wellstein, Heiko Wontroba
Redaktion: Annette Thomas, Elke Linzmaier

Zeichnungen / Illustrationen: Uwe Alfer, Waldbreitbach
Umschlagfoto: Fotosearch RF (image 100), Wankesha, WI

Reproduktion: Meyle + Müller, Medien-Management, Pforzheim
DTP / Satz: media office gmbh, Kornwestheim
Druck: Stürtz GmbH, Würzburg
Printed in Germany

ISBN 978-3-12-742389-1

Liebe Schülerin, lieber Schüler,

der Schnittpunkt soll dich in diesem Schuljahr beim Lernen begleiten und unterstützen. Damit du dich jederzeit zurecht findest, wollen wir dir ein paar Hinweise geben.

Jedes neue Kapitel beginnt mit einer **Doppelseite**, auf der es viel zu entdecken und auszuprobieren gibt und auf der du nachlesen kannst, was du in diesem Kapitel lernen wirst. Innerhalb der Kapitel wirst du vor allem die **Aufgaben** bearbeiten – gemeinsam mit anderen oder allein.

Auf vielen Aufgabenseiten findest du immer wieder bunt hervorgehobene Kästen, die Verschiedenes bieten:

- Wichtige mathematische Methoden und Vorgehensweisen, die du immer wieder brauchen wirst.

- Informationen, Daten und Diagramme zu einem interessanten Thema sowie einige Fragestellungen, zu denen du Antworten und Fragen finden kannst.

- Den Anstoß zu einer ausführlichen Beschäftigung mit einem Thema, bei dem es einiges zu entdecken gibt.

- Wissenswertes aus alter Zeit.

- Schaufenster in die Mathematik mit Interessantem, Staunenswertem, mit Spielen, Bastelideen, Gedankenexperimenten und echten Knobelnüssen.

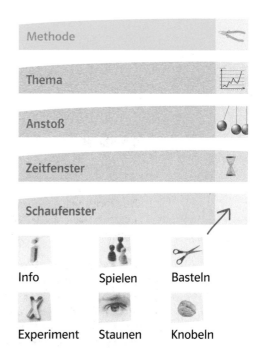

Am Ende jedes Kapitels findest du in der **Zusammenfassung** noch einmal alles, was du dazugelernt hast. Hier kannst du dich für die anstehenden Klassenarbeiten fit machen und jederzeit nachschlagen.

Unter **Üben • Anwenden • Nachdenken** sind Aufgaben zum Üben, Weiterdenken und Anknüpfen an früher Gelerntes zusammengestellt.

Die letzte Seite des Kapitels, der Rückspiegel, bietet dir eine Aufgabenauswahl, mit der du dein Wissen und Können testen kannst. Links findest du die leichteren, rechts die schwierigeren Aufgaben. Wenn du einen Aufgabentyp schon sehr gut beherrschst, kannst du nach rechts springen, wenn dir eine Art von Aufgaben noch Schwierigkeiten bereitet, wechselst du auf die linke Seite. Die Lösungen zu diesen Aufgaben findest du alle am Ende des Buches.

Im **Sammelpunkt** sind noch einmal Aufgaben zusammengestellt, die aufgreifen, was du bis Klasse 8 gelernt hast. Auch zu diesen Aufgaben findest du Lösungen am Ende des Buches.

Manche Aufgaben haben eine blaue Aufgabenziffer. Bei diesen musst du ein bisschen länger überlegen oder brauchst eine gute Idee.

Und jetzt wünschen wir dir viel Spaß und Erfolg!

Inhalt

[1] Diese Inhalte sind für Klasse 8 in Hessen nicht verbindlich.
[2] Diese Inhalte sind für Klasse 8 in Schleswig-Holstein nicht verbindlich.

Basiswissen | Rechnen mit Brüchen

$$\frac{1}{6} + \frac{3}{4} = \frac{1 \cdot 2}{6 \cdot 2} + \frac{3 \cdot 3}{4 \cdot 3} = \frac{2}{12} + \frac{9}{12} = \frac{11}{12}$$

$$\frac{4}{5} - \frac{2}{3} = \frac{4 \cdot 3}{5 \cdot 3} - \frac{2 \cdot 5}{3 \cdot 5} = \frac{12}{15} - \frac{10}{15} = \frac{2}{15}$$

$$\frac{2}{3} + \frac{1}{2} = \frac{1}{2} + \frac{2}{3} \text{, denn} \quad \frac{2}{3} + \frac{1}{2} = \frac{4}{6} + \frac{3}{6} = \frac{7}{6} = 1\frac{1}{6}$$
$$\frac{1}{2} + \frac{2}{3} = \frac{3}{6} + \frac{4}{6} = \frac{7}{6} = 1\frac{1}{6}$$

$$\left(\frac{2}{3} + \frac{2}{5}\right) + \frac{1}{5} = \frac{2}{3} + \left(\frac{2}{5} + \frac{1}{5}\right) = \frac{2}{3} + \frac{3}{5} = \frac{10}{15} + \frac{9}{15}$$
$$= \frac{19}{15} = 1\frac{4}{15}$$

Zwei Brüche werden **addiert** oder **subtrahiert**, indem man beide Brüche auf einen gemeinsamen Nenner erweitert und dann die beiden Zähler addiert oder subtrahiert.
In Summen dürfen die Summanden vertauscht
und beliebig Klammern gesetzt und weggelassen werden.

1 Berechne im Kopf.

a) $\frac{2}{5} + \frac{3}{5}$ b) $\frac{5}{7} - \frac{2}{7}$ c) $\frac{3}{4} + \frac{5}{4}$

d) $\frac{2}{3} + \frac{1}{4}$ e) $1 - \frac{1}{5}$ f) $\frac{2}{3} + \frac{2}{5}$

g) $\frac{1}{3} + 1$ h) $\frac{3}{4} - \frac{3}{8}$ i) $\frac{5}{6} - \frac{1}{3}$

2 Addiere und subtrahiere.

a) $\frac{5}{6} + \frac{3}{8}$ b) $\frac{3}{4} + \frac{4}{5}$ c) $\frac{3}{4} - \frac{5}{9}$

d) $\frac{7}{8} + \frac{4}{5}$ e) $\frac{3}{5} - \frac{2}{7}$ f) $\frac{2}{3} - \frac{2}{5}$

g) $\frac{6}{7} - \frac{5}{8}$ h) $\frac{5}{7} + \frac{2}{9}$ i) $\frac{3}{8} - \frac{2}{9}$

3 Berechne.

a) $1\frac{3}{4} - \frac{1}{2}$ b) $2\frac{2}{3} + 1\frac{1}{2}$

c) $1\frac{2}{3} + 2\frac{7}{8}$ d) $1\frac{4}{5} - 1\frac{1}{8}$

e) $1\frac{4}{9} - \frac{1}{6}$ f) $\frac{1}{2} + 1\frac{5}{6}$

4 Berechne.

a) $\frac{3}{4} + \frac{4}{3} + \frac{1}{4}$ b) $\frac{1}{6} + \left(\frac{1}{4} + \frac{5}{6}\right)$

c) $\frac{1}{2} + \left(\frac{3}{7} + \frac{1}{4}\right) + \frac{9}{14}$ d) $\left(\frac{2}{7} + \frac{5}{8}\right) + \left(\frac{5}{7} + \frac{3}{4}\right)$

e) $\frac{1}{12} + \left(\frac{3}{7} + \frac{5}{6}\right) + \frac{2}{7} + \frac{1}{3}$ f) $\left(\frac{1}{6} + \frac{2}{3}\right) + \frac{1}{2} + \left(\frac{8}{9} + \frac{3}{4}\right)$

$$\frac{2}{3} \cdot \frac{5}{7} = \frac{2 \cdot 5}{3 \cdot 7} = \frac{10}{21}$$

$$\frac{2}{3} : \frac{4}{5} = \frac{2}{3} \cdot \frac{5}{4} = \frac{2 \cdot 5}{3 \cdot 4} = \frac{10}{12} = \frac{5}{6}$$

$$\frac{3}{5} \cdot \frac{4}{7} = \frac{4}{7} \cdot \frac{3}{5} \text{, denn} \quad \frac{3}{5} \cdot \frac{4}{7} = \frac{3 \cdot 4}{5 \cdot 7} = \frac{12}{35}$$
$$\frac{4}{7} \cdot \frac{3}{5} = \frac{4 \cdot 3}{7 \cdot 5} = \frac{12}{35}$$

$$\left(\frac{2}{3} \cdot \frac{2}{5}\right) \cdot \frac{5}{2} = \frac{2}{3} \cdot \left(\frac{2}{5} \cdot \frac{5}{2}\right) = \frac{2}{3} \cdot 1 = \frac{2}{3}$$

Zwei Brüche werden **multipliziert**, indem man Zähler mit Zähler und Nenner mit Nenner multipliziert.
Zwei Brüche werden **dividiert**, indem man den ersten Bruch mit dem Kehrbruch des zweiten Bruches multipliziert.
In Produkten dürfen die Faktoren vertauscht und beliebig Klammern gesetzt und weggelassen werden.

5 Berechne im Kopf.

a) $\frac{3}{5} \cdot \frac{1}{2}$ b) $\frac{1}{2} \cdot \frac{9}{5}$ c) $\frac{2}{3} \cdot \frac{1}{2}$

d) $\frac{3}{8} \cdot 1$ e) $\frac{3}{4} : \frac{7}{3}$ f) $1 \cdot \frac{5}{7}$

g) $1 : \frac{5}{6}$ h) $\frac{2}{3} \cdot \frac{3}{4}$ i) $\frac{8}{9} : 1$

6 Multipliziere und dividiere.

a) $\frac{3}{5} \cdot \frac{7}{6}$ b) $\frac{3}{7} : \frac{8}{5}$ c) $\frac{4}{9} \cdot \frac{4}{5}$

d) $\frac{7}{9} \cdot \frac{1}{4}$ e) $\frac{5}{6} : \frac{6}{7}$ f) $\frac{4}{9} : \frac{7}{4}$

g) $\frac{11}{9} : \frac{6}{5}$ h) $\frac{5}{9} \cdot \frac{7}{8}$ i) $\frac{3}{8} : \frac{8}{7}$

7 Berechne. Kürze wenn möglich.

a) $\frac{5}{4} : \frac{15}{8}$ b) $\frac{8}{25} \cdot \frac{5}{12}$

c) $\frac{5}{9} \cdot \frac{3}{10}$ d) $\frac{3}{5} \cdot \frac{10}{3}$

e) $\frac{9}{8} : \frac{3}{10}$ f) $\frac{25}{12} : \frac{5}{6}$

8 Benutze die Rechengesetze.

a) $\left(\frac{2}{5} \cdot \frac{3}{4}\right) \cdot \frac{5}{3}$ b) $\frac{3}{8} \cdot \left(\frac{5}{7} \cdot \frac{4}{3}\right)$

c) $\left(\frac{8}{9} \cdot \frac{7}{5}\right) \cdot \left(\frac{3}{4} \cdot \frac{15}{14}\right)$ d) $\frac{5}{8} \cdot \left(\frac{14}{3} \cdot \frac{12}{25}\right) \cdot \frac{4}{7}$

e) $\frac{8}{6} \cdot \left(\frac{2}{25} \cdot \frac{4}{7}\right) \cdot \left(\frac{15}{8} \cdot \frac{21}{16}\right)$ f) $\left(\frac{8}{9} \cdot \frac{3}{10}\right) \cdot \frac{7}{20} \cdot \left(\frac{5}{4} \cdot \frac{10}{21}\right)$

Basiswissen | Rechnen mit rationalen Zahlen

Beim **Addieren** von rationalen Zahlen mit **gleichen Vorzeichen** addiert man zunächst die Zahlen, ohne die Vorzeichen zu berücksichtigen. Das Ergebnis erhält das gemeinsame Vorzeichen beider Zahlen. Bei **verschiedenen Vorzeichen** subtrahiert man die Zahlen ohne Berücksichtigung ihres Vorzeichens. Das Ergebnis erhält das Vorzeichen der Zahl, die den größeren Betrag hat.
Beim **Subtrahieren** einer rationalen Zahl wird ihre Gegenzahl addiert.
Haben beim **Multiplizieren** beide Faktoren **gleiche Vorzeichen**, dann ist der Wert des Produkts **positiv**. Haben die Faktoren **verschiedene Vorzeichen**, dann ist der Wert **negativ**.
Haben beim **Dividieren** Dividend und Divisor **gleiche Vorzeichen**, dann ist der Wert des Quotienten **positiv**.
Haben Dividend und Divisor **verschiedene Vorzeichen**, ist der Wert **negativ**.

$$-12 + (-17) = -29$$

$$17 + (-29) = -12$$

$$(-11) - (+13) = (-11) + (-13) = -24$$
$$(-22) - (-15) = (-22) + (+15) = -7$$

$$(-12) \cdot (-7) = +(12 \cdot 7) = 84$$

$$(-12) \cdot (+7) = -(12 \cdot 7) = -84$$

$$(-96) : (-12) = +(96 : 12) = 8$$

$$(-96) : (+12) = -(96 : 12) = -8$$

1 a) $(+23) + (+36)$ b) $(-15) + (-45)$
c) $-45 + (-13)$ d) $34 + (-23)$
e) $-4{,}6 + 2{,}2$ f) $\frac{1}{2} + \left(-\frac{3}{4}\right)$

2 a) $(+34) - (+18)$ b) $(-56) - (-64)$
c) $42 - (-17)$ d) $-100 - 120$
e) $3{,}2 - 5{,}8$ f) $-\frac{1}{4} - \frac{1}{8}$

3 a) $(+12) \cdot (+9)$ b) $(-11) \cdot (-22)$
c) $-5 \cdot (-25)$ d) $-0{,}5 \cdot (-12{,}8)$
e) $-\frac{1}{3} \cdot \left(-\frac{1}{2}\right)$ f) $\frac{1}{2} \cdot \left(-\frac{1}{3}\right)$

4 a) $(+15) \cdot (-22)$ b) $(-9) \cdot (+19)$
c) $7 \cdot (-21)$ d) $-30 \cdot 0{,}4$
e) $\frac{1}{4} \cdot (-8)$ f) $-\frac{2}{3} \cdot 24$

5 a) $(+99) : (+11)$ b) $(-100) : (-8)$
c) $-175 : (-25)$ d) $-15 : (-0{,}5)$
e) $-\frac{17}{40} : (-17)$ f) $\frac{3}{4} : \left(-\frac{1}{4}\right)$

6 a) $(+56) : (-7)$ b) $(-256) : (+16)$
c) $72 : (-3{,}6)$ d) $-3{,}9 : 0{,}13$
e) $\frac{1}{3} : \left(-\frac{2}{9}\right)$ f) $-5{,}2 : 0{,}1$

Berechnen von Termen

Terme mit rationalen Zahlen werden nach denselben Regeln berechnet wie solche mit natürlichen Zahlen.
Innere Klammer zuerst
Klammern vor anderen Rechnungen
Potenzen zuerst
Punktrechnung **vor Strich**rechnung
Vereinfachte Schreibweise anwenden
von links nach rechts vereinfachen

$$
\begin{aligned}
&(64 - (130 - 36)) + (-5) \cdot 2^3 + 46{,}5 \\
={}&(64 - \quad 94 \quad) + (-5) \cdot 2^3 + 46{,}5 \\
={}&\quad -30 \qquad\qquad + (-5) \cdot 2^3 + 46{,}5 \\
={}&\quad -30 \qquad\qquad + (-5) \cdot 8 + 46{,}5 \\
={}&\quad -30 \qquad\qquad + (-40) \quad + 46{,}5 \\
={}&\quad -30 \qquad\qquad\qquad -40 \quad + 46{,}5 \\
={}&\qquad\qquad -70 \qquad\qquad + 46{,}5 \\
={}&\qquad\qquad -23{,}5
\end{aligned}
$$

7 a) $20 + 11 \cdot (-8)$
b) $13 \cdot (-5) + 25 \cdot (-11)$
c) $-2{,}5 \cdot 10 - (-2) \cdot (-4{,}5) + 0{,}5 \cdot (-4{,}2)$
d) $100 : 25 - (-8{,}4) : (-2{,}1)$
e) $-(-35 - 35) - (36 - 37)$
f) $-\left(\frac{1}{2} - \frac{1}{3}\right) + \left(\frac{1}{3} - \frac{1}{2}\right)$

8 a) $5{,}2 - (10{,}8 - 2 \cdot 5{,}6)$
b) $-150 : 25 - (5 - 225 : 15)$
c) $3 \cdot (4 - 5) - 4 \cdot (5 - 6)$
d) $-10{,}2 - (5{,}3 - 2 \cdot (4{,}5 - 2{,}5))$
e) $2 \cdot (4 - 5{,}5) - (3 \cdot (4{,}2 - 5{,}7) + 2)$
f) $10 - (2{,}5 \cdot 2{,}1 - (1{,}5 \cdot (-3) - 0{,}5))$

Basiswissen | Rechnen mit Termen

$3 \cdot x - 2 \cdot y + z$

Wert des Terms für $x = 4$; $y = 3$; $z = -5$:

$3 \cdot 4 - 2 \cdot 3 + (-5) = 12 - 6 - 5 = 1$

Der **Wert eines Terms** lässt sich berechnen, indem die Variablen durch Zahlen ersetzt werden.

$2x + 3y + x - 2y + 4z$
$= 2x + x + 3y - 2y + 4z$
$= 3x + y + 4z$

Gleichartige Terme lassen sich durch Addieren und Subtrahieren **zusammenfassen**, verschiedenartige dagegen nicht.

	T_1: $2x + 3y - 4x$	T_2: $3y - 2x$
$x = -1$	$-2 + 7,5 + 4$	$3 \cdot 2,5 - 2 \cdot (-1)$
und	$= 5,5 + 4$	$= 7,5 + 2$
$y = 2,5$	$= 9,5$	$= 9,5$

Terme heißen **äquivalent**, wenn ihre Werte nach jeder Ersetzung der Variablen durch Zahlen übereinstimmen.

$3xy \cdot 5z \cdot 4xz$
$= (3 \cdot 5 \cdot 4) \cdot (x \cdot x) \cdot y \cdot (z \cdot z)$
$= 60x^2yz^2$
$8abc : (-4) = -2abc$

Terme lassen sich **multiplizieren**, indem man die Koeffizienten und die Variablen getrennt multipliziert.
Beim **Dividieren** eines Terms durch eine Zahl wird nur der Koeffizient dividiert.

$x + (y + z) = x + y + z$
$x - (y + z) = x - y - z$
$x - (y - z) = x - y + z$
$x \cdot (y + z) = xy + xz$
$(x + y) : z = x : z + y : z$

Klammerregeln für Terme
- Addition einer Summe
- Subtraktion einer Summe
- Subtraktion einer Differenz
- Multiplikation einer Summe (Distributivgesetz)
- Division einer Summe

1 Setze die Zahl 3 für x und die Zahl −1 für y ein und berechne den Wert des Terms.
a) $2x + 3y$
b) $-2x - 3$
c) $2x \cdot 3y$
d) $y^2 - x$

2 Setze für die Variable x die ganzen Zahlen von −3 bis 3 ein und berechne den Wert des Terms.
a) $4 + 2x$
b) $-3x - 4$
c) $2x - 5x$
d) $2x^2 - x$

3 Fasse zusammen.
a) $9x + 12y - 5x + 7x - 4y$
b) $4a + 7b - 13a + 9b - b$
c) $3xy + 10ab - 9xy - 21ab$
d) $4a^2 - 4a + 4 - a^2 + a - 4$

4 Ergänze so, dass die Rechnung stimmt.
a) $10x - \square - 3x + 2y = 7x - 7y$
b) $-12x - y + \square - 5y = 5x - 6y$
c) $2a - 3b - 4 - a - \square = a - 4 + b$
d) $3xy - \square + 19ab - \square = 2xy + 20ab$

5 Multipliziere bzw. dividiere.
a) $6xy \cdot 5z \cdot 4 \cdot 8x$
b) $5x \cdot (-4y) \cdot 3 \cdot (-z)$
c) $12a \cdot (-6bc) \cdot 4a$
d) $2a \cdot 3ab \cdot c \cdot (-2a)$
e) $25xy : 2,5$
f) $35y^2 : (-7)$

6 Beachte „Punkt vor Strich".
a) $5xy + 4x \cdot (-7y) - 12y \cdot 3x$
b) $42xy - 40xy : 8 + 25xy - 20xy \cdot 3$
c) $3ab \cdot (-4ab) - cd \cdot cd + 5a^2b^2$

7 Löse die Klammern auf und berechne.
a) $9a + (12b - 6a) - 3b$
b) $6a + (14 - 3a) + (2a - 5)$
c) $10m - (3m + 5n) - (n + 2m)$
d) $6m - (-4n + m) + (-10m + 2n)$

8 Schreibe ohne Klammer.
a) $3a(9b + 6)$
b) $8a(7b - 9c)$
c) $(12x - 6y) \cdot 5y$
d) $(18x + 15y^2) \cdot (-2x)$
e) $-9x \cdot (-6x - 7y^2)$
f) $(14a - 21) : 7$
g) $(17ab - 34bc) : 17$
h) $(8a^2b - b^2) : (-0,5)$

Basiswissen | Gleichungen lösen

Um eine Gleichung zu lösen, führt man **Termumformungen** und **Äquivalenzumformungen** aus.
Durch solche Umformungen ändert sich die Lösung einer Gleichung nicht. Am Ende steht eine Gleichung, deren Lösung unmittelbar abzulesen ist.

$$8x + 27 + x + 2 \cdot (8 - 3x) = -32 + 4 \cdot (24 - x)$$

$$\downarrow$$

$$x = 3$$

Termumformungen
Die zwei Terme auf der linken und der rechten Seite der Gleichung werden durch Zusammenfassen einzeln vereinfacht. Enthält ein Term **Klammern**, werden diese zuerst aufgelöst.

$$
\begin{aligned}
8x + 27 + x + 2 \cdot (8 - 3x) &= -32 + 4 \cdot (24 - x) \\
8x + 27 + x + 16 - 6x &= -32 + 96 - 4x \\
3x + 43 &= 64 - 4x \quad | + 4x \\
7x + 43 &= 64 \quad | -43 \\
7x &= 21 \quad | : 7 \\
x &= 3
\end{aligned}
$$

Äquivalenzumformungen
- Auf beiden Seiten der Gleichung wird derselbe Term addiert oder subtrahiert.
- Beide Seiten der Gleichung werden mit derselben Zahl multipliziert oder durch dieselbe Zahl dividiert. **Nicht möglich** sind die Multiplikation mit null und die Division durch null.

Probe:

linker Term	rechter Term
$8 \cdot 3 + 27 + 3 + 2 \cdot (8 - 3 \cdot 3)$	$-32 + 4 \cdot (24 - 3)$
$= 24 + 27 + 3 + 2 \cdot (8 - 9)$	$= -32 + 4 \cdot 21$
$= 24 + 27 + 3 + 2 \cdot (-1)$	$= -32 + 84$
$= 24 + 27 + 3 - 2$	$= 52$
$= 52$	

1 Löse die Gleichung so weit wie möglich im Kopf.
a) $12x - 18 = 4x + 30$
b) $19x + 8 - 7x = 48 - 8x$
c) $29 - 17x = -18x + 30$
d) $34x - 27 + 8x = 50x - 87 - 2x$
e) $-x + 3x + 1 = -2x + 2 + 3x - 1$
f) $34 + 15x = 46 + 18x$

2 Löse die Gleichung.
a) $0,5x - 1 = 6$ b) $\frac{1}{3}x + 5 = 9$
c) $\frac{3}{4}x + \frac{7}{2} = \frac{1}{4}x + 6$ d) $\frac{5}{6}x + \frac{1}{4} = 4$
e) $1,5x + 8 = 6 - 0,5x$
f) $9,6x + 7 - 2,4x = -0,8x + 19$

3 Löse zuerst die Klammern auf, bevor du die Gleichung löst.
a) $6 \cdot (3x + 4) = 5 \cdot (2x + 8)$
b) $-12x + 4 \cdot (x - 9) = 3 \cdot (2 - 5x)$
c) $y + 2 \cdot (7 - y) - 5 = 13 \cdot (y - 9)$
d) $4 \cdot (y - 11) = 11 \cdot (y - 4)$
e) $3 \cdot (6 - u) + 4 \cdot (2u + 5) = 3 \cdot (u - 8)$

4 Die drei Schwierigen!
a) $\frac{1}{3}x + \frac{1}{2} \cdot (4 - 2x) = \frac{7}{6} + x$
b) $6 \cdot (5 + 6y) = \frac{3}{2} \cdot (9 + 21y) + 13,5$
c) $2 \cdot (1 + z) + 3 \cdot (7 - z) - 4 \cdot (2z - 1)$
$- (6 - 12z) = 0$

5 Das 7-Fache einer Zahl ist 3-mal so groß wie ihr um 5 verkleinertes 4-Faches.

6 a) In 8 Jahren wird Anca 3-mal so alt sein wie sie jetzt ist.
b) In 5 Jahren wird Bea 4-mal so alt sein wie sie vor 10 Jahren war.

7 Welche Aufgabe ist an der Zahlengeraden dargestellt? Löse sie und trage sie in eine richtig unterteilte Gerade ein.

Basiswissen | Dreiecke

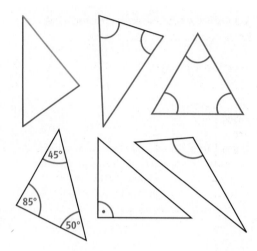

Die Summe der Winkel eines Dreiecks beträgt 180°: $\alpha + \beta + \gamma = 180°$.

allgemein	Alle Seiten sind unterschiedlich lang.
gleichschenklig	Zwei Seiten sind gleich lang. Zwei Winkel sind gleich groß.
gleichseitig	Drei Seiten sind gleich lang. Die Winkel sind gleich gross (60°).
spitzwinklig	Alle Winkel sind kleiner als 90°.
rechtwinklig	Ein Winkel beträgt 90°.
stumpfwinklig	Ein Winkel ist größer als 90°.

Gegeben:
b = 8 cm; c = 7 cm; α = 40°
SWS-Konstruktion

Planfigur

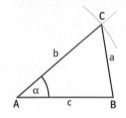

Konstruktion:
1. Seite c
2. Winkel α
3. der Kreis um A mit Radius b
4. Schnittpunkt des Kreises mit dem freien Schenkel von a. Es gibt nur ein solches Dreieck.

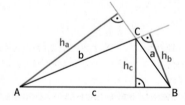

Zum **Konstruieren** eines Dreiecks mit Geodreieck und Zirkel benötigt man drei Stücke. In einer Planfigur werden die gegebenen Stücke farbig markiert.

Seiten-Winkel-Beziehung
In jedem Dreieck liegt der größeren von zwei Seiten auch der größere Winkel gegenüber und umgekehrt.
Dreiecksungleichung
In jedem Dreieck ist die Summe der Längen zweier Seiten größer als die Länge der dritten Seite.

In Dreiecken gibt es Linien mit besonderen Eigenschaften.
Eine **Höhe** verläuft von einem Eckpunkt senkrecht zur gegenüberliegenden Seite.

1 Ergänze die Winkel des Dreiecks. Benenne die Dreiecksart nach Winkeln.

	α	β	γ
a)	60°	60°	60°
b)		125°	15°
c)	45°		90°

2 Konstruiere das Dreieck.
a) a = 6 cm; b = 7 cm; c = 8 cm
b) a = 5 cm; c = 8 cm; β = 100°
c) b = 6,5 cm; α = 85°; γ = 50°
d) a = 11 cm; c = 7 cm; α = 42°

3 Wie hoch ist der Turm?

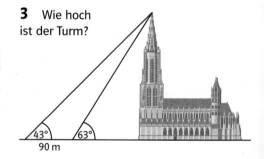

90 m

4 Auch mit diesen Stücken lassen sich Dreiecke konstruieren.
a) c = 8,5 cm; α = 50°; h_c = 6 cm
b) a = 7 cm; γ = 42°; h_a = 7 cm

Basiswissen | Proportionale und antiproportionale Zuordnungen

Bei einer **Zuordnung** werden zwei Größen in Beziehung gesetzt. Jeder Eingabegröße wird eine Ausgabegröße zugeordnet.

Eine **Zuordnung** heißt **proportional**, wenn zum n-Fachen der **Eingabegröße** das n-Fache der **Ausgabegröße** gehört.

Alle Punkte einer proportionalen Zuordnung liegen auf einer **Ursprungsgeraden**. Es gilt die **Quotientengleichheit**.

Jedem Alter eines Menschen wird eine Körpergröße in cm zugeordnet

Ölvolumen in Litern	500	700	1100	1600
Preis in €	275	385	605	880

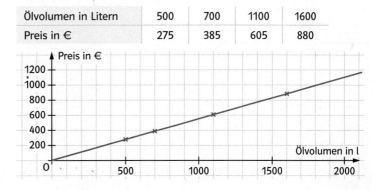

Eine Zuordnung heißt **antiproportional**, wenn zum n-Fachen der Eingabegröße der n-te Teil der Ausgabegröße und zum n-ten Teil der Eingabegröße das n-Fache der Ausgabegröße gehört.

Das **Produkt aus zusammengehörenden Ein- und Ausgabegrößen** ist immer gleich.

Alle Punkte der antiproportionalen Zuordnung liegen auf einer **Hyperbel**.

Länge des Rechtecks in cm	4	6	10	12	15	20
Breite des Rechtecks in cm	15	10	6	5	4	3

1 a) der Futtervorrat für 16 Pferde reicht 9 Tage. Es sind nur 12 Pferde im Stall.
b) Aus einem Eichenstamm werden 24 Bretter von je 4 cm Dicke gesägt. Ein gleich starker zweiter Stamm wird dagegen in 16 Bretter zersägt.
c) Normalerweise fährt Hajo mit dem Rad 20 km/h und benötigt für seinen Heimweg 10 Minuten. Heute fährt er aber mit einer Durchschnittsgeschwindigkeit von 25 km/h.
d) Ein Gewinn soll an 12 Personen verteilt werden. Jeder erhält 80 €.
Zwei Personen verzichten nachträglich auf den Gewinn.

2 Beim Schulfest verkaufen Jan und Peter Pizza vom Blech. Anstatt 16 Stücke vom Blech zu schneiden und 1,50 € einzuneh-men, schneiden sie die Pizza in 20 Stücke.

3 Um die Fenster der Schule zu säubern, benötigen drei Reinigungskräfte acht Stunden. In welcher Zeit hätten 6; 12; 60; Reinigungskräfte die Fenster geputzt?

4 Ein Flugzeug fliegt in einer Stunde 950 km weit. Von Düsseldorf nach Chicago benötigt es neun Stunden. Auf dieser Strecke bläst häufig Gegenwind, sodass die Geschwindigkeit des Flugzeuges sich um die Windgeschwindigkeit verringert.
a) Wie lange dauert der Flug, wenn der Wind mit einer durchschnittlichen Ge-schwindigkeit von 75 km/h bläst? Runde geschickt.
b) Der Flug Düsseldorf – Chicago hat eine Verspätung von einer Stunde. Wie groß war vermutlich die Geschwindigkeit des Gegenwindes?

Rechtecke legen

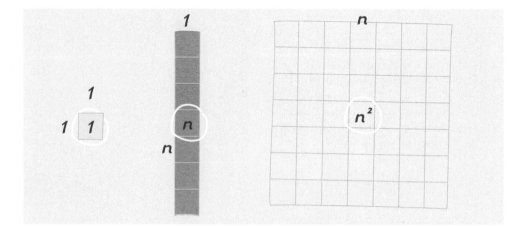

Aus Quadraten und Streifen sollen Rechtecke gelegt werden.

Dazu benötigt ihr **9 kleine Quadrate**, deren Seitenlänge ihr beliebig wählen könnt. Sie kann also 1 cm; 1,5 cm oder 2 cm betragen. Weiter braucht ihr **6 Streifen**, die so breit sind wie ein kleines Quadrat. Die Länge der Streifen muss ein Vielfaches der Breite sein. Ihr könnt z. B. den Streifen 6-mal oder 7-mal so lang anfertigen wie die Breite.

Jetzt braucht ihr noch **4 große Quadrate**, deren Seitenlänge so groß sein muss wie die Länge eines Streifens.

Beschriftet die Flächen wie abgebildet mit der Anzahl der kleinen Quadrate, die die Fläche bedecken.

Wenn ihr mit euren Flächenstücken Rechtecke legt, dann dürft ihr nur Seiten mit gleichen Bezeichnungen aneinanderlegen, also n an n oder 1 an 1.

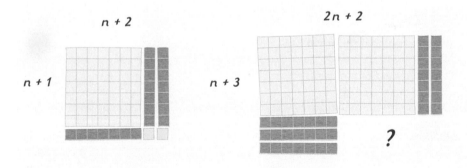

Sandra sagt, dass die ausgelegte Fläche des Rechtecks mit dem Term $n^2 + 3n + 2$ beschrieben werden kann. Daniel meint dagegen, dass der Term $(n + 1)(n + 2)$ richtig ist.

Wer hat Recht? Begründe.

Ergänze zu einem Rechteck.

Mit welchen beiden Termen kann man die Gesamtfläche ausdrücken?

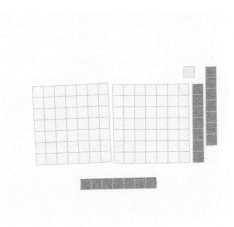

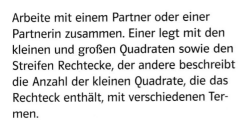

Arbeite mit einem Partner oder einer Partnerin zusammen. Einer legt mit den kleinen und großen Quadraten sowie den Streifen Rechtecke, der andere beschreibt die Anzahl der kleinen Quadrate, die das Rechteck enthält, mit verschiedenen Termen.

Tauscht anschließend eure Rollen.

Ergänzt durch Anlegen von Streifen und kleinen Quadraten schrittweise zu immer größeren Quadraten.

Stellt auch Terme dazu auf.

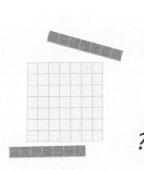

?

Lässt sich auch der Term $n^2 - 2n$ mithilfe der Quadrate und Streifen darstellen?

Gibt es einen anderen Term für dieselbe Fläche?

In diesem Kapitel lernst du,

- wie man Terme ausmultipliziert und ausklammert,
- wie Summen miteinander multipliziert werden,
- was man unter den binomischen Formeln versteht,
- wie mithilfe der binomischen Formeln Produkte zu Summen umgeformt werden und umgekehrt.

1 Ausmultiplizieren. Ausklammern

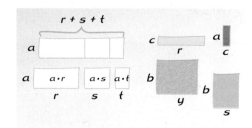

→ Teile das große Flächenstück auf und schiebe die entstehenden kleinen Flächenstücke passend zu neuen Rechtecken zusammen.

→ Drücke jeweils die Gesamtfläche durch die Summe der Einzelflächen und durch das Produkt der Seitenlängen aus.

→ Findest du Gesetzmäßigkeiten?

Terme wie $2a \cdot (3b + 4c)$ oder $6x + 8xy$ lassen sich mithilfe des **Distributivgesetzes** (Verteilungsgesetzes) umformen. Dabei unterscheidet man

Ausmultiplizieren und
Durch das Ausmultiplizieren wird
ein Produkt zu einer Summe.

Ausklammern (Faktorisieren).
Beim Ausklammern wird eine
Summe zu einem Produkt.

Produkt: $2a \cdot (3b + 4c)$

$= 2a \cdot 3b + 2a \cdot 4c$
Summe: $= 6ab + 8ac$

Summe: $6x + 8xy$

$= 2x \cdot 3 + 2x \cdot 4y$

Produkt: $= 2x \cdot (3 + 4y)$

Beim **Ausmultiplizieren** wird jeder Summand in der Klammer mit dem Faktor außerhalb der Klammer multipliziert.
Aus einem Produkt wird eine Summe.
Haben Summanden gemeinsame Faktoren, können diese **ausgeklammert** werden.
Aus einer Summe wird ein Produkt.

Beispiele

a)

b)

$r \cdot s + r \cdot s + r \cdot t$

$r \cdot (s + s + t)$
$= r \cdot (2s + t)$

Das Distributivgesetz gilt auch für Differenzen:
$a \cdot (b - c)$
$= ab - ac$
und für Quotienten:
$(a + b):c$
$= a:c + b:c$

Durch Ausmultiplizieren in eine Summe oder Differenz verwandeln

c) $4x \cdot (5y + 7x)$
$= 4x \cdot 5y + 4x \cdot 7x$
$= 20xy + 28x^2$

d) $(5a - 3b) \cdot 2c$
$= 5a \cdot 2c - 3b \cdot 2c$
$= 10ac - 6bc$

Durch Ausklammern in ein Produkt verwandeln

e) $24ab + 42ac$
$= 6a \cdot 4b + 6a \cdot 7c$
$= 6a(4b + 7c)$

f) $28x^2y + 21xy^2 - 7xy$
$= 7xy \cdot 4x + 7xy \cdot 3y - 7xy \cdot 1$
$= 7xy(4x + 3y - 1)$

Das Distributivgesetz auf Quotienten anwenden

g) $(144st + 108t):12$
$= 144st:12 + 108t:12$
$= 12st + 9t$

h) $(7,5x^2 - 5xy):2,5x$
$= 7,5x^2:2,5x - 5xy:2,5x$
$= 3x - 2y$

Aufgaben

1 Rechne wie im Beispiel.

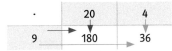

·	20	4
9	180	36

$9 \cdot 24 = 9 \cdot 20 + 9 \cdot 4$
$\quad\quad = 180 + 36 = 216$

a) $4 \cdot 36$ b) $7 \cdot 44$ c) $34 \cdot 9$
$\quad 5 \cdot 43$ $\quad 8 \cdot 53$ $\quad 8 \cdot 82$
$\quad 6 \cdot 24$ $\quad 9 \cdot 65$ $\quad 9 \cdot 73$

2 Schreibe einen Faktor als Differenz.
Beispiel: $8 \cdot 28 = 8 \cdot (30 - 2)$
$\quad\quad\quad\quad\quad = 240 - 16 = 224$

a) $6 \cdot 78$ b) $12 \cdot 27$ c) $13 \cdot 19$
$\quad 8 \cdot 38$ $\quad 11 \cdot 85$ $\quad 12 \cdot 48$
$\quad 7 \cdot 87$ $\quad 9 \cdot 69$ $\quad 15 \cdot 39$

3 Drücke die Gesamtfläche als Summe und als Produkt aus.

a)
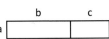

b)

c)

d)
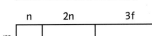

4 Multipliziere aus.

a) $5(x + 2)$ b) $x(1 + y)$
c) $7(a - 1)$ d) $-2m(6 + 5n)$
e) $2x(y - 2)$ f) $(-3f + 12) \cdot 2g$
g) $(15 - 3b) \cdot (-12a)$ h) $9a(3b - 4a)$
i) $0{,}5z(7z + 1{,}5)$ j) $(4r - 6s) \cdot 1{,}5rs$

5 Setze in das Produkt und in die Summe ein. Wie rechnest du lieber?

a) $x = 8$; $y = 20$
$\quad 4x(5x + 3y)$ $\quad\quad 20x^2 + 12xy$

b) $a = 3$; $b = 1$
$\quad (2a - 3b) \cdot 6a$ $\quad\quad 12a^2 - 18ab$

c) $m = 5$; $n = -2$
$\quad 2m(n + 4m^2)$ $\quad\quad 2mn + 8m^3$

6 Welche Terme passen zusammen?

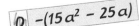

A $5a(5 - 3a)$ B $6ab + 12a^2$
C $(4c + 6b) \cdot 7a$
D $-(15a^2 - 25a)$ G $35ab + 28ac$
E $7a(-b + 2a)$ F $25a - 15a$ H $14a^2 - 7ab$
I $7a^2 + 5ab$ J $42ab + 28ac$ L $7ab + 14a^2$
K $3a(4a + 2b)$

7 Rechne in Tabellen.

Beispiel: $4x(5x - 3y) = 20x^2 - 12xy$

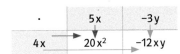

·	5x	-3y
4x	$20x^2$	$-12xy$

a) $3x(2x - 3y)$ b) $2a(2b + 6b)$
c) $2a(-9b + 4c)$ d) $(-2b + 3a) \cdot (5a)$
e) $9p(-3p + 2q)$ f) $5ab(-3a - 4b)$
g) $(-2x + 3y) \cdot (-6xy)$ h) $2{,}5x(3xy - 4y)$

8 Verwandle in ein Produkt.

a) $32x + 24y$ b) $49xy + 21x$
c) $22xy + 33yz$ d) $-45ab + 27bc$
e) $60st + 80s^2$ f) $105v^2w - 60vw$
g) $-72m^2n + 84mn^2$ h) $84x^2y^2 - 56xy$

9 Klammere aus.

a) $44a^2 - 96ab$ b) $30y^2 - 51z^2$
c) $25x^2y - 16xy^2$ d) $12x^2y - 7xyz$
e) $240xy^2 - 150x^2y$ f) $27x^3y - 33xy^2$
g) $10x^2y - 35xy$ h) $85xy^2 - 105x^2y^2$

10 Fülle die Lücken aus.

a) $9x(\square + 3y) = 36x + 27xy$
b) $6a(2a - \square) = 12a^2 - 54ab$
c) $(-5x) \cdot (\square - 4x) = -10xy + 20x^2$
d) $(-ab) \cdot (-a - \square) = a^2b + ab^2$
e) $(\square + 3rs) \cdot (-7s) = -7s^2 - 21rs^2$
f) $(-25xy - \square) \cdot (-4y) = 100xy^2 - 2y^2$

11 Dividiere.

a) $(35x - 21y) : 7$ b) $(51t^2 - 85s) : 17$
c) $(-96a - 72a^2) : 24$
d) $(48x - 64xy) : (-16)$
e) $(4ab + 5bc) : \frac{1}{6}$ f) $\left(\frac{3}{5}x + \frac{9}{10}y^2\right) : \frac{6}{5}$

Mit Quadraten und Streifen lassen sich Rechtecke legen.
- Drücke die Anzahl der kleinen Quadrate als Summe und als Produkt aus.

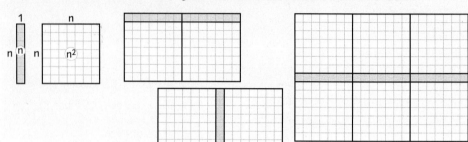

- Lege selbst Flächen und stelle Terme dazu auf.

12 Multipliziere aus.
a) $4(a + b + 3c)$
b) $4x(x + 2y - z)$
c) $-2a(5a - a^2 - 12b^2)$
d) $2xy(5x - 7y - 3z)$
e) $3y(5x^2 - y + zy)$
f) $(-9r - 4s + 1) \cdot (-2u)$
g) $(2a - 3b + c) \cdot 5ab$
h) $-2u(9u - 4v + 1)$

13 Multipliziere mit dem Faktor -1.
a) $(8x + 12y)$
b) $(11a - 17b)$
c) $(4z - 12y)$
d) $(2u - 3v + 4w)$
e) $(-e - f^2 - g)$
f) $(-0,5x + 0,8y^2)$
g) $(-q + r)(-1)$
h) $(-a)(-3a - b)$

14 Drücke die Mantelfläche in Produkt- und in Summenform aus.
a)
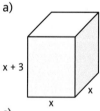
b)
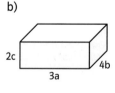

c)
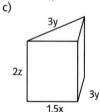
d)
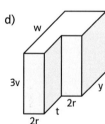

15 Klammere den Faktor -1 aus.
a) $-a - 2$
b) $-5 - x^2$
c) $-12a + b$
d) $-v + w^2$
e) $-x + 2xy - y$
f) $5a^2 + 4b^2 + 3c^2$

16 Verwandle in ein Produkt.
a) $35mn - 21m^2n + 63mn^2$
b) $24xy^2 + 40x^2y - 48xy$
c) $27ab^2c - 81a^2b^3c^2 - 54a^2b^2c$
d) $-54a^2b^2c - 18ab^2c + 48abc^2 - 60abc$
e) $42x^3y^2z - 7x^2yz^2 - 14xy^2z^2 - 49x^2y^2z$

17 Klammere im Zähler aus. Nur dann kannst du kürzen.

Beispiel: $\dfrac{42x - 28y}{7} = \dfrac{7(6x - 4y)}{7} = 6x - 4y$

a) $\dfrac{18a + 27b}{3}$
b) $\dfrac{36x^2 - 54x}{6}$
c) $\dfrac{125a^2b - 75ab}{-25}$
d) $\dfrac{-144x^2 + 108y^2}{12}$
e) $\dfrac{-63xy + 81yt}{-9}$
f) $\dfrac{-91ax^2 - 117by^2}{-13}$

18 Bei der Division $\dfrac{21x - 42y}{7}$ erhält Sven das Ergebnis $3x - 42y$, Lisa errechnet $3x - 6y$.
Sie kann den Fehler von Sven erklären. Findest du die Fehler?

a) $\dfrac{6a - 3}{3} = 2a - 3$
b) $\dfrac{36xy + 12}{12} = 36xy$
c) $\dfrac{5 - 10ac}{5} = 1 - 5ac$
d) $\dfrac{72x^2 - 8}{8} = 72x^2$

2 Multiplizieren von Summen

Die Fläche des Rechtecks **A** lässt sich mit dem Term $(n + 1) \cdot (n + 3)$ beschreiben.

→ Finde einen zweiten Term.

→ Warum müssen die beiden Terme wertgleich sein?

→ Gib zwei unterschiedliche Terme für die Fläche des Rechtecks **B** an.

→ Stellt euch gegenseitig ähnliche Aufgaben und vergleicht.

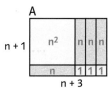
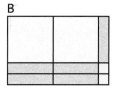

Bei der Multiplikation von zwei Summen wird das Distributivgesetz zweimal angewendet.

$$(a + b) \cdot \boxed{(c + d)} = a \cdot \boxed{(c + d)} + b \cdot \boxed{(c + d)} = ac + ad + bc + bd$$

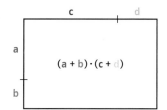
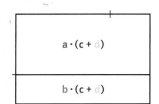

Summen werden miteinander **multipliziert**, indem man jeden Summanden der ersten Summe mit jedem Summanden der zweiten Summe multipliziert. Die Produkte werden anschließend addiert.

$$(a + b)(c + d) = ac + ad + bc + bd$$

Beispiele

a) $(7 + x)(y + 4)$
$= 7 \cdot y + 7 \cdot 4 + x \cdot y + x \cdot 4$
$= 7y + 28 + xy + 4x$

b) $(12n + 5)(4m + 6)$
$= 12n \cdot 4m + 12n \cdot 6 + 5 \cdot 4m + 5 \cdot 6$
$= 48mn + 72n + 20m + 30$

c) $(3x - 4y)(2x + y)$
$= 3x \cdot 2x + 3x \cdot y - 4y \cdot 2x - 4y \cdot y$
$= 6x^2 + 3xy - 8xy - 4y^2$
$= 6x^2 - 5xy - 4y^2$

d) $(r - t)(-5t + 2r)$
$= r \cdot (-5t) + r \cdot 2r + (-t) \cdot (-5t) + (-t) \cdot 2r$
$= -5rt + 2r^2 + 5t^2 - 2rt$
$= 5t^2 + 2r^2 - 7rt$

e) In den Klammern können auch mehr als zwei Summanden stehen.

$(2a - 3b) \cdot (a + b - c)$
$= 2a \cdot a + 2a \cdot b - 2a \cdot c - 3b \cdot a - 3b \cdot b + 3b \cdot c$
$= 2a^2 + 2ab - 2ac - 3ab - 3b^2 + 3bc$
$= 2a^2 - ab - 2ac - 3b^2 + 3bc$

Merke: „Jeder begrüßt jede."

$$\left(\text{👤} + \text{👤} \right) \cdot \left(\text{👤} + \text{👤} \right)$$

$$= \text{👥} + \text{👥} + \text{👥} + \text{👥}$$

Aufgaben

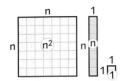

1 Mit großen Quadraten, Streifen und kleinen Quadraten lassen sich Rechteckflächen legen. Drücke den Flächeninhalt mit zwei verschiedenen Termen aus.

a)

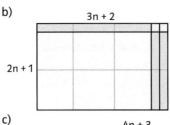

Beispiel:

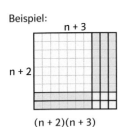

$(n + 2)(n + 3)$
$= n^2 + 5n + 6$

b)

c)

d) Lege mit deiner Partnerin oder deinem Partner eigene Flächen.

2 Verwandle in eine Summe.
Lege zur Kontrolle die Flächen nach.
a) $n \cdot (n + 1)$ 　　　　b) $4n \cdot (n + 2)$
c) $(n + 3) \cdot (n + 2)$ 　d) $(2n + 3) \cdot (3 + 2n)$
e) $2n \cdot (2n + 2)$ 　　f) $(n + 1) \cdot (2 + 2n)$

3 Verwandle in ein Produkt. Eine Zeichnung mit Quadraten und Streifen hilft, die Lösung zu finden.
a) $n^2 + 4n + 4$ 　　　b) $n^2 + 7n + 12$
c) $n^2 + 5n + 6$ 　　　d) $2n^2 + 3n + 1$

$(2x + 1)(3x + 2)$
$(2x + 1)(3x - 2)$
$(2x - 1)(3x + 2)$
$(2x - 1)(3x - 2)$
$(1 - 2x)(3x + 2)$
$(1 - 2x)(3x - 2)$
$(1 + 2x)(3x - 2)$
$(1 + 2x)(3x + 2)$

4 Produkte aus größeren Faktoren lassen sich mithilfe einer Tabelle berechnen. Erkläre am Beispiel $16 \cdot 22$.

·	20	2	
10	200	20	
6	120	12	352

a) $24 \cdot 35$ 　b) $27 \cdot 42$ 　c) $51 \cdot 28$
d) $66 \cdot 75$ 　e) $19 \cdot 56$ 　f) $26 \cdot 34$

5 Produkte von Summen lassen sich übersichtlich mithilfe einer Multiplikationstabelle berechnen.
Beispiel: $(x + 3)(x + 2)$

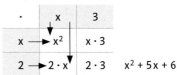

$x^2 + 5x + 6$

a) $(x + 1)(x + 4)$ 　　b) $(2x + 1)(x + 3)$
c) $(2x - 2)(3x + 1)$ 　d) $(3x - 1)(x - 4)$
e) $(3x - 2)(2x - y)$ 　f) $(6x - 5y)(x + 2y)$

6 Rechne mit Symbolen.
a) $(\triangle + \square)(\bigcirc - \blacksquare)$
b) $(2\square - \triangle)(\square - 3\bigcirc)$
c) $(3\square - 2\bigcirc)(\bigcirc + 2\triangle)$
d) $(\triangle - 4\square)(-\square + 3\bigcirc)$
e) $(\bullet + 2\bigcirc + 3\square)(-\square - \bigcirc)$
f) $(3\square - 2\bigcirc)(-\square - 2\triangle + \bigcirc)$

7 Verwandle in eine Summe.
a) $(3x + y)(6a + 2b)$
b) $(5a + 2b)(3c + 4d)$
c) $(8u + 4v)(6r - 6s)$
d) $(10k + 4i)(3m - 2n)$
e) $(9t - 4w)(15s + w)$
f) $(6a - 7b)(4s + 3t)$

8 Multipliziere die Klammern aus.
a) $(1,5x + 3,2)(4,8y - 12)$
b) $(6y - 3,5x)(2,4y + x)$
c) $(12a - 2,8b)(-0,2a + 10b)$
d) $(-0,5r - 6,4s)(1,2u - 2,5v)$
e) $(-0,1xy + 1,5x)(-0,5x^2 + y^2)$

9 Zeichne die Figuren in dein Heft. Trage die Produkte der Summenterme in die passenden Felder ein.
a) $(a + b + c)(d + e)$
b) $(a + b + c)(d + e + f)$

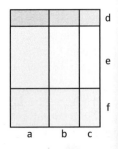

10 Rechne mit Brüchen.

a) $\left(\frac{1}{2}x + 1\right)\left(y + \frac{1}{4}\right)$ b) $\left(5x - \frac{1}{2}\right)\left(6 + \frac{1}{5}x\right)$

c) $\left(-\frac{1}{4}a + 3\right)\left(2b - \frac{1}{2}\right)$ d) $\left(x - \frac{1}{2}y\right)\left(x - \frac{2}{3}y\right)$

e) $\left(\frac{3}{4}a - \frac{2}{3}b\right)\left(\frac{1}{3}a - \frac{1}{2}b\right)$ f) $\left(\frac{3}{2}j - \frac{3}{4}i\right)\left(\frac{2}{3}j - \frac{4}{3}i\right)$

11 Übertrage ins Heft und fülle die Lücken.

a) $(10s - 12t)(5s + 4t) = 50s^2 - \square - 48t^2$

b) $(6x + 4y)(2x + 8) = 12x^2 + \square + \square + 32y$

c) $(7a - b)(5c + 4d)$
$\quad = 35ac - \square - \square + 28ad$

d) $(6xy + 4x)(3y - 1) = 18xy^2 + \square - 4x$

e) $(-10a + 6)(20ab + 12b) = -200a^2b + \square$

12 Wie wurde hier faktorisiert? Ergänze im Heft.

a) $42xy - 14xyz = 7xy(\square - \square)$

b) $\square cd - 52df = \square \cdot (3cd - 4df)$

c) $-45pq + 27p^2q^2 = \square \cdot (5 + \square)$

d) $44xyz - 99xz = \square \cdot (\square - 9x)$

e) $a^2 + 18a + 77 = (a \square 7)(a \square 11)$

f) $x^2 + 5x - 126 = (x \square 9)(x \square 14)$

g) $12x^2 + 35x + 18 = (\square + 2)(4x + \square)$

13 Auch Summen oder Differenzen kann man ausklammern.

Beispiel: $(x + 2) \cdot 5 + (x + 2) \cdot y$
$\quad\quad\quad = (x + 2) \cdot (5 + y)$

a) $3(y - 2) + x(y - 2)$

b) $(x^2 + 1) \cdot y - (x^2 + 1) \cdot 3z$

c) $4a(2x + 1) + 3b(2x + 1) - 2c(2x + 1)$

d) $(a^2 - b^2) \cdot c - d(a^2 - b^2) + (a^2 - b^2) \cdot e$

14 Übertrage die Figur ins Heft. Färbe die Teilflächen und drücke das Produkt als Summe aus.

a) $(a + b)(b + c)$ b) $(b + c + d) \cdot b$

c) $(b + c)(c + d)$ d) $(c + d)(a + b + c)$

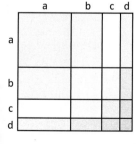

15 Betrachte die Quader.

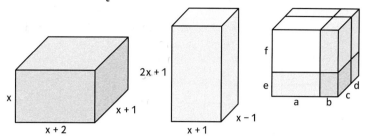

a) Bestimme die Grundfläche.

b) Erstelle eine Formel für die Oberfläche.

c) Gib eine Formel für das Volumen an.

16 Der Flächeninhalt der Figur lässt sich auf verschiedene Arten ausdrücken:

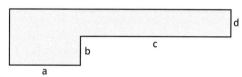

$A = a \cdot (b + d) + c \cdot d$
$A = (a + c)(b + d) - bc$

a) Erkläre an der Figur die Überlegungen, die hinter den beiden Termen stecken.

b) Suche einen weiteren Term für den Flächeninhalt.

17 Zu den Figuren A bis D sind Terme für Flächeninhalte angegeben.

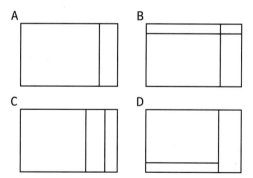

T1: $a \cdot b + b \cdot c$
T2: $(a + b)(c + d)$
T3: $a(b + c + d)$
T4: $(\square + \square)(\square + \square)$
T5: $b(a + c)$
T6: $a(c + d) + b(c + d)$
T7: $ab + ac + ad$
T8: $ac + ad + bc + bd$

a) Ordne den Figuren die richtigen Terme zu. Begründe.

b) Für welche Figur ist kein Term formuliert? Erstelle einen Term für den Flächeninhalt.

c) Erfinde ähnliche Aufgaben und stelle Terme dazu auf.

3 Binomische Formeln

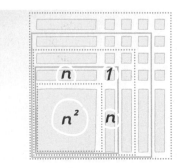

Du kannst Quadrate wachsen lassen, indem du ein großes Quadrat durch die entsprechende Anzahl von Einheitsstreifen und Einheitsquadraten ergänzt.

→ Wie heißt die Summe der Einzelflächen?

$(n + 1)^2 = n^2 + \ldots$

$(n + 2)^2 = n^2 + \ldots$

$(n + 3)^2 = n^2 + \ldots$

$\vdots$

$(n + 25)^2 = n^2 + \ldots$

Die Produkte $(a + b)(a + b)$, $(a - b)(a - b)$ und $(a + b)(a - b)$ sind besondere Produkte. Werden sie multipliziert, so hat das Ergebnis immer den gleichen Aufbau.

$$(a + b)^2 = (a + b)(a + b) \qquad\qquad (a - b)^2 = (a - b)(a - b) \qquad\qquad (a + b)(a - b)$$

$$= a \cdot a + a \cdot b + b \cdot a + b \cdot b \qquad = a \cdot a - a \cdot b - b \cdot a + b \cdot b \qquad = a \cdot a - a \cdot b + b \cdot a - b \cdot b$$

$$= a^2 + 2ab + b^2 \qquad\qquad = a^2 - 2ab + b^2 \qquad\qquad = a^2 - b^2$$

Durch das Zusammenfassen ergeben sich nur drei, im dritten Fall sogar nur zwei Summanden. Es lohnt, sich diese Umformungen als Formeln zu merken.

Binomische Formeln

1. binomische Formel $\qquad\qquad (a + b)^2 = a^2 + 2ab + b^2$

2. binomische Formel $\qquad\qquad (a - b)^2 = a^2 - 2ab + b^2$

3. binomische Formel $\qquad (a + b)(a - b) = a^2 - b^2$

Beispiele

a) $(c + 3)^2 = c^2 + 2 \cdot 3c + 3^2$
$\qquad\qquad = c^2 + 6c + 9$

b) $(5 + w)(5 - w)$
$\qquad = 5 \cdot 5 - 5 \cdot w + 5 \cdot w - w \cdot w$
$\qquad = 25 - w^2$

c) $(x - 3y)^2$
$\qquad = x^2 - 2 \cdot x \cdot 3y + (3y)^2$
$\qquad = x^2 - 6xy + 9y^2$

d) $(-2r + 3s)^2$
$\qquad = (-2r)^2 + 2 \cdot (-2r) \cdot 3s + (3s)^2$
$\qquad = 4r^2 - 12rs + 9s^2$

e) $(3m - 7n)(3m + 7n)$
$\qquad = (3m)^2 - (7n)^2$
$\qquad = 9m^2 - 49n^2$

f) $(-7a - 10b)^2$
$\qquad = (-7a)^2 - 2 \cdot (-7a) \cdot (10b) + (10b)^2$
$\qquad = 49a^2 + 140ab + 100b^2$

Aufgaben

1 Notiere die Formel mit Symbolen.

a) $(\triangle + \square)^2$ b) $(\bullet - \blacksquare)^2$

c) $(\bigcirc + \triangle)^2$ d) $(\square + \bigcirc)(\square - \bigcirc)$

e) $(\blacksquare + \bigcirc)^2$ f) $(\bigcirc + \triangle)(\bigcirc - \triangle)$

2 Schreibe das Quadrat als Summe.

a) $(v + w)^2 = \ldots$ b) $(a + z)^2 = \ldots$

c) $(y + 2)^2 = \ldots$ d) $(d + e)^2 = \ldots$

3 Schreibe als Summenterm.

a) $(m - n)^2$ b) $(y - z)^2$

c) $(c + 7)^2$ d) $(r - s)^2$

e) $(12 - 2a)^2$ f) $(15 + 3i)^2$

4 Löse die Klammern auf.

a) $(y + 4)(y - 4)$ b) $(n - q)(n + q)$

$(t + s)(t - s)$ $\qquad (u - v)(u + v)$

$(f + g)(f - g)$ $\qquad (k - j)(k + j)$

Seitenleiste:

$a \cdot b \quad b^2$

$a^2 \quad a \cdot b$

$a + b$; $a + b$

$(a + b)^2$
$= (a + b)(a + b)$
$= a^2 + ab + ab + b^2$
$= a^2 + 2ab + b^2$

! Achtung Vorzeichen!

! „binomisch" lateinisch für
bi – zwei
nomen – Namen

Ping – Pong mit Termen

Wähle verschiedene Startzahlen. Spiele deiner Partnerin oder deinem Partner das Ergebnis zu.

Sie oder er setzt es in ihren oder seinen Term ein.

$(● + 1)^2 - 4$ $(◆ - 1)^2 - 3$

$(▲ - 3)^2 - 7$ $(▼ + 2)^2 + (▼ - 1)^2$

$(■ + 5)^2 + (7 - ■)^2 = ?$ $(❖ - 3)(❖ + 3) = ?$

---

5 Setze ein und vergleiche die Werte.

	x	y	$(x + y)^2$	$x^2 + y^2$
a)	4	3	☐	☐
b)	−2	1	☐	☐
c)	−3	−5	☐	☐
d)	0,5	1,5	☐	☐
e)	$\frac{1}{3}$	$\frac{1}{6}$	☐	☐

6 Berechne mithilfe der Multiplikationstabelle.
Beispiel: $(x - 3y)^2$

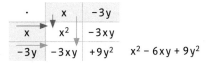

·	x	−3y	
x	x^2	−3xy	
−3y	−3xy	+9y²	$x^2 - 6xy + 9y^2$

a) $(v - 3w)^2$ b) $(2x + 3y)^2$
c) $(4p + 5q)^2$ d) $(7c + 5d)^2$
e) $(8a - 9b)^2$ f) $(10x - 9y)^2$
g) $(0,5a + 6c)^2$ h) $(2r - 1,5t)^2$

7 Verwandle in eine Summe.

a) $(2s + 3t)(2s - 3t)$ b) $(10k - 8i)^2$
c) $(6c - 5d)(6c + 5d)$ d) $(11c + 9d)^2$
e) $(5s - 4t)(4t + 5s)$ f) $(0,4z - 5w)^2$
g) $(0,1t + 5s)(0,1t - 5s)$ h) $(15p - 12q)^2$

8 Welche binomische Formel wird durch die Abbildung veranschaulicht? Begründe.

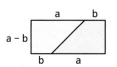

9 Nicht alle sind binomische Terme!
$(7p + 3q)(7p - 3)$ $(7p + 3q)(3p - 7q)$
$(7p + 3q)(7p + 3q)$ $(7p + 3q)(7q + 3p)$
$(7p + 3q)(3q + 7p)$ $(7p + 3q)(3q - 7q)$

10 Berechne.
a) $2(3a + 2b)^2$ b) $6(5y - 4z)^2$
c) $4x(6y + 11)^2$ d) $(4p - 6q)^2 \cdot 3s$
e) $10v(v - 5w)^2$ f) $(0,5c + 2d)^2 \cdot 5c$
g) $1,5(2m - 4n)(2m + 4n)$
h) $\frac{1}{4}pq(6p + 8pq)(6p - 8pq)$

11 Schreibe ohne Klammern, vereinfache.
a) $6x^2 + (2x - 12y)^2$
b) $11a^2 - (7b + 9a)^2$
c) $6a(5 - 2b) + (12a - 7b)^2$
d) $(4b - 10a)^2 - (a + 2b)(a - 2b)$
e) $(3x + 4)^2 - (3 - 2x)^2$
f) $3(2x - y)^2 - (6x - 2y)(2y + 6x)$

12 Quadrate von Fünferzahlen lassen sich leicht so berechnen:
Multipliziere den Zehner mit dem nächsthöheren und addiere 25.

Beispiele:
$35^2 = 30 \cdot 40 + 25$ $75^2 = 70 \cdot 80 + 25$
$= 1200 + 25$ $= 5600 + 25$
$= 1225$ $= 5625$

a) Berechne so die Quadratzahlen von 15; 25; 45; 55; 65; 85; 95.
b) Schaffst du auch 105^2; 155^2; 195^2; 205^2; 995^2; 1005^2?
c) Ist die Zehnerziffer x, so beschreibt der Term $10x \cdot 10(x + 1) + 25$ das Ergebnis. Begründe allgemein.

(Figur: Rechteck mit Feldern x·1, 1², x², x·1; Seitenbeschriftungen x, 1)

13 Subtrahiere die Quadrate aufeinander folgender natürlicher Zahlen. Du erhältst dasselbe Ergebnis, wenn du die beiden Zahlen addierst.
a) Überprüfe diese Aussage.
b) Erkläre die geometrische Darstellung.
c) Zeige, dass die Behauptung allgemein für x und x + 1 gilt.

14 Achte auf Plus- und Minuszeichen.
a) $(-z + 9)(z + 9)$ b) $(-2w + u)^2$
c) $(-1 + x)(x + 1)$ d) $(-a + 4)(-a - 4)$
e) $(-5x - y)^2$ f) $(-10a + 20b)^2$
g) $(0{,}5a + 1{,}2)(1{,}2 - 0{,}5a)$
h) $\left(-\frac{1}{2}x + y\right)^2$ i) $\left(\frac{1}{3}x - \frac{3}{4}y\right)^2$

15 Ergänze.
a) $(x + 6)^2 = x^2 + \square + 36$
b) $(a - 3)^2 = a^2 - 6a + \square$
c) $(6m + 5)^2 = 36m^2 + \square + 25$
d) $(20r + 0{,}5s)^2 = \square + \square + 0{,}25s^2$
e) $\left(2g - \frac{1}{2}h\right)^2 = \square - \square + \frac{1}{4}h^2$
f) $(0{,}5v + w)^2 = 0{,}25v^2 + \square + \square$
g) $\left(\frac{1}{2}c - \frac{1}{3}d\right)^2 = \frac{1}{4}c^2 - \square + \frac{1}{9}d^2$

16 Ergebnisse mit gleicher Ziffernfolge
$6^2 - 5^2 = 11$ $7^2 - 4^2 = 33$
$56^2 - 55^2 = 111$ $57^2 - 54^2 = 333$
$556^2 - 555^2 = 1111$ $557^2 - 554^2 = 3333$
$5556^2 - 5555^2 = 11111$ …
a) Prüfe mit der 3. binomischen Formel.
b) Mit welcher Folge von Differenzen erhält man die Ergebnisse
55; 555; 5555; … beziehungsweise
77; 777; 7777; …?

17 Quadratzahlen von 75^2 bis 99^2 kann man mit dem im Beispiel angegebenen Trick berechnen.

Beispiel: 93^2
$100 - 93 = 7$ $93 - 7 = 86$
Hänge an diese Zahl die Quadratzahl des Abstandes an. $7^2 = 49$, also $93^2 = 8649$

a) Berechne so 96^2, 91^2, 88^2, 82^2, 77^2.
b) Stelle einen Term für die Gesetzmäßigkeit auf und vereinfache ihn.

18 Setze aufeinander folgende natürliche Zahlen ein. Was stellst du fest?
$4(a^2 + b^2 + c^2 + d^2) - (a + b + c + d)^2$

Babylonische Multiplikation

Die Babylonier benutzten Tontafeln mit Quadratzahlen, um größere Zahlen miteinander zu multiplizieren. Obwohl uns das heute sehr umständlich erscheint, war es in Wirklichkeit günstiger, denn sie hätten für das Berechnen von Produkten mithilfe von Multiplikationstafeln wesentlich mehr Tafeln benötigt als für das Rechnen mit Quadratzahlen.

$17 \cdot 13 = ?$

$17 + 13 = \mathbf{30}$
$17 - 13 = \mathbf{4}$
$30^2 = 900$
$4^2 = 16$
$900 - 16 = \mathbf{884}$
$884 : 4 = 221$
$17 \cdot 13 = 221$

Sollten die Zahlen a und b miteinander multipliziert werden, bildeten sie zunächst die Summe $(a + b)$ und die Differenz $(a - b)$, ermittelten dann die Quadrate der Summe und der Differenz und subtrahierten anschließend die beiden Ergebnisse voneinander. Schließlich teilten sie das Ergebnis durch 4.
- Berechne ebenso $18 \cdot 22$; $33 \cdot 27$; $46 \cdot 34$; $51 \cdot 49$; $62 \cdot 38$; $102 \cdot 98$; $106 \cdot 94$
- Weise die Richtigkeit dieses Rechenwegs allgemein nach, indem du den Term $((x + y)^2 - (x - y)^2) : 4$ vereinfachst.
- Erkläre die geometrische Darstellung.

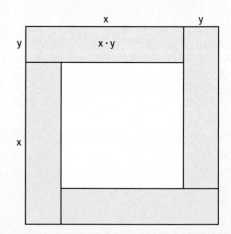

4 Faktorisieren mit binomischen Formeln

Ein großes Quadrat, mehrere Streifen und kleine Quadrate sollen zu größeren Quadraten zusammengelegt werden.
→ Drücke die Summe der Gesamtfläche als Produkt der Seitenlängen aus:

$n^2 + 2n + \square =$

$n^2 + 4n + \square =$

$n^2 + 6n + \square =$

→ Welche Bedingungen müssen erfüllt sein, damit du Quadrate legen kannst?

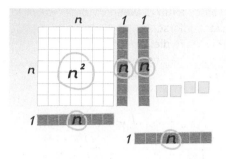

Treten in allen Summanden einer Summe gleiche Faktoren auf, kann man ausklammern: $18a^2 + 27ab = 9a \cdot (2a + 3b)$.

Dabei wird eine Summe in ein Produkt verwandelt. Dies nennt man **Faktorisieren**.

Auch mithilfe der binomischen Formeln kann man faktorisieren.

Summe oder Differenz		Produkt
$x^2 + 6x + 9$	$x^2 + 3x + 3x + 9$	$= (x + 3)(x + 3)$
$x^2 - 10x + 25$	$x^2 - 5x - 5x + 25$	$= (x - 5)(x - 5)$
$x^2 - 36$	$x^2 - 6x + 6x - 36$	$= (x + 6)(x - 6)$

Will man Summenterme in Produkte umwandeln (Faktorisieren), sind die binomischen Formeln hilfreich.

Beispiele

a) $x^2 + 18x + 81$
$= x^2 + 2 \cdot 9x + 9^2$
$= (x + 9)^2$

c) $4x^2 - 121y^2$
$= (2x)^2 - (11y)^2$
$= (2x + 11y)(2x - 11y)$

b) $64y^2 - 48yz + 9z^2$
$= (8y)^2 - 2 \cdot (8y \cdot 3z) + (3z)^2$
$= (8y - 3z)^2$

d) Manchmal muss zuerst ein gemeinsamer Faktor ausgeklammert werden.
$8y^2 - 24yz + 18z^2$
$= 2(4y^2 - 12yz + 9z^2) = 2(2y - 3z)^2$

Bemerkungen

• Mit der 1. oder 2. binomischen Formel kann nicht faktorisiert werden, wenn der mittlere Summand nicht dem doppelten Produkt aus a und b (2ab) entspricht.

$36n^2 + \mathbf{40}mn + 16m^2$
$\neq (6n)^2 + 2 \cdot 6 \cdot 4mn + (4m)^2$

$36n^2 + \mathbf{48}mn + 16m^2$
$= (6n)^2 + 2 \cdot 6 \cdot 4mn + (4m)^2$
$= (6n + 4m)^2$

• Oft ist es wichtig zu wissen, für welchen Variablenwert ein Term den Wert null annimmt.

Dazu schreibt man einen Term wie $x^2 + 6x + 9$ in Produktform $(x + 3)^2$.
Hier wird schnell deutlich, dass für $x = -3$ der Wert des Terms null ist.

Einen Term wie $x^2 - 4$ schreibt man als Produkt $(x + 2)(x - 2)$. Ist in einem Produkt ein Faktor null, ist auch der Produktwert null. Für $(x + 2)(x - 2)$ gilt dies für $x = -2$ oder $x = 2$.

Aufgaben

1 Setze ein und berechne die Termwerte.

x	$x^2 - 9$	$x^2 + 9$	$(x - 3)^2$	$x^2 + 3$	$(x + 3)(x - 3)$
−2	☐	☐	☐	☐	☐
−1	☐	☐	☐	☐	☐
0	☐	☐	☐	☐	☐
2	☐	☐	☐	☐	☐
3	☐	☐	☐	☐	☐

2 Verwandle in ein Produkt.
a) $x^2 + 2xy + y^2$ b) $v^2 - 2vw + w^2$
c) $x^2 + 6x + 9$ d) $x^2 + 8x + 16$
e) $x^2 - 18x + 81$ f) $x^2 - 24x + 144$

$n^2 - 1 = (\square\square\square)(\square\square\square)$
$n^2 - 4 = (\square\square\square)(\square\square\square)$
$n^2 - 9 = (\square\square\square)(\square\square\square)$
?
$4n^2 - 100 = (\square\square\square)(\square\square\square)$
$4n^2 - 121 = (\square\square\square)(\square\square\square)$
?
$9n^2 - 225 = (\square\square\square)(\square\square\square)$
$9n^2 - 256 = (\square\square\square)(\square\square\square)$
?

3 Zerlege in ein Produkt.
a) $x^2 - y^2$ b) $t^2 - u^2$
c) $b^2 - 16$ d) $36 - y^2$
e) $81 - 4z^2$ f) $400 - 9x^2$

4 Übertrage ins Heft und fülle aus.
a) $121m^2 - 25 = (\square - 5)(\square + 5)$
b) $81 - 144p^2 = (9 - \square)(9 + \square)$
c) $49 - 169z^2 = (7 - \square)(7 + \square)$
d) $144 - 0{,}25t^2 = (12 + \square)(12 - \square)$
e) $9x^2 - \frac{1}{4}z^2 = (\square - \square)(\square + \square)$

5 Ersetze die Lücken in deinem Heft.
a) $a^2 - 14a + 49 = (a - \square)^2$
b) $m^2 - 18m + 81 = (\square - \square)^2$
c) $121 - 22w + w^2 = (\square - \square)^2$
d) $x^2 + \square + y^2 = (\square + y)^2$
e) $x^2 - 10xy + \square = (x - \square)^2$
f) $s^2 + 24s + \square = (s + \square)^2$

6 Nicht alle Terme lassen sich mithilfe der binomischen Formeln faktorisieren. Begründe.

A $1 + 4t^2$

B $r^2 - 18g - 81$ C $1{,}44m^2 - n^2$ D $9p^2 + 225q^2$

E $4n^2 + 16mn + 64m^2$ G $0{,}4s^2 - 25t^2$

H $-y^2 + 14y - 49$ F $-60ab + 25b^2 + 36a^2$

I $x^2 + 6x + 6{,}25$ J $2x^2 + 4x + 1$

K $16y^2 + 144xy + 81x^2$ L $900a^2 - 600ab + 100b^2$

7 Ermittle durch Faktorisieren, für welche Werte von a der Termwert null wird.
a) $a^2 - 25$ b) $121 - a^2$
c) $a^2 + 8a + 16$ d) $1 + 2a + a^2$
e) $a^2 - 20a + 100$ f) $64a^2 - 16$
g) $a^2 - 34a + 289$ h) $25a^2 + 80a + 64$

8 Mithilfe von Multiplikationstabellen kann man Summenterme faktorisieren.

Beispiel: $9x^2 + 6xy + y^2$
$= (3x + y)(3x + y) = (3x + y)^2$

Trage zuerst die Quadrate ein.   Schließe auf die Ausgangsglieder.

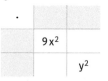 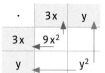

Halbiere das gemischte Glied und überprüfe beim Eintragen.

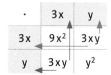

a) $36r^2 - 48rs + 16s^2$ b) $q^2 + 4qz + 4z^2$
c) $9a^2 - 84a + 196$ d) $169 + 52x + 4x^2$
e) $x^2 - 18x + 81$ f) $a^2 + a + 0{,}25$

9 Mache den Binomtest! Überprüfe und korrigiere gegebenenfalls das doppelte Produkt, sodass du faktorisieren kannst.
a) $25m^2 + 20mn + n^2$ b) $36a^2 - 6a + 1$
c) $64t^2 + 132t + 81$ d) $4a^2 - 2ab + b^2$
e) $4c^2 - 34c + 289$ f) $z^2 - 18z + 81$
g) $0{,}04a^2 - 1{,}2ab + 0{,}09b^2$

10 Faktorisiere den Term.
a) $4a^2 + 9b^2 - 12ab$ b) $m^2 + 169 + 26m$
c) $9b^2 + 25c^2 - 30bc$ d) $1 + 2a + a^2$
e) $-56rs + 16s^2 + 49r^2$ f) $-4z^2 + 1$
g) $1 - 2{,}8x^2 + 1{,}96x^4$ h) $625 - 196a^2$
i) $-16z^2 + 40yz - 25y^2$ j) $0{,}49a^2 - 0{,}01b^2$

11 Die Differenz von zwei quadratischen Termen lässt sich immer in ein Produkt umformen.
a) $25y^2 - 9x^2$ b) $121 - 81g^2$
c) $169a^2 - 144b^2$ d) $1 - x^2$
e) $400p^2 - 1$ f) $100m^2 - n^2$

12 Beim Faktorisieren gibt es mehrere Möglichkeiten.

Beispiel:
$\square + 24x + \square$
$= (x + 12)^2; (2x + 6)^2; (3x + 4)^2$

Gib drei Möglichkeiten an.
a) $\square + 36x + \square$ b) $\square + 50x + \square$
c) $\square + 6ab + \square$ d) $\square + 2ab + \square$
e) $\square + ab + \square$ f) $\square + 3x^2y + \square$

13 Faktorisiere. Klammere zunächst einen Faktor aus.

Beispiel:
$12x^2 + 72xy + 108y^2$
$= 12 \cdot (x^2 + 6xy + 9y^2)$
$= 12(x + 3y)^2$

a) $75a^2 - 108b^2$ b) $28v^2 - 112w^2$
c) $ax^2 + 6axy + 9ay^2$ d) $8ax^2 - 50ay^2$
e) $27x^2 + 18xy + 3y^2$ f) $0{,}5x^2 + 6x + 18$
g) $2ax^2 + 12axy + 18ay^2$
h) $\frac{1}{2}x^2 + 4x + 8$ i) $\frac{1}{5}x^2 + \frac{4}{5}xy + \frac{4}{5}y^2$

14 Faktorisiere zweimal.

Beispiel: $a^3 - a = a(a^2 - 1)$
            $= a(a + 1)(a - 1)$

a) $a^3b - ab^3$ b) $8a^2 + 2b^2 + 8ab$
c) $6xy - 3x^2 - 3y^2$ d) $a^2c + 2abc + b^2c$
e) $2a + 2a^3 + 4a^2$
f) $50m^2 - 40mn + 8n^2$
g) $4x^3 + 4x^2 + x$
h) $12c^3 + 27cd^2 - 36c^2d$

15 $2 \cdot 12 + 25 = 49$
     $3 \cdot 13 + 25 = 64$
     $4 \cdot 14 + 25 = 81$
     ...

Multipliziert man eine Zahl mit der um 10 vermehrten Zahl und addiert 25, erhält man eine Quadratzahl.
Setze fort und erkläre den Zusammenhang.

16 Zerlege in möglichst viele Faktoren.

Beispiel: $n^3 - n = n(n^2 - 1) = n(n + 1)(n - 1)$

a) $n^5 - n = ?$
b) $n^9 - n = ?$
c) $n^{17} - n = ?$

17 „Binom gewinnt"
Schreibt Terme, die sich bei geschicktem Zuordnen mit der binomischen Formel faktorisieren lassen, auf Kärtchen.
Wer durch Ziehen beim Partner drei zusammenpassende Karten erhält, darf ablegen.

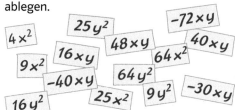

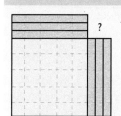

Die quadratische Ergänzung

$25 + 30n + ?$
$= (5 + \square)^2$

Die fehlende Ergänzung zum vollständigen binomischen Term wird aus dem doppelten Produkt $2ab$ bestimmt.
Dazu halbiert man dieses Produkt und dividiert durch den bekannten Summanden a. Man erhält den Summanden b und damit das zu ergänzende b^2:

$25 + 30n \quad + \triangle \quad = (5 + \triangle)^2$
$a^2 + 2ab \quad + b^2 \quad = (a + b)^2$
$5^2 + 2 \cdot 5 \cdot b + b^2$
$2 \cdot 5 \cdot b = 30n \quad |:10$
$\qquad b = 3n$
$25 + 30n + (3n)^2 = (5 + 3n)^2$

■ Ergänze.

$x^2 + 8x + \triangle$ $x^2 + 10x + \triangle$
$x^2 - 2x + \triangle$ $x^2 - 6xy + \triangle$
$n^2 - n + \triangle$ $4n^2 + 2nm + \triangle$
$4n^2 + 32nm + \triangle$ $16m^2 - 72mn + \triangle$
$n^2 - 15nm + \triangle$ $121n^2 + 66nm + \triangle$
$\triangle - 12n + 1$ $\triangle - 2ab + 0{,}25$

■ Hier gibt es mehrere Möglichkeiten.

$\triangle + 12ab + \triangle$ $\triangle + rs + \triangle$
$\triangle - 18xy + \triangle$ $\triangle - 2mn + \triangle$
$\triangle + 0{,}4ab + \triangle$ $\triangle - a + \triangle$

Zusammenfassung

Distributivgesetz
• ausmultiplizieren

Das Umformen eines Produkts in eine Summe mithilfe des Distributivgesetzes nennt man **Ausmultiplizieren**.
Dabei wird jeder Summand mit dem Faktor außerhalb der Klammer multipliziert.

$2n \cdot (n + m)$
$= 2n \cdot n + 2n \cdot m$
$= 2n^2 + 2nm$

• ausklammern
faktorisieren

Das Umformen einer Summe in ein Produkt mithilfe des Distributivgesetzes nennt man **Ausklammern oder Faktorisieren**.
Dabei werden gemeinsame Faktoren vor die Klammer gesetzt.

$3n^2 + 6mn$
$= \mathbf{3n} \cdot n + \mathbf{3n} \cdot 2m$
$= \mathbf{3n}(n + 2m)$

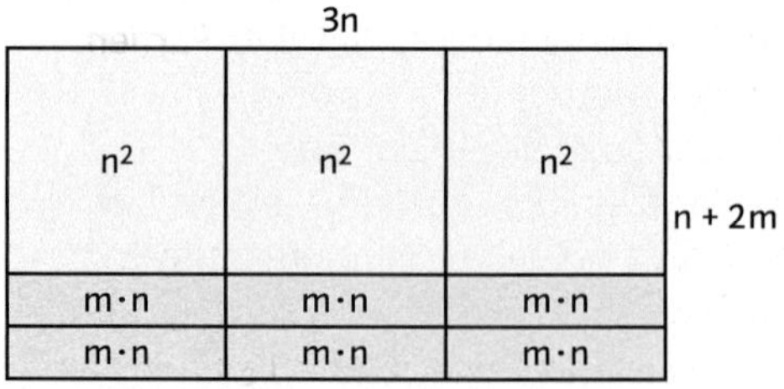

• multiplizieren von
Summen

Werden zwei Summen miteinander multipliziert, wird jeder Summand der ersten Summe mit jedem Summanden der zweiten Summe multipliziert.
Die Produkte werden anschließend addiert.

$(m + 2n)(3m + n)$
$= m \cdot 3m + m \cdot n + 2n \cdot 3m + 2n \cdot n$
$= 3m^2 + mn + 6mn + 2n^2$
$= 3m^2 + 7mn + 2n^2$

binomische
Formeln

1. binomische Formel:
   $(a + b)(a + b) = (a + b)^2 = a^2 + 2ab + b^2$
2. binomische Formel:
   $(a - b)(a - b) = (a - b)^2 = a^2 - 2ab + b^2$
3. binomische Formel:
   $(a + b)(a - b) = a^2 - b^2$

$(x + 5)^2 = x^2 + 10x + 25$

$(3y - x)^2 = 9y^2 - 6xy + x^2$

$(x + 2y)(x - 2y) = x^2 - 4y^2$

• ausmultiplizieren

Produkte, deren Faktoren aus Summen oder Differenzen mit gleichlautenden Summanden bestehen, können mithilfe der binomischen Formeln ausmultipliziert werden.

• faktorisieren
mithilfe der
binomischen
Formeln

Liegen binomische Terme als Summen- oder Differenzterme vor, kann man sie zu Produkten umformen.

$x^2 + 2xy + y^2 = (x + y)^2$
$x^2 - 2xy + y^2 = (x - y)^2$
$x^2 - y^2 = (x + y)(x - y)$

Üben • Anwenden • Nachdenken

1 Bei einem Schachturnier spielte „jeder gegen jeden". Die Ergebnisse sind in einer Tabelle festgehalten.

	1.	2.	3.	4.	5.
1. Jens	☐	0	$\frac{1}{2}$	1	1
2. Marina	1	☐	1	$\frac{1}{2}$	1
3. Saskia	$\frac{1}{2}$	0	☐	1	0
4. Fabian	0	$\frac{1}{2}$	0	☐	0
5. Lara	0	0	1	1	☐

a) Erkläre die Tabelle. Wie viele Partien fanden statt?
b) Stelle die Siegerliste auf.
c) Wie viele Spiele sind bei einem Turnier mit neun Teilnehmern zu organisieren?
d) Finde einen Term, der für die Anzahl der Spiele bei n Teilnehmern gilt.

2 Drücke die Gesamtfläche als Summe und als Produkt aus.

a)
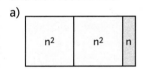

b)
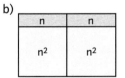

c)
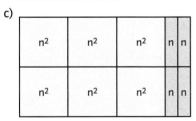

d) Erfindet selbst Flächen und stellt euch gegenseitig Aufgaben.

3 Verwandle in ein Produkt. Eine Zeichnung mit Quadraten und Streifen hilft, die Lösung zu finden.
a) $6n^2 + 3n$ b) $4n + 8n^2$
c) $n^2 + 2n + 1$ d) $n^2 + 6n + 9$
e) $n^2 + 3n + 2$ f) $n^2 + 7n + 12$
g) $2n^2 + 6n + 4$ h) $4n^2 + 6n + 2$

4 a) Durch eine Baulandumlegung vergrößert sich ein quadratischer Bauplatz mit der Seitenlänge x in eine Richtung um 6 m und in die andere um 4 m.
Wie groß ist die neue rechteckige Fläche?
b) Für einen Grundstückstausch wird ein rechteckiges Grundstück vorgeschlagen, das an einer Seite 3 m länger, an der anderen Seite aber 3 m kürzer als der ursprüngliche quadratische Bauplatz ist.
Wärst du mit diesem Tausch einverstanden?

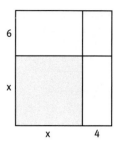

5 Multipliziere aus und fasse zusammen.
a) $5(12y - 7x) + 8(9y - 4x)$
b) $(13c - 10d)6a - 3c(a - 9d) - 2d(8c + a)$
c) $7a(-2 + a) - 5a^2 + 4(a - 1)$
d) $2(8x + 3y) + (y + 2) \cdot 5 - 4(x + 1)$
e) $10x(3x - 4y) + (8y - 5x) \cdot (-2y)$

6 Verwandle in eine Summe.
a) $(9a - 7b)(4c - 3d)$
b) $(4z + 5x)(-x + 3y)$
c) $(7x - 9)(-y + 3x)$
d) $(-2a + b)(5b - 1)$
e) $(a^2 - 3b)(-a - 5)$
f) $(-x - y)(-xy + 1)$
g) $(-v - w)(-s - t)$
h) $(-2x^2 - y^2)(-6 - z^2)$

7 Übertrage ins Heft und fülle die Lücken aus.
a) $(3x + 2)(9 + 4x) = \square + 35x + \square$
b) $(5a - 2b)(a + 3b) = \square + 13ab - \square$
c) $(3u + 9v)(5u - 6v) = 15u^2 + \square - 54v^2$
d) $(8y - x)(3y - 6x) = 24y^2 - \square + \square$
e) $(-5a - 3b)(-a + 5b) = \square - \square - 15b^2$
f) $(-6y^2 + 14x^2)(7x^2 + 3y^2) = 98x^4 - \square$
g) $(5a - 4c)(-3b + 6d)$
  $= -15ab + \square + \square - 24cd$

8 Welche binomische Formel wird durch die Abbildung veranschaulicht? Erkläre.

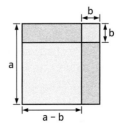

Blaise Pascal
(1623–1662)

Das aus natürlichen Zahlen bestehende Dreieck wurde nach dem berühmten französischen Mathematiker Blaise Pascal benannt. Sowohl die einzelnen Zeilen als auch die Zahlen entlang der farbigen Linien weisen viele Besonderheiten auf.

■ Erkläre, wie eine Zeile des pascalschen Dreiecks aus der vorhergehenden Zeile entsteht. Bestimme somit die Zahlen der nächsten Zeile.

■ Berechne nun die Potenzen $(a + b)^1$, $(a + b)^2$, $(a + b)^3$, $(a + b)^4$ und $(a + b)^5$.
Vergleiche die Ergebnisse mit den Zahlen des pascalschen Dreiecks.

In einigen Städten, wie z.B. Mannheim, sind die Straßen so angeordnet, dass sie ein fast regelmäßiges Gitter aus gleich großen Quadraten bilden. In solch einer Stadt muss sich ein Taxifahrer zurechtfinden, damit er den kürzesten Weg von A nach B fahren kann. In der Taxigeometrie kann es aber mehrere kürzeste Verbindungen zwischen zwei Punkten geben.

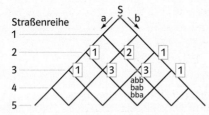

■ Übertrage den vereinfachten Plan des Straßennetzes und notiere – wie in der Abbildung – an den Kreuzungspunkten, wie viele kürzeste Verbindungen es vom Taxistandort S aus gibt. a und b bezeichnen verschiedene Richtungen gleich langer Wegstrecken. Erweitere den Plan um eine Kreuzungsreihe.

■ Verwende verkürzte Schreibweisen z.B. für a^2 statt $a\,a$ und fasse die Wegbeschreibungen ba und ab zu $2ab$ zusammen. Trage in einem neuen Diagramm die verkürzten Schreibweisen ein. Vergleiche die Ergebnisse mit den binomischen Formeln.

9 Ergänze.

a) $(\square + 7m)^2 = 25n^2\ \square\ \square\ \square\ \square$

b) $(12e + \square)^2 = \square\ \square\ \square\ \square\ 4f^2$

c) $(\square - \square)^2 = 6{,}25g^2\ \square\ \square\ \square\ 100h^2$

d) $(3x - \square)^2 = \square\ \square\ 24xy\ \square\ \square$

e) $(\square + 1{,}5n)^2 = \square\ \square\ 30mn\ \square\ \square$

f) $(\square - \square)^2 = \square\ \square\ 9y\ \square\ 0{,}25$

10 Klammere den Faktor -1 aus und wandle den zweiten Faktor in ein Produkt um.

a) $-y^2 + 14y - 49$ b) $-9x^2 + 25y^2$

c) $-49r^2 - 56rs - 16s^2$ d) $-169a^2 + 144b^2$

11 Markus soll den Term $((22 + 13)^2 + (22 - 13)^2):(22^2 + 13^2)$ berechnen. Er erhält ein überraschend einfaches Ergebnis.

a) Rechne nach.

b) Berechne ebenso $((35 + 28)^2 + (35 - 28)^2):(35^2 + 28^2)$ Ersetze die Zahlen durch Variablen und erkläre die Lösung.

12 Gib den Flächeninhalt der Figur mit einem möglichst einfachen Term an.

a)

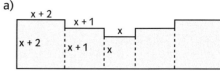

b)

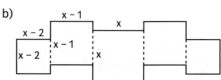

13 Übertrage ins Heft und fülle die Lücken.

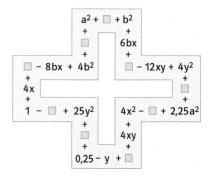

1 Gib den Flächeninhalt als Summe und als Produkt an.

a)

b)

n^2	n^2	$\frac{1}{\cdot n}$
$1\cdot n$	$1\cdot n$	1

2 Wandle in eine Summe um.

a) $6\,a\,x\,(4\,b + 3\,b\,x)$

b) $(14\,n\,m - n^2)\cdot(-3\,m)$

c) $(x + 3)(x - 4)$ d) $(y + 9)(3 - y)$

e) $(5\,x + 2)(6\,x - 3)$ f) $(2\,x + y)(-y + 3\,x)$

3 Vervollständige die Tabelle und gib den Term als Summe und als Produkt an.

a)

$\cdot$	x	-6
x	$\square$	$\square$
5	$\square$	$\square$

b)

$\cdot$	x	$\square$
x	$\square$	$-7x$
$\square$	$12x$	$\square$

4 Verwandle Summen in Produkte und Produkte in Summen.

a) $(9\,x + 5\,y)^2$ b) $(3\,x + 0{,}4\,y)^2$

c) $y^2 - 16\,x\,y + 64\,x^2$

d) $16\,a^2 + 40\,a\,b + 25\,b^2$

e) $81\,t^2 - 121\,s^2$ f) $(s - 2\,u)(s + 2\,u)$

5 Fülle die Lücken aus.

a) $\blacksquare + 16\,x + \square = (x + 8)^2$

b) $a^2 - \blacksquare + 100 = (a - \square)^2$

c) $121 - 22\,w + \square = (\square - \blacksquare)^2$

d) $4\,x^2 - 4\,x\,y + \blacksquare = (2\,x - \square)^2$

e) $(6\,r + \square)^2 = \blacksquare + \square + 81\,s^2$

6 Gib einen einfachen Term an für
a) die Oberfläche
b) das Volumen
des Körpers.

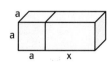

7 Klammere vor dem Faktorisieren einen geeigneten Faktor aus.

a) $4\,x^2 + 24\,x\,y + 36\,y^2$

b) $48\,x^2 - 120\,x\,y + 75\,y^2$

c) $28\,u^2 - 112\,w^2$

d) $0{,}5\,p^2 - 2\,p + 2$

---

1 Gib den Flächeninhalt als Summe und als Produkt an.

a)

n^2	$\frac{1}{n}$	$\frac{1}{n}$	n^2
$1\cdot n$	1	1	$1\cdot n$

b)

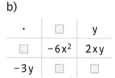

2 Wandle in eine Summe um.

a) $8\,a\,(3\,a + 4\,b)\cdot 2\,b$

b) $(-2\,x)(x\,y - 3\,x)\cdot 4\,x$

c) $(17 - t)(r - s)$ d) $(16 - a)(b - 15)$

e) $(8\,x - 0{,}5)(-6 + 2\,x)$

f) $(6\,x - y)(-0{,}8\,y - x)$

3 Vervollständige die Tabelle und gib den Term als Summe und als Produkt an.

a)

$\cdot$	$\square$	$\square$
x	x^2	$-3x$
$\square$	$\square$	-42

b)

$\cdot$	$\square$	y
$\square$	$-6x^2$	$2xy$
$-3y$	$\square$	$\square$

4 Verwandle Summen in Produkte und Produkte in Summen.

a) $(16\,t - 12\,s)^2$ b) $(0{,}7\,c - 0{,}2\,d)^2$

c) $9\,x^2 + 3\,x\,y + 0{,}25\,y^2$ d) $a^2 + a\,b + 0{,}25\,b^2$

e) $\left(\frac{1}{3}a - \frac{1}{2}b\right)\left(\frac{1}{3}a + \frac{1}{2}b\right)$ f) $x^2 - \frac{1}{4}y^2$

5 Fülle die Lücken aus.

a) $9\,x^2 + \square + 0{,}25\,y^2 = (3\,x + \square)^2$

b) $\square - 32\,m\,n + 4\,n^2 = (\square - 2\,n)^2$

c) $c^2 - 34\,c + \blacksquare = (\square - \square)^2$

d) $\square - 56\,r\,s + \square = (\blacksquare - \square)^2$

e) $(\square - \blacksquare)^2 = \square - 150\,a\,b + 25\,b^2$

6 Gib einen einfachen Term an für
a) die Oberfläche
b) das Volumen
des Körpers.

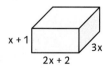

7 Klammere vor dem Faktorisieren einen geeigneten Faktor aus.

a) $\frac{1}{2}x^2 - 2\,x + 2$ b) $\frac{3}{4}v^2 - \frac{3}{16}w^2$

c) $\frac{1}{5}x^2 + \frac{4}{5}x\,y + \frac{4}{5}y^2$

d) $150\,x^2 + 120\,x\,y + 24\,y^2$

Geht alles immer?

Alle ... fliegen hoch.

... wiegt höchstens 1 kg.

Was bedeuten hier „w" und „f"?
Beschreibe in eigenen Worten, was auf-
gefangen und was weggeworfen wird.

Ist hier etwas schiefgegangen?

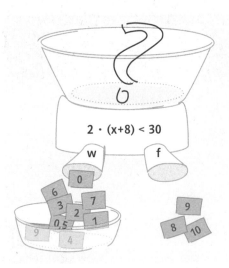

$$2 \cdot (x+8) < 30$$

- Was könnte oben eingefüllt worden sein?
- Gibt es mehrere Möglichkeiten?
- Ist alles richtig sortiert?
- Konstruiere eigene Sortiermaschinen
  zu Begriffen, Größen und Zahlen.
  Verwende Gleichheitszeichen und die
  Zeichen < und >.

Gib deiner Partnerin oder deinem Partner
eine Bauanleitung für eine Sortiermaschi-
ne, die sie oder er dann bauen soll. Kommt
tatsächlich heraus, was du erwartet hast?

Mit Bäumen rechnen

Ein Baum steht nur dann sturmsicher,
wenn seine Höhe im Vergleich zum Umfang in Bodennähe nicht zu groß ist.
Man misst den Umfang u in Brusthöhe,
also etwa bei 1,30 m.

Faustformeln für die Stammhöhe h
in Abhängigkeit vom Umfang u
- im Freistand $\qquad$ h = 10 · u
- im dichten Bestand h = 15 · u

Bianca, Anke und Tim haben für u
0,75 m; 1,30 m und 3,70 m gemessen.

Auch das Volumen V eines Baumstamms
lässt sich schätzen, ohne den Baum zu
fällen. Die erste der zwei Faustformeln ist
meist genauer als die zweite.
- $V = 0{,}4 \cdot u^3$
- $V = u^2$

Hier wird u in m eingegeben, V ergibt sich
in m^3.

Sarah und David haben Stämme mit
u = 2,80 m und u = 3,70 m gemessen.

$1\,m^3$ vieler Holzarten wiegt etwa 0,6 t.
Gebt zwei Faustformeln für die Masse m
eines Stamms an, der den Umfang u hat.

In Europa werden Bäume bis zu 45 m hoch.
Wie schwer ist ein solcher Baumriese
etwa? Was in Europa ein Riese ist, ist in
Nordamerika ein Zwerg. Dort werden die
größten Bäume 120 m hoch.

Auch für das Alter t gibt es eine Faustfo-
mel. Sie ist aber ziemlich ungenau.
- t = 0,4 · u

Hier wird u in cm eingegeben, und t ergibt
sich in Jahren. Messt und rechnet selbst.

Sarah hat gelesen, dass es 1000-jährige
Bäume gibt.

In diesem Kapitel lernst du,

- wie man mit Klammern in
  Gleichungen umgeht,
- wie man Ungleichungen löst,
- wie man Lösungsmengen
  graphisch darstellt,
- wozu Formeln gut sind,
- wie man aus einer Formel
  andere gewinnt,
- wie man Textaufgaben liest
  und mithilfe von Gleichungen
  oder Ungleichungen löst.

1 Gleichungen mit Klammern

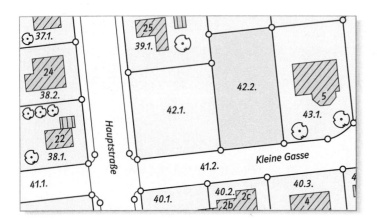

Familie Grüner hat beim Grundstückskauf die Auswahl zwischen dem quadratischen Eckgrundstück 42.1 und dem flächengleichen Flurstück 42.2. Dieses ist 8 m länger, dafür aber um 6 m schmaler als das quadratische Grundstück.

→ Findest du heraus, wie lang und wie breit die Grundstücke 42.1 und 42.2 sind?

Kommen in einer Gleichung Terme mit Klammern vor, werden diese zuerst aufgelöst.

$$
\begin{array}{ll}
12(2x+1) - 15(x+3) = 5(1-x) + 32 & |\,\text{Klammern ausmultiplizieren} \\
24x + 12 - 15x - 45 = 5 - 5x + 32 & |\,\text{zusammenfassen} \\
9x - 33 = 37 - 5x & |+33 \\
9x = 70 - 5x & |+5x \\
14x = 70 & |:14 \\
x = 5 &
\end{array}
$$

An einer Gleichung der einfachsten Form wie $x = 5$ kann man die Lösung leicht ablesen. Die **Lösungsmenge** enthält nur die Zahl 5. Man schreibt kurz: $L = \{5\}$.

Gleichungen mit Klammern vereinfacht man zuerst durch **Termumformungen**.
1. Klammern auflösen.
2. Zusammenfassen, falls möglich.
Dann wird die Variable durch **Äquivalenzumformungen** frei gestellt.
3. Falls Brüche vorkommen, mit dem Hauptnenner multiplizieren.
4. Weiter umformen wie gewohnt.
5. Lösung bzw. Lösungsmenge L je nach Grundmenge G angeben.

Beispiele

a)
$$
\begin{array}{ll}
6x + 10 - 8x = 87 - (21 + 10x) & \\
6x + 10 - 8x = 87 - 21 - 10x & \\
-2x + 10 = 66 - 10x & |-10 \\
-2x = 56 - 10x & |+10x \\
8x = 56 & |:8 \\
x = 7 & \\
G = \mathbb{Q};\ L = \{7\} &
\end{array}
$$

b)
$$
\begin{array}{ll}
2(x-9) = 7(4x-3) - (2x+1)\cdot 9 & \\
2x - 18 = 28x - 21 - 18x - 9 & \\
2x - 18 = 10x - 30 & |+30 \\
2x + 12 = 10x & |-2x \\
12 = 8x & |:8 \\
1,5 = x & \\
G = \mathbb{N};\ L = \{\ \} &
\end{array}
$$

Probe:

linker Term	rechter Term
$6\cdot 7 + 10 - 8\cdot 7$	$87 - (21 + 10\cdot 7)$
$42 + 10 - 56$	$87 - (21 + 70)$
-4	-4

Probe:

linker Term	rechter Term
$7(4\cdot 1,5 - 3) - (2\cdot 1,5 + 1)\cdot 9$	$2(1,5 - 9)$
$7\cdot 3 - 4\cdot 9$	-15
-15	-15

c) Multipliziere die Klammern aus.

$$(x - 3)(x - 1) = (x + 1)(x - 9)$$
$$x^2 - 1x - 3x + 3 = x^2 - 9x + 1x - 9$$

$x^2 - 4x + 3 = x^2 - 8x - 9$	$\mid -x^2$
$-4x + 3 = -8x - 9$	$\mid +8x$
$4x + 3 = -9$	$\mid -3$
$4x = -12$	$\mid :4$
$x = -3$	
$G = \mathbb{Q};\ L = \{-3\}$	

d) Vereinfache mithilfe der binomischen Formeln.

$$(x + 4)^2 - 3(x - 10) = (x - 3)(x + 3)$$

$x^2 + 8x + 16 - 3x + 30 = x^2 - 9$	$\mid -x^2$
$8x + 16 - 3x + 30 = -9$	
$5x + 46 = -9$	$\mid -46$
$5x = -55$	$\mid :5$
$x = -11$	
$G = \mathbb{Q};\ L = \{-11\}$	

> **Binomische Formeln**
> $(a+b)^2 = a^2 + 2ab + b^2$
> $(a-b)^2 = a^2 - 2ab + b^2$
> $(a+b)(a-b) = a^2 - b^2$

Probe:

linker Term	rechter Term
$(-3 - 3)(-3 - 1)$	$(-3 + 1)(-3 - 9)$
$-6 \cdot (-4)$	$(-2)(-12)$
24	24

Probe:

linker Term	rechter Term
$(-11 + 4)^2 - 3(-11 - 10)$	$(-11 - 3)(-11 + 3)$
$(-7)^2 - 3(-21)$	$-14 \cdot (-8)$
$49 + 63$	112
112	112

Aufgaben

1 Löse die Gleichung.
a) $9x + 33 - (45 - 15x) = 15 - 3x$
b) $7 - (10 - 8x) = 23 - (4 + 14x)$
c) $(17x + 22) - (5x + 9) = (11x + 15) - (22 - 21x)$
d) $(42x + 37) - (26 - 34x) = 26x + 211$

2 Gib die Lösung an.
a) $4(2x + 3) = 3(3x + 2)$
b) $(12 - 3x) \cdot 2 = 9(7x + 18)$
c) $3(9 - y) = 5(y - 9)$ $L = \{3\}$
d) $(2 - 3y) \cdot 5 + (8 - y) \cdot (-4) = 0$

3 Baue Gleichungen wie im Beispiel.
$3(2x - 4) = 2(3 + 4x)$

a) Stelle fünf weitere Gleichungen auf und löse sie.
b) Stellt euch selbst einen Gleichungsbaukasten zusammen und rechnet.

4 Beachte die Minusklammern.
Ordne die richtige Lösung zu.
a) $2n^2 - (n + 12)(2n + 3) = 18$ | 12
b) $15n - (3n - 5)(4n + 5) = 5 - 12n^2$ | 1,5
c) $8n^2 - 2(2n - 7)(2n + 6) = 11n$ | -1
d) $-10n^2 - 5(3 - n)(2n + 11) = -30n$ | -2
e) $7(4n - 3) - (2n + 1) \cdot 9 = 2(n - 9)$ | 3

5 Stelle die Gleichung auf und löse sie.

Beispiel: $(x - 2) \cdot 3 = 2x$

a) 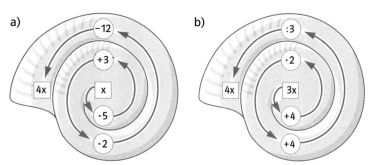 b)

6 Löse die Gleichung und vergleiche mit den angegebenen Lösungen.
a) $7m + 2(m - 12) = 2(m - 13) + 3(2m + 1)$
b) $8(m - 1) - 17(3 - m) = 4 - 12(3 - 2m)$
c) $7(6n + 3) - 8(3 - 4n) = 12(2n + 3) + 161$
d) $8(2n - 3) - 5(2n + 8) = 38 - 4(1 - 5n)$
e) $\frac{2}{3}m - \frac{2}{3} = 1 - \left(\frac{1}{2} - \frac{5}{8}m\right)$
f) $\frac{4}{5}n - \left(-1 - \frac{4}{3}n\right) = -\left(\frac{4}{5} + \frac{1}{3}\right)$
Die Lösungen lauten ungeordnet:
27; 4; -7; 28; -1; 1.

7 Quadrat und Rechteck sind flächengleich.

a)   b)

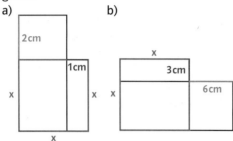

8 Rotes und schwarzes Rechteck sind flächengleich.

a)   b)   c)

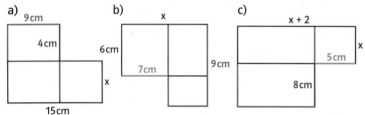

9 Die Lösungen findest du unter den Zahlen -5; -3; -2; -1; 0; 1; 2; 3; 4. Setze Zahlen probeweise ein, dann findest du die Lösung vielleicht schneller.
a) $(x + 1)(x - 9) = (x - 3)(x - 1)$
b) $(x + 5)(3x + 4) = (x + 33)(3x - 4)$
c) $(2x + 2)(2x + 3) = (x + 1)(4x - 3)$
d) $(3x - 4)(6 + 4x) = (6x - 2)(2x + 12)$

10 Achte auf den zusätzlichen Faktor.
a) $4(x + 6)(x - 5) = 4x^2 - 11x$
b) $(x - 3)(x + 9)\cdot 6 = 6x^2 + 18x$
c) $(x + 8)\cdot 3\cdot(x - 4) = 3x^2 - 4x$

11 a) Löse die Gleichungen.
$(x + 1)^2 = (x + 3)^2$
$(x + 2)^2 = (x + 4)^2$
$(x + 3)^2 = (x + 5)^2$
$(x + 4)^2 = (x + 6)^2$
b) Stellst du eine Gesetzmäßigkeit fest? Löse dann $(x + 45)^2 = (x + 47)^2$.

12 Es gibt Gleichungen, die eine, keine oder unendlich viele Lösungen haben.

Beispiel: $2(x + 2) = 2x + 2$
             $2x + 4 = 2x + 2$ $|-2x$
keine Lösung, weil: $4 = 2$ falsch!

Wie ist es bei diesen Gleichungen?
a) $2x - 1 + 6(2x + 1) = 16x - (2x - 7)$
b) $3(x - 1) = 9x - 3(2x + 1)$
c) $10x - \left(\frac{1}{2} + 3x\right) = 2\left(\frac{7}{2}x - \frac{3}{4}\right)$

13 Gleichungen mit speziellen Lösungen.
a) $(x - 2)^2 - (x + 2)^2 = 8(1 - x)$
b) $x^2 + (x - 1)^2 + (x - 1)(x + 1) = 3x^2 - 2x$
c) $(x + 3)^2 - x = 5(x + 5) - (x + 4)(4 - x)$
d) $4x(x + 9) = 5(2x + 1)^2 - 4(2x - 1)^2$

Aufgaben selbst erfinden

Zu einer Gleichung lässt sich häufig eine passende Sachsituation finden.
Einige Gleichungen können beispielsweise als Flächen dargestellt werden.
Beispiel: $4\cdot(2x + 3) = 3\cdot(3x + 2)$

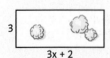

Dazu erfundene Aufgabe: Die beiden Grundstücke 1 und 2 haben den gleichen Flächeninhalt. Bestimme die Länge der unbekannten Seiten in Metern.
Lösung:

$A_{(Grundstück\ 1)} = A_{(Grundstück\ 2)}$ Seitenlänge Grundstück 1: $2x + 3 = 2\cdot 6 + 3 = 15$
$4\cdot(2x + 3) = 3\cdot(3x + 2)$ Grundstück 2: $3x + 2 = 3\cdot 6 + 2 = 20$
$8x + 12 = 9x + 6$ $|-8x|-6$ Probe: linker Term | rechter Term
$6 = x$ $4\cdot 15$ | $3\cdot 20$
                                                60 | 60

Die unbekannten Grundstücksseiten sind $15\,m$ und $20\,m$ lang.
■ Formuliere zu der Gleichung $x \cdot (x + 6) = (x + 2)^2$ eine Aufgabe. Überprüfe, ob du sie berechnen kannst.
■ Erfinde selbst Aufgaben, die mithilfe von Gleichungen mit Klammern gelöst werden können. Kontrolliere deine Aufgabe, bevor du sie deiner Klasse zum Lösen vorlegst.

14 Ein 800-m-Läufer benötigte 2 min 7 s für die Strecke. Die erste der beiden Runden lief er 3,8 s schneller als die zweite.

15 Opa Erwin ist 50 Jahre älter als seine Enkelin Cora und doppelt so alt wie sein Sohn. Wie alt sind die drei Personen?

16 Ein gleichschenkliges Dreieck hat einen Umfang von 2,75 m. Ein Schenkel ist jeweils doppelt so lang wie die Basis.

17 Die Eltern von Ana, Bert, Cora und Daniel geben ihren Kindern zusammen 37 € im Monat. Ana erhält 7 € mehr und Bert 4 € mehr als Cora. Daniel, der Jüngste, erhält 2 € weniger als Cora.

18 Familie Mainz mit drei Personen und Familie Ebert mit fünf Personen haben mit einem gemeinsamen Tippschein einen Lottogewinn von 6248 € gemacht, den sie nun gleichmäßig aufteilen wollen.
Bestimme den Anteil für jede Familie sowie für jede Einzelperson.
Wie ändert sich das Resultat, wenn sie den Einsatz von 16,40 € für den Tippschein berücksichtigen?

19 Von einem Bauplatz der Größe 1448 m² wird eine Parzelle von 622 m² abgeteilt. Die Anliegerkosten von 9774 € sollen entsprechend den Grundstücksgrößen auf die Eigentümer verteilt werden.

20 Zum Entladen des Getreides auf einem Frachtkahn werden drei Getreideheber eingesetzt. Würde man sie einzeln einsetzen, so würde der erste 50 Minuten, der zweite 45 Minuten und der dritte 30 Minuten zum Entladen benötigen.
Bestimme die Zeit, wenn
a) die beiden schnellsten benutzt werden.
b) die beiden langsamsten benutzt werden.
c) alle drei eingesetzt werden.

Zum Lösen von Problemen aus Alltag oder Technik helfen häufig Gleichungen. Dazu werden die Aufgabenstellungen zunächst in die „Sprache Mathematik" übersetzt, mit deren Regeln vereinfacht und gelöst und zum Schluss die Lösung in die Alltagssprache übersetzt.
Zur Veranschaulichung helfen Skizzen, Tabellen, Diagramme.

Lösungsschritte bei Textaufgaben:
1. Notiere **gegebene** und **gesuchte** Daten oder Größen.
   Drücke **gesuchte** Werte mit **Variablen** aus, bestimme G.
2. **Übersetze** die Angaben im Text in **Terme**.
3. **Stelle** die Gleichung **auf**.
4. **Bestimme** die Lösungen unter Beachtung der Grundmenge.
5. **Interpretiere** die Lösung, mache die Probe an der Aufgabe.
6. Notiere die **Antwort**.

Kai hat zum Verschnüren eines würfelförmigen Paketes genau 3,05 m Schnur benötigt. Wie lang sind die Seiten des Würfels, wenn er für Knoten und Schleife 25 cm rechnet?

1. Gesamtlänge der Schnur: 3,05 m, gesucht Seitenlänge a
2. Schnurstücke am Paket: $8 \cdot a$,
   Gesamtlänge: $8 \cdot a + 25$, $G = \mathbb{Q}^+$
3. in cm: $8a + 25 = 305 \quad | -25$
4. $\qquad 8a = 280 \quad | :8$
   $\qquad\quad a = 35$
   $\qquad\quad L = \{35\}$
5. Für $a = 35$ gilt: $8 \cdot 35 + 25 = 305$ (wahr)
6. Jede Seite des würfelförmigen Paketes ist 35 cm lang.

■ Zwei Zahlen unterscheiden sich um 12, ihre Quadratzahlen um 480. Bestimme die Zahlen.

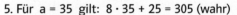

■ Die Differenz der Quadratzahlen zweier aufeinanderfolgender Zahlen beträgt 613. Bestimme die beiden Zahlen.

■ Lea und ihre Mutter sind zusammen 65 Jahre alt. Vor 10 Jahren war die Mutter genau viermal so alt wie Lea.

■ Ein Rechteck ist 8 cm länger als breit. Verlängert man die kürzere Seite um 4 cm und verkürzt gleichzeitig die längere um 3 cm, dann nimmt der Flächeninhalt um 26 cm² zu.

■ Die Kantenlängen eines Würfels werden um 3 cm verlängert. Dadurch nimmt die Oberfläche um 342 cm² zu. Bestimme die Kantenlänge des ursprünglichen Würfels.

2 Ungleichungen

Die 27 Schülerinnen und Schüler der 8f
planen den Besuch eines Zoos.
In der Klassenkasse sind 726 €.
Das Busunternehmen verlangt 470 €.
→ Prüfe anhand von Beispielen, welche
Ausgaben pro Schüler die Klassenkasse
noch tragen kann.
→ Kann der Kassenwart genau angeben,
welche Ausgaben pro Kopf möglich sind?
→ Gib die Lösungen für ganzzahlige Euro-
beträge an.

Ungleichungen bestehen aus zwei Zahlen, Größen oder Termen, die durch eines der Un-
gleichheitszeichen <, >, ≦, ≧ verbunden sind. Es muss geprüft werden, ob die Äquivalenzumformungen auch auf Ungleichungen anwendbar sind:

$16x - 13 < 107$	$\mid +13$	$3,5x + 14 \geqq 3x + 11,75$	$\mid -3x$
$16x < 120$	$\mid :16$	$0,5x + 14 \geqq 11,75$	$\mid -14$
$x < 7,5$		$0,5x \geqq -2,25$	$\mid \cdot 2$
		$x \geqq -4,5$	

*! Wenn nichts anderes
bekannt ist, verwendet
man immer die größt-
mögliche Grundmenge.*

Da die Ungleichung mehrere Lösungen hat,
kann die Probe nur an Beispielen erfolgen:

$x = 7$:　$16 \cdot 7 - 13 < 107$
　　　　　　　　99　< 107　wahr
$x = 8$:　$16 \cdot 8 - 13 < 107$
　　　　　　　　115　< 107　falsch

Die erste und letzte Zeile der Ungleichung sind äquivalent.

Je nach Grundmenge gilt also:
$G = \mathbb{N}$;　$L = \{0; 1; 2; 3; 4; \ldots\} = \mathbb{N}$
$G = \mathbb{Z}$;　$L = \{-4; -3; -2; -1; 0; 1; 2; \ldots\}$
$G = \mathbb{Q}$;　$L = \{x \mid x > -4,5\}$
lies: „Menge aller x, für die gilt:
x ist größer oder gleich $-4,5$"
(beschreibende Form der Lösungsmenge)

Ungleichungen werden mit Äquivalenzumformungen gelöst. Dabei darf man
– auf beiden Seiten denselben Term **addieren** oder **subtrahieren**.
– beide Seiten mit derselben **positiven** Zahl außer Null **multiplizieren** oder
  dividieren.
Falls möglich, gibt man die Lösungsmenge in der **aufzählenden** Form an,
andernfalls in der **beschreibenden** Form.

Bemerkung
Beim grafischen Darstellen einer Lösungsmenge müssen die Grundmenge und das Relationszeichen beachtet werden. Besteht die Grundmenge aus ganzzahligen Werten ($\mathbb{N}$, $\mathbb{Z}$
usw.), so werden die Lösungszahlen als Punkte markiert, andernfalls als Linie.

kleiner, weniger als	größer, mehr als	höchstens, kleiner oder gleich	mindestens, größer oder gleich
$x < y$	$x > y$	$x \leq y$	$x \geq y$
$G = \mathbb{Z}$	$G = \mathbb{Q}$	$G = \mathbb{Q}$	$G = \mathbb{N}$

Die Relationszeichen kleiner bzw. größer werden durch eckige Klammern dargestellt, die
von den Lösungswerten wegzeigen. Bei den Zeichen größer oder gleich bzw. kleiner oder
gleich zeigen die Klammern zu den Lösungswerten hin.

Beispiele

a) $5(6 + 2x) < (3x - 5) \cdot 8$

$30 + 10x < 24x - 40 \quad | -10x$

$30 < 14x - 40 \quad | +40$

$30 + 40 < 14x$

$70 < 14x \quad\quad | :14$

$5 < x$

$x > 5$

$G = \mathbb{N}; \ L = \{6; 7; 8; \dots\}$

b) $(2x + 3)(2 + 2x) \geq (4x - 3)(x + 1)$

$4x + 6 + 4x^2 + 6x \geq 4x^2 - 3x + 4x - 3$

$10x + 6 + 4x^2 \geq 4x^2 + x - 3 \quad | -4x^2$

$10x + 6 \geq x - 3 \quad\quad | -x$

$9x + 6 \geq -3 \quad\quad | -6$

$9x \geq -9 \quad\quad | :9$

$x \geq -1$

$G = \mathbb{Q}; \ L = \{x \,|\, x \geq -1\}$

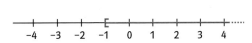

Nun wird noch geprüft, ob auch die Multiplikation und Division mit negativen Zahlen bei Ungleichungen Äquivalenzumformungen sind:

**Multiplikation**

$-0,5x < -4 \quad | \cdot (-2)$

$x < 8$

Die Probe mit z. B. 6 ergibt:

$-0,5 \cdot 6 < -4$

$-3 < -4 \quad$ **falsch**

**Division**

$-4x > 12 \quad | :(-4)$

$x > -3$

Die Probe mit z. B. -2 ergibt:

$-4 \cdot (-2) > 12$

$8 > 12 \quad$ **falsch**

Die Proben würden wahre Aussagen liefern, wenn nach der Umformung die umgekehrten Relationszeichen gesetzt würden:

Anstatt $x < 8$ gilt daher

$x > 8$

$L = \{x \,|\, x > 8\}$

Anstatt $x > -3$ gilt daher

$x < -3$

$L = \{x \,|\, x < -3\}$

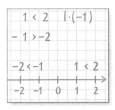

Multiplikation und Division mit negativen Zahlen sind bei Ungleichungen **keine** Äquivalenzumformungen. Erst die Umkehrung des Relationszeichens liefert die Lösungsmenge.

> Wird bei einer Ungleichung mit einer **negativen** Zahl **multipliziert oder dividiert**, so muss das **Relationszeichen umgekehrt** werden.

Beispiele

$-2x + 7 < 9 \quad | -7$

$-2x < 2 \quad | :(-2)$

$x > -1$

$G = \mathbb{N}; \ L = \{0; 1; 2; 3; \dots\} = \mathbb{N}$

$2x + 11 > 3x + 2 \quad | -3x - 11$

$-x > -9 \quad | \cdot (-1)$

$x < 9$

$G = \mathbb{Q}; \ L = \{x \,|\, x < 9\}$

Aufgaben

1 Gleiche oder unterschiedliche Lösungsmengen?

a) $x > 5$

$-5 > -x$

b) $-x > 5$

$x > -5$

c) $x < -1$

$-1 > -x$

d) $2 \geq -x$

$x \leq -2$

e) $-4 \leq -x$

$x \geq 4$

f) $-x \leq 3,5$

$-3,5 \geq x$

2 Setze eines der Zeichen $>, <, \geq, \leq$ richtig ein.

a) $2x > -2$

$x \,\square\, -1$

b) $-x < 3$

$x \,\square\, -3$

c) $-x \geq -7$

$x \,\square\, 7$

d) $-3x \leq 6$

$x \,\square\, -2$

e) $0 > -2x$

$0 \,\square\, x$

f) $-\frac{1}{2}x \geq 4$

$x \,\square\, -8$

3 Gib mindestens zwei Ungleichungen mit der zugehörigen Grundmenge an.

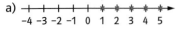

a)
```
-4 -3 -2 -1  0  1  2  3  4  5
```

b)
```
-4 -3 -2 -1  0  1  2  3  4
```

c)
```
-5 -4 -3 -2 -1  0  1  2
```

d)
```
-5 -4 -3 -2 -1  0  1  2  3
```

e)
```
-3   -2 -3/2 -1   0   1   2
```

f)
```
-3    -2   -1 -1/3 0   1   2
```

4 Übertrage die Lösung auf die Zahlengerade. Nimm als Einheit 1 cm.

a) $x \geqq 0$; $G = \mathbb{N}$
b) $x < -1$; $G = \mathbb{Z}$
c) $x > -3$; $G = \mathbb{Q}$
d) $x \leqq 2$; $G = \mathbb{Q}$
e) $x \geqq -2{,}5$; $G = \mathbb{N}$
f) $x \leqq 8{,}1$; $G = \mathbb{Z}$
g) $3{,}5 < -x$; $G = \mathbb{Z}$
h) $-3\frac{1}{5} \leqq x$; $G = \mathbb{Q}$

5 Löse die Ungleichung.

a) $-5x > 3$
b) $-4x < 14$
c) $12x \geqq -30$
d) $-9x \leqq -29{,}7$
e) $-\frac{x}{3} < 4{,}8$
f) $-\frac{x}{8} \geqq -3{,}2$
g) $-16{,}3x > -40{,}75$
h) $-4\frac{3}{10} \leqq \frac{5}{4}x$

6 a) $7(4x + 6) < 14x$
b) $2x + 5 \leqq x - 1$
c) $7(x + 22) - 43 > 132$
d) $4(2x + 3) > 3(3x + 2)$
e) $5x - 17 \geqq 8x + 12$
f) $3\left(\frac{1}{2}x - 1\right) - 2\left(4 - \frac{3}{2}x\right) \geqq 0$

7 Wie lang muss b mindestens sein, damit der Umfang größer als 50 m ist?

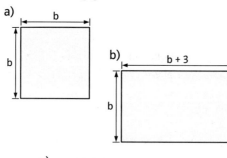

a)

b)

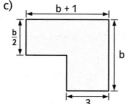

c)

8 Bei welchen zweistelligen Zahlen ist die Einerziffer halb so groß wie die Zehnerziffer und die Quersumme kleiner als 13?

9 Welche Rechtecke, deren ganzzahlige Breite das 3-Fache der Länge ist, haben einen Umfang von mindestens 60 cm?

10 a) Die Summe von drei aufeinander folgenden natürlichen Zahlen ist kleiner als 245. Bestimme alle Zahlen, für die das gilt.
b) Die Summe aus einer Zahl und 5 ist kleiner als die Differenz aus dem 6-Fachen der Zahl und 80.

11 Im Fahrstuhl hängt ein Schild: „Maximales Gesamtgewicht 220 kg". Kai wiegt 75 kg und hat 8 Getränkekisten zu je 16,2 kg eingekauft.

12 Mara will mit dem 4 m langen Rest einer Zaunrolle ein rechteckiges Hasengehege einzäunen. Die eine Seite soll anderthalbmal so lang sein wie die andere. Welche Maße hat das Gehege höchstens? Bestimme auch den Flächeninhalt.

13 Frau Sabel will Fliesenpakete in ihrem Pkw transportieren. Eines davon wiegt 21,5 kg. Sie darf 385 kg zuladen.

14 Tanja möchte eigene CDs mit ihren Songs aufnehmen und verkaufen. Das Tonstudio verlangt 535 € für die Aufnahme und für die CDs eine Grundgebühr von 55 € sowie 1,20 € pro Stück. Tanja beabsichtigt einen Verkaufspreis von 8,50 €.
a) Ab wie viel verkauften CDs macht Tanja einen Gewinn?
b) Sie erstrebt einen Gewinn von 4000 €. Wie viele CDs muss sie mindestens verkaufen?

15 Mias Eltern vergleichen Stromtarife. Der Normaltarif kostet einen monatlichen Grundbetrag von 6,40 € und 16,15 ct je kWh. Beim Öko-Tarif ist der Grundbetrag jährlich 52 €, jede kWh kostet 18,05 ct. Was würdest du ihnen raten? Begründe.

3 Formeln

At the beginning of the summer holidays
Sarah and her mother travel to New York.
The captain announces: The temperature in
New York is 95 degrees.
Sarah hopes that her mother didn't listen.
Mrs. Swan, Sarah's seat neighbor, asks her:
What was the temperature in Frankfurt at
our departure?
Sarah answers: 15 degrees.
Mrs. Swan replies: Very chilly this July in
Europe, isn't it?

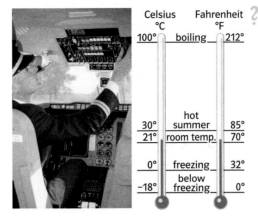

$y = \frac{9}{5} \cdot x + 32$

*Can you find out by
yourself what x and y
mean here?*

Die Prozentformel $p\% = \frac{W}{G}$ beschreibt den Zusammenhang zwischen den Variablen
$p\%$ (Prozentsatz), W (Prozentwert) und G (Grundwert).

Wenn man für verschiedene Werte von G
und $p\%$ den Prozentwert W berechnen
soll, ist immer dieselbe Umformung nötig.
Es ist dann praktischer, vor dem Einsetzen
umzuformen und die umgeformte Formel
zu benutzen.

$$7{,}5\% = \frac{W}{120\,€} \mid \cdot 120\,€; \quad 35\% = \frac{W}{8{,}37\,€} \mid \cdot 8{,}37\,€; \ldots$$

$$p\% = \frac{W}{G} \qquad\qquad \mid \cdot G$$
$$p\% \cdot G = W \quad \text{bzw.}$$
$$W = G \cdot p\%$$

Eine **Formel** ist eine Gleichung oder Ungleichung, die einen Zusammenhang
zwischen Zahlen, Größen und Variablen beschreibt. Kennt man außer einer
Variablen alle Angaben, so lässt sich diese Variable, die **Lösungsvariable**, bestimmen. Dazu wird so umgeformt, dass die Lösungsvariable alleine steht, die Formel
wird nach ihr „aufgelöst". Die Größen (Länge, Zeit usw.), die die Lösungsvariable
bestimmen, heißen **Parameter**.

Beispiele

a) Die Summe der Kantenlängen eines
Quaders ist $k = 4(a + b + c)$. Aus k, b und
c soll a berechnet werden. Dazu wird die
Formel nach a aufgelöst
$$k = 4(a + b + c) \qquad \mid : 4$$
$$\frac{k}{4} = a + b + c \qquad \mid -b -c$$
$$a = \frac{k}{4} - b - c$$
Für $k = 120\,cm$ und einige Werte von b
und c wird jetzt a berechnet (alle in cm).

b) „Geschwindigkeit gleich Weg durch Zeit"
Diese Formel wird nach der Zeit aufgelöst:
$$v = \frac{s}{t} \qquad\qquad \mid \cdot t$$
$$v \cdot t = s \qquad\qquad \mid : v$$
$$t = \frac{s}{v}$$
Die nach der Zeit aufgelöste Formel heißt
„Zeit gleich Weg durch Geschwindigkeit".
Für $s = 100\,km$ kann man die Zeit t zu
gegebener Geschwindigkeit v berechnen.

b	10	10	10	9	2,5	6,2
c	5	8	10	10	3,5	7,9
a	15	12	10	11	24	15,9

v in $\frac{km}{h}$	20	40	60	80	100
t in h	5	2,5	$1\frac{2}{3}$	$1\frac{1}{4}$	1

Aufgaben

1 a) Stelle die Rechtecksformel $A = a \cdot b$ nach a um.

b) Berechne mithilfe einer umgestellten Formel die fehlende Seitenlänge des Rechtecks. (A in cm²; a und b in cm)

A	80	80	80	90	90	90	100	100
a	16	18				25	29	*3,0*
b	*5*	*4,4*	7	6	8	*9,6*	*3,3*	33

2 a) Stelle die Quaderformel $V = a \cdot b \cdot c$ nach a, nach b und nach c um.

b) Berechne die fehlende Kantenlänge des Quaders. (V in cm³; a, b und c in cm)

V	80	90	100	120	140	170	241
a	16	15	8	*0,5*	8	*6,5*	17,1
b	2,5	3	*5*	7,5	*6,25*	5,6	14,1
c	*2*	*2*	2,5	32	2,8	4,6	*0,5*

Eva: $c = 80 : (16 \cdot 2{,}5)$
Gerd: $c = 80 : 16 \cdot 2{,}5$
Saskia: $c = 80 : 16 : 2{,}5$

c) Der Taschenrechner hilft nur, wenn man ihn richtig benutzt. Rechnen Eva, Gerd oder Saskia für $V = 80\,\text{cm}^3$; $a = 16\,\text{cm}$; $b = 2{,}5\,\text{cm}$ den richtigen Wert für c aus?

3 a) Berechne die Grundfläche $G = a \cdot b$ des Quaders. (V in dm³; c in dm)

V	60	120	150	225	280	400	1000
c	5	7,5	2,5	4,5	35	32	16

b) Gib zu den Ergebnissen aus a) je einige mögliche Kantenlängen a und b an. Auch Brüche sind erlaubt.

4 Ein Quader hat die Kantenlängen a, b und c. Die Summe seiner Kantenlängen ist $k = 4(a + b + c)$.

a) Stelle die Formel nach b und nach c um.

b) Berechne mithilfe der passend umgestellten Formel die fehlende Kantenlänge (alle Maße in cm).

k	80	60	120	180	206	30	12	960
a		10	12	15	27,5		2	79
b	6	2		15	12	1	1	
c	5		12			1		81

! *Eine geht nicht!*

Nadja, Hajo, Jasmin und Kai schneiden Streifen aus und falten sie rechtwinklig.

$\sphericalangle\,45°$

- Hajo misst die Flächeninhalte aus.
- Nadja überlegt, welche Fläche verloren geht, wenn sie einmal faltet. Sie findet eine Formel für den Flächeninhalt A_1 des einmal gefalteten Streifens.

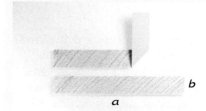

- Jasmin und Kai finden Formeln für die Flächeninhalte A_2, A_3 und A_4 von 2-mal, 3-mal, 4-mal gefalteten Streifen.
- Hajo schneidet Streifen aus mit $a = 24\,\text{cm}$; $b = 2\,\text{cm}$; $a = 25\,\text{cm}$; $b = 6\,\text{cm}$. Er prüft die Formeln durch Messen nach.
- Kai will gefaltete Streifen herstellen mit $b = 2\,\text{cm}$ und $A_1 = 40\,\text{cm}^2$; $A_1 = 60\,\text{cm}^2$; $A_2 = 40\,\text{cm}^2$; $A_3 = 40\,\text{cm}^2$; $A_3 = 70\,\text{cm}^2$; $A_4 = 80\,\text{cm}^2$ Dazu löst er die Formeln nach a auf.
- Die vier finden heraus, wie man ein Achteck um ein Quadrat legen kann.

Enthält eine Gleichung **Bruchterme**, bei denen Variablen im Nenner auftreten, so spricht man von **Bruchgleichungen**. Durch Multiplikation mit dem Hauptnenner kann man sie in Gleichungen ohne Brüche umformen, da die Nenner beim Kürzen wegfallen. Besteht eine Gleichung aus nur 2 Bruchtermen, so hilft die „Über-Kreuz-Multiplikation".

$$\frac{45}{54} = \frac{20}{x} \qquad | \cdot 54 \cdot x$$

$$\frac{45 \cdot 54 \cdot x}{54} = \frac{20 \cdot 54 \cdot x}{x} \qquad |\text{kürzen}$$

$$45x = 54 \cdot 20$$

oder kürzer:

$$\frac{45}{54} = \frac{20}{x} \qquad |\text{„über Kreuz"}$$

$$45x = 54 \cdot 20 \qquad |\text{Nun wie gewohnt}: :45$$

$$x = \frac{54 \cdot 20}{45} = 24$$

$$\mathbb{G} = \mathbb{Q}; \ \mathbb{L} = \{24\}$$

Ein Stadtplan hat den Maßstab 1:12 500. Misst du auf der Karte eine Entfernung von 8 cm ab, kannst du die wirkliche Strecke so berechnen: 1:12 500 = 8:x

Als Bruchgleichung: $\frac{1}{12\,500} = \frac{8}{x}$

$$1 \cdot x = 8\,\text{cm} \cdot 12\,500 \qquad |:1$$

$$x = \frac{8 \cdot 12\,500}{1}\,\text{cm}$$

$$x = 100\,000\,\text{cm} = 1\,\text{km}$$

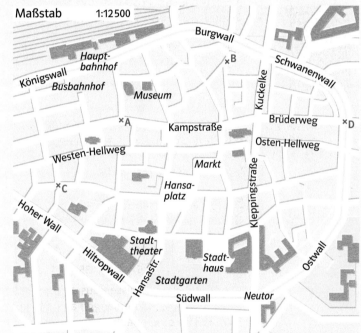

Maßstab 1:12 500

- Bestimme die tatsächliche Weglänge von A nach B.
- Suche den kürzesten Fußweg von C nach D. Beschreibe ihn und berechne die tatsächliche Länge. Vergleiche mit deiner Partnerin oder deinem Partner.
- Angelina und Janine machen einen Stadtbummel. Zuhause erzählen die beiden, dass sie mindestens 6 km gelaufen sind. Welchem Weg auf der Karte könnte das entsprechen? Gib verschiedene Möglichkeiten an.
- Formuliere für deine Mitschülerinnen und Mitschüler Aufgaben mit anderen Karten. Benutze dazu zum Beispiel einen Atlas oder einen Stadtplan.

Auch in anderen Breichen des Alltags kommst du schnell mithilfe der „Über-Kreuz-Multiplikation" zum Ergebnis: Für die Wischerflüssigkeit empfiehlt es sich im Winter, Frostschutzmittel und Wasser im Verhältnis 2:3 zu mischen.
- Wie viel % Wasser enthält das Gemisch?
- Wie mischst du Frostschutzmittel und Wasser für eine 6-l-Füllung?
- Im 6-l-Behälter ist noch ein halber Liter Restflüssigkeit enthalten. Fülle auf.

- Die unterschiedliche Anziehungskraft der Himmelskörper lässt sich mit der Erdanziehungskraft ins Verhältnis setzen. So kannst du die auf der Erde erzielten Weltrekorde im Weitsprung (8,95 m) und Hochsprung (2,45 m) der Männer umrechnen.

Erde:Mond   6:1
Erde:Mars   2,6:1
Erde:Venus   11:10
Erde:Saturn 16:15
Erde:Jupiter 5:21
Erde:Sonne   5:126

5 a) Löse die Prozentformel nach G auf.
b) Berechne W bzw. G mithilfe der umgestellten Formeln.

p%	5%	2%	2,5%	3%	2,15%
G	350,00 €	350,00 €	82,50 €		
W				7,50 €	21,50 €

p%	4,5%	2,2%	22%	36%	0,5%
G			864,30 €		620,00 €
W	144,90 €	13,80 €		235,44 €	

6 a) Löse die Formel $v = \frac{s}{t}$ nach s auf.
Schreibe die neue Formel in Worten.
b) Berechne mit den passenden Formeln die in den Tabellen fehlenden Werte.

v in $\frac{km}{h}$	100	22	140	12			800	130
t in h	$1\frac{1}{2}$	3			$4\frac{1}{2}$	$1\frac{1}{2}$		6
s in km			630	90	198	300	5800	

v		320 $\frac{m}{min}$	1000 $\frac{m}{min}$	8 $\frac{m}{s}$	4 $\frac{km}{h}$		
t		2 min 30 s	4 min			45 min	$1\frac{1}{2}$ h
s				100 m	25 km	1,8 km	8 m

7 In Aufgabe 6 b) hast du viel gerechnet. Zur ersten Teilaufgabe passt die Mini-Geschichte:
„Frau Maier fährt mit dem Auto von Kassel nach Hannover.
Das sind etwa 150 km.
Wegen des dichten Verkehrs fährt sie durchschnittlich nur mit 100 $\frac{km}{h}$ und braucht $1\frac{1}{2}$ Stunden."
Erzähle oder schreibe auch zu anderen Teilaufgaben eine solche Mini-Geschichte.

8 Kerstin braucht mit dem Rad für ihren 5 km langen Schulweg 20 Minuten.
a) Am letzten Schultag fährt Kerstin vier Minuten zu spät ab. Wie schnell muss sie fahren, um noch rechtzeitig anzukommen?
b) Will Kerstin x Minuten Verspätung aufholen, muss sie mit der Geschwindigkeit v fahren. Eine kluge Mathematiklehrerin hat dazu eine Formel aufgestellt:
$v \cdot \left(\frac{20}{60} - \frac{x}{60}\right) = 5$ (x in min; v in $\frac{km}{h}$)
Löse die Formel nach v auf.
c) Berechne v für einige x-Werte. Wie viel Verspätung kann Kerstin noch aufholen?

9 Der Fahrenheit-Wert y der Temperatur lässt sich aus dem Celsius-Wert x durch eine Formel berechnen: $y = \frac{9}{5} \cdot x + 32$
a) Stelle eine Wertetabelle auf.

B10	▼	f_x	=9/5*A10+32	
		A	**B**	**C**
1		Temperatur in °Celsius	Temperatur in °Fahrenheit	
2		–2		
3		–1	30,2	
4		0	32,0	
5		1	33,8	
6		2	35,6	
7		3	37,4	
8		4	39,2	
9		5	41,0	
10		6	42,8	
11		7		
12		8		
13		9		
14		10		
15				

b) Löse die Formel nach x auf.
Ordne in einer Wertetabelle einigen Fahrenheit-Werten y die Celsius-Werte x zu.
c) Welche x-Werte ergeben sich für die y-Werte 0 °F; 100 °F; –100 °F?

Zusammenfassung

Lösen von Gleichungen mit Klammern

Kommen in einer Gleichung **Klammern** vor, werden diese zuerst aufgelöst.
Mithilfe von Umformungen kommt man zur Lösung. Man gibt sie nach Beachten der Grundmenge als **Lösungsmenge** an. Zur Kontrolle ist es vorteilhaft, die **Probe** durchzuführen. Dabei wird die Lösung in die Ausgangsgleichung eingesetzt.

$$(x - 3)^2 - x^2 = 3 - 3(x + 2)$$
$$x^2 - 6x + 9 - x^2 = 3 - 3x - 6$$

$$
\begin{aligned}
-6x + 9 &= -3x - 3 &\quad| +3x | -9 \\
-3x &= -12 &\quad| :(-3) \\
x &= 4
\end{aligned}
$$

$$G = \mathbb{N} \qquad L = \{4\}$$

Probe:

linker Term	rechter Term
$(4 - 3)^2 - 16$	$3 - 3 \cdot 6$
$1 - 16$	$3 - 18$
-15	-15

Ungleichungen

Ungleichungen werden wie Gleichungen mit Äquivalenzumformungen gelöst. Dabei darf man auf beiden Seiten
– **dieselbe** Zahl **addieren/subtrahieren**
– mit derselben **positiven** Zahl (außer Null) **multiplizieren/dividieren**.
Multipliziert oder dividiert man mit einer **negativen** Zahl, so muss das **Relationszeichen umgekehrt** werden.
Die Probe kann nur an Beispielen erfolgen.
Die Lösungsmengen von Ungleichungen können an der Zahlengeraden grafisch dargestellt werden.

$$\tfrac{1}{3}(2x - 7) < \tfrac{4}{3}x - 5$$

$$
\begin{aligned}
\tfrac{2}{3}x - \tfrac{7}{3} &< \tfrac{4}{3}x - 5 &\quad| \cdot 3 \\
2x - 7 &< 4x - 15 &\quad| -4x \\
-2x - 7 &< -15 &\quad| +7 \\
-2x &< -8 &\quad| :(-2) \\
x &> 4
\end{aligned}
$$

$$G = \mathbb{Z}; \quad L = \{5; 6; 7; 8; 9; \ldots\}$$

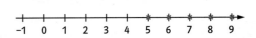

Formeln

Eine **Formel** beschreibt einen Zusammenhang zwischen Variablen, Größen und Zahlen. Um Werte einer Variablen in der Formel zu berechnen, löst man die Formel nach der **Lösungsvariablen** auf. Die Kenngrößen einer Formel heißen **Parameter**.

Auflösen nach a:

$$
\begin{aligned}
A &= \tfrac{a + c}{2} \cdot h &\quad| \cdot 2 \\
2A &= (a + c) \cdot h &\quad| :h \\
\tfrac{2A}{h} &= a + c &\quad| -c \\
a &= \tfrac{2 \cdot A}{h} - c
\end{aligned}
$$

Textaufgaben lesen und lösen

In sechs Schritten zur Lösung
1. Notiere, was gegeben und gesucht ist.
2. Stelle aus dem Text Terme auf.
3. Erstelle Gleichungen oder Ungleichungen.
4. Löse. Beachte die Grundmenge.
5. Interpretiere die Lösung. Probe!
6. Notiere die Antwort.

Üben • Anwenden • Nachdenken

1 Löse die Gleichung.
a) $11 = (24 - x) - (19 - 2x)$
b) $19 - (7 - 4x) = 8x + (30 - 3x)$
c) $3y - 30 - (y + 28) = 3y - (2y + 4)$
d) $7{,}5y - (25 - 5y) = 8y - 34$

2 Die Lösungen findest du auf dem Rand.
a) $2(3x - 4) = 5x$
b) $-3(x - 5) = 15$
c) $6x = (5 - 2x) \cdot (-4)$
d) $6(4 - n) + 3n = 4n - 4$
e) $12(n - 1) = 52 - 14(n - 1)$
f) $n - 2(n - 1) = 3n - (8 - n)$

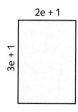

3 Die Gleichung $2(4x - \square) = 2x + 2$ ist unvollständig.
a) Welche Zahl musst du für die Leerstelle einsetzen, damit die Gleichung die Lösung 2 hat?
b) Ersetze die Leerstelle so, dass die Lösung der Gleichung 3; 4 oder 5 ist. Findest du einen einfachen Lösungsweg?

4 Löse die Gleichungen. Beachte jeweils die Grundmenge.
a) $7 - 3x = 10$ $G = \mathbb{N}$
b) $2x + 2 = 0$ $G = \mathbb{Z}$
c) $2 + x = 1$ $G = \mathbb{Z}$
d) $3(2x + 1) = 6x + 2$ $G = \mathbb{Q}$
e) $6(2x - 3) = 3(4x - 6)$ $G = \mathbb{Q}$
f) $3 \cdot x + 0 = 0$ $G = \mathbb{N}$

5 Löse die Gleichung. Es gilt immer $G = \mathbb{Q}$.
a) $x - (3 + 5x) = 5$
b) $4 = 3x - (7 + 4x)$
c) $12 = (25 - x) - (19 - 2x)$
d) $3x + 1 + 5(x - 1) = 0$
e) $5 - 5x - (10 - 6x) = 5$
f) $3x + 12 - (12x + 18) = -2x + 36$

6 Welche der Terme sind gleichwertig?

A $(a + b) : 2$ B $\frac{1}{2}a + \frac{1}{2}b$ C $\frac{a}{2} + \frac{b}{2}$ D $\frac{a}{2} + \frac{1}{2}b$

E $(a + b) \cdot \frac{1}{2}$ F $\frac{1}{2}a + b : 2$ G $\frac{1}{2}(a + b)$ H $\frac{a + b}{2}$

7 Die Lösung einer Gleichung kann auch eine Variable enthalten.

Beispiel:
$$
\begin{aligned}
2(x + e) &= 6e + 2 \\
2x + 2e &= 6e + 2 \quad | -2e \\
2x &= 4e + 2 \quad | : 2 \\
x &= 2e + 1 \\
L &= \{2e + 1\}
\end{aligned}
$$

a) $4(5e - x) = 4(4e - 1)$
b) $3(e - x) = 2(3x + 6e)$
c) $4(e - x) = -3(e + x)$
d) $20x + 3(11e - 2) = 7(2 - e)$

8 Beim Umformen sind Fehler passiert.
a) $3x = 24$ b) $\frac{x}{2} = 8$
    $x = 21$ $x = 4$
c) $x : 9 = 9$ d) $11 = -x$
    $x = 1$ $-x - 11 = 0$
e) $10x + 11 = 7x + 22$ f) $\frac{x}{2} = \frac{x + 3}{4}$
    $10x = 7x + 33$ $2x = 2x + 6$

9 a) Drücke den Umfang und den Flächeninhalt der Rechtecke mit den angegebenen Termen aus und vereinfache diese.
b) Was muss für e eingesetzt werden, damit das Seitenverhältnis der Rechtecke 3 : 4 beträgt?

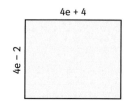

10 Gib die Lösungsmenge an. $G = \mathbb{Q}$
a) $(x + 6)(x - 1) = x^2 + 4x + 4$
b) $(x + 7)(x + 9) = x^2 + 15x + 42$
c) $x^2 - 12x + 13 = (x - 4)(x + 11)$
d) $(x - 3{,}5)(x - 8) = x^2 - 7x - 12{,}5$
e) $(x + 2)(x - 4{,}2) = -1{,}7x - 6{,}9 + x^2$

11 Löse die Gleichung. $G = \mathbb{Q}$
a) $(x - 1)^2 + (x + 2)^2 = 2x^2$
b) $(y + 9)^2 - (y - 5)^2 = 28$
c) $(m + 5)^2 - (m - 3)^2 = 12m + 48$
d) $(u + 4)^2 - (u - 3)(u + 3) = 3(u - 10)$
e) $(s + 6)^2 - (s - 9)^2 = 135$

12 $7y - (12 + 4y) = 6y - 15$ $G = \mathbb{N}$
$11 = (24 - y) - (19 - 2y)$ $G = \mathbb{N}$
$19 - (7 - 4y) = 8y + (30 - 3y)$ $G = \mathbb{Z}$
$3y - 30 - (y + 28) = 3y - (2y + 4)$ $G = \mathbb{Q}$

13 Vergleiche die Lösungswege.

$$\frac{2}{3}x - \frac{1}{3} = 1 - \frac{1}{4}x + \frac{1}{2} \quad \Big| +\frac{1}{4}x + \frac{1}{3}$$

$$\frac{2}{3}x + \frac{1}{4}x = 1 + \frac{1}{2} + \frac{1}{3} \quad \Big| \ T$$

$$\left(\frac{2}{3} + \frac{1}{4}\right)x = \frac{3}{2} + \frac{1}{3} \quad \Big| :$$

$$\left(\frac{8}{12} + \frac{3}{12}\right)x = \frac{9}{6} + \frac{2}{6}$$

$$\frac{11}{12}x = \frac{11}{6} \quad \Big| \cdot \frac{12}{11}$$

$$x = \frac{11 \cdot 12}{6 \cdot 11}$$

$$x = 2$$

$$\frac{2}{3}x - \frac{1}{3} = 1 - \frac{1}{4}x + \frac{1}{2} \quad \Big| \cdot 12$$

$$\frac{24}{3}x - \frac{12}{3} = 12 - \frac{12}{4}x + \frac{12}{2}$$

$$8x - 4 = 12 - 3x + 6 \quad \Big| + 3x + 4$$

$$11x = 22$$

$$x = 2$$

14 a) $\frac{3}{5} + \frac{1}{2}y = \frac{9}{10}$ b) $\frac{5}{6} - \frac{4}{3}y = \frac{2}{3}$
c) $\frac{3}{4} = \frac{3}{2} - \frac{3}{8}y$ d) $\frac{4}{5} - \frac{3}{20}y = \frac{3}{4}$
e) $-\frac{2}{15}y + \frac{4}{9} = 1\frac{1}{3}$ f) $-1\frac{1}{6} = -\frac{9}{10} - \frac{2}{3}y$

15 Subtrahiert man von der Summe aus dem 5-Fachen einer Zahl und 15 die Summe aus dem 8-Fachen der Zahl und 40, so erhält man die Differenz aus der Zahl und 65.

16 Wenn man von 51 das 12-Fache einer Zahl subtrahiert, so erhält man dasselbe wie bei der Division dieser Zahl durch 3.

17 Wird eine Zahl um die Summe aus ihrem vierten und fünften Teil vermindert, so ist das Ergebnis 22.

18 Zwei Zahlen unterscheiden sich um 12, ihre Quadrate um 840. Bestimme die Zahlen.

19 a) Multipliziert man die um $\frac{1}{2}$ verminderte Zahl mit der um $\frac{3}{4}$ vermehrten Zahl, erhält man das Quadrat der Zahl. Wie heißt die gesuchte Zahl?
b) Das Produkt von zwei aufeinander folgenden Zahlen ist genauso groß wie das Quadrat der ersten Zahl vermindert um 10. Wie heißen die beiden Zahlen?

20 Ein Füllfederhalter und ein Bleistift kosten zusammen 18 €. Der Füllfederhalter ist 15 € teurer als der Bleistift. Wie viel kostet jeder Artikel alleine?

21 Unter vier Geschwistern sollen 25 000 € so aufgeteilt werden, dass jedes folgende Kind 600 € mehr erhält als das ältere. Wie viel bekommt jedes Kind?

22 Thomas und seine Mutter sind heute zusammen 65 Jahre alt. Vor 10 Jahren war die Mutter genau viermal so alt wie ihr Sohn. Wie alt sind beide?

23 An ihrem 50. Geburtstag stellt Frau Klein fest, dass ihre drei Kinder zusammen ebenso alt sind wie sie selbst. Die Tochter ist um 6 Jahre älter als der jüngste Sohn, der gerade halb so alt ist wie sein älterer Bruder. Wie alt ist die Tochter von Frau Klein? Wie alt sind die beiden Söhne?

24 Ein Rechteck ist um 8 cm länger als breit. Verlängert man die kürzere Seite um 4 cm und verkürzt gleichzeitig die längere um 3 cm, dann nimmt der Flächeninhalt um 26 cm² zu. Wie lang sind die Seiten des ursprünglichen Rechtecks?

25 Die Kantenlängen eines Würfels werden um 3 cm verlängert. Damit nimmt die Oberfläche um 342 cm² zu. Berechne die Kantenlänge des ursprünglichen Würfels.

26 Eine Pumpe kann einen Wasserbehälter in 30 Minuten füllen. Eine zweite, leistungsfähigere Pumpe würde dazu nur 20 Minuten brauchen. Wie lange dauert das Füllen, wenn beide Pumpen gleichzeitig arbeiten?

27 a) Das 4-Fache einer um 3 vermehrten Zahl ist kleiner als die mit 5 multiplizierte Summe aus der Zahl und 2.
b) Wird eine um 3 verminderte Zahl verdoppelt, erhält man höchstens das 4-Fache der Zahl, vermindert um 9.

28 Gib für die Darstellungen eine Ungleichung mit der zugehörigen Grundmenge an.

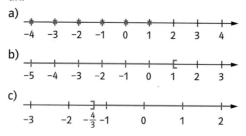

a)
b)
c)

29 a) Ein Rennpferd schafft 1 km in 1 min, ein Fußgänger braucht dafür 12 min.
In welchem Verhältnis stehen die Zeiten, in welchem die Geschwindigkeiten?
b) Ein Pkw erreicht im Durchschnitt die Geschwindigkeit $v_1 = 125$ km/h, ein Reisebus $v_2 = 75$ km/h. In welchem Verhältnis stehen v_1 und v_2?
In welchem Verhältnis stehen die Zeiten t_1 und t_2, die der Pkw und der Reisebus für 250 km brauchen?
c) Berechne $t_1 : t_2$ aus b) auch für andere Streckenlängen. Was stellst du fest?

30 Bestimme die Lösungsmenge. $G = \mathbb{Q}$
a) $2x - 12 < 11x + 15$
b) $2x - 1 \geqq 1 - 2x$
c) $x - (3 - x) > 5 - (5 - x)$
d) $3 - (x + 5) \leqq 4x - (x - 2)$

31 Bestimme die Lösungsmenge mithilfe von Äquivalenzumformungen. Die Grundmenge ist jeweils $\mathbb{Q}$.
a) $(x + 1)(x - 14) - (x + 1)(x - 15) > 17$
b) $(x - 16)(3x + 1) - (3x - 1)(x - 15) \leqq -35$
c) $(x - 3)^2 - x^2 < 3 - 3(x + 2)$
d) $(x + 2)^2 - (x - 4)^2 \geqq 2(x - 4) + 9x$
e) $(x - 9)^2 - (x + 6)^2 < (x + 5)^2 - (x + 8)^2 + 84$

32 Ein Brezelverkäufer rechnet mit 15 € festen Unkosten pro Tag. Am Verkauf einer Brezel verdient er 0,13 €.
Wie viele Brezeln muss er täglich verkaufen, damit er mindestens 100 € Gewinn erzielt?

33 Die Dichte eines Stoffs ist der Quotient aus der Masse m und dem Volumen V.
Sie wird in $\frac{g}{cm^3}$ gemessen und mit ϱ (sprich: ro) bezeichnet.
Es gilt also $\varrho = \frac{m}{V}$.
a) Ein Vollziegel mit a = 24,0 cm; b = 11,5 cm und c = 5,2 cm wiegt 2300 g. Wie groß ist seine Dichte?
b) Stelle die Dichte-Formel nach m und nach V um.
c) Eisen hat die Dichte $\varrho = 7,87\frac{g}{cm^3}$.
Wie schwer ist ein Eisenwürfel mit der Kantenlänge a = 5 cm?
d) Styropor hat je nach Sorte eine Dichte zwischen $0,02\frac{g}{cm^3}$ und $0,1\frac{g}{cm^3}$.
In welchen Grenzen liegt das Volumen einer 300 g schweren Verpackung?

Stoff	Aluminium	Blei	Gold	Platin
ϱ in $\frac{g}{cm^3}$	2,7	11,3	19,3	21,5

34 Die Geschwindigkeitsformel und die Prozentformel verbinden je drei Größen. Wie ändert sich die dritte Größe, wenn zwei Größen verändert werden?
Antworte, ohne zu rechnen.
• s und t werden verdoppelt.
• s wird verdoppelt, t wird halbiert.
• G wird verdoppelt, W wird halbiert.
• v und t werden verdoppelt.
• p % und W werden verdoppelt.
• G wird vervierfacht, W wird verdoppelt.
Stellt euch gegenseitig solche Aufgaben.

zu Aufgabe 34:

Geschwindigkeitsformel

$v = \frac{s}{t}$

Prozentformel

$p\% = \frac{W}{G}$

1 Löse die Gleichung.
a) $2(x + 3) + 4x = 24$
b) $7(3x - 2) + 10x - 35 = 13$
c) $2(-x - 3) \cdot 7 - 3x = -8$

1 Löse die Gleichung.
a) $5(4x - 5) + 4(3x - 4) = 23$
b) $-6(5x - 12) = 57 - 5(4x + 13)$
c) $8(6x - 2) - 9(4x + 12) = 5(x - 5) - 15$

2 Was muss in die Gleichung
$3(2x + 1) + 6(x - 3) = \square$ für $\square$ eingesetzt
werden, damit L die Lösungsmenge ist?
a) L = {2}   b) L = {3}   c) L = {10}
d) L = {0}   e) L = {-4}

2 Was muss in die Gleichung
$3(e - x) = 2(3x + 6e)$ für e eingesetzt
werden, damit L die Lösungsmenge ist?
a) L = {2}   b) L = {0}   c) L = {6}
d) L = {-2}   e) L = {-0,5}

3 Achte auf die binomischen Formeln.
a) $(x - 1)^2 + (x + 2)^2 = 2x^2$
b) $(y + 9)^2 - (y - 5)^2 = 28$
c) $(z + 4)^2 - (z - 3)(z + 3) = 3(z - 10)$

3 Achte auf die binomischen Formeln.
a) $(x + 2)^2 - (x - 4)^2 = 2(x - 4) + 9x$
b) $(y - 5)^2 + (y + 6)^2 = (y - 9)^2 + (y + 8)^2$
c) $(3z - 2)^2 - 3(z - 1)^2 = -(3z + 2)(3 - 2z)$

4 Gib die Lösungsmenge an. Beachte
dabei die Grundmenge.
a) $6(9u + 1) = 4(12u - 3)$ G = $\mathbb{N}$
b) $25y - 3(4 - 5y) = 0$ G = $\mathbb{Q}$
c) $(4x - 9)(3x - 6) = 12x^2 + 3$ G = $\mathbb{Z}$

4 Gib die Lösungsmenge an. Beachte
die Grundmenge.
a) $0,8(2u - 3) = (2u + 4) \cdot 0,6$ G = $\mathbb{N}$
b) $(12 - 3x) \cdot 2 = 9(7x + 18)$ G = $\mathbb{Z}$
c) $2a^2 - (a + 12)(2a + 3) = 18$ G = $\mathbb{Q}$

5 Löse die Ungleichung, zeichne die
Lösungsmenge auf der Zahlengeraden ein.
a) $3x + 2 < 2x - 3$ G = $\mathbb{Z}$
b) $2(x - 4) < 4x - 7$ G = $\mathbb{Q}$
c) $1,5x + 9 \geqq 2x + 3,5$ G = $\mathbb{N}$
d) $(4x - 2) \leqq 2(x - 2) + 2x - 4$ G = $\mathbb{Q}$

5 Löse die Ungleichung, zeichne die
Lösungsmenge auf der Zahlengeraden ein.
a) $9(4y + 6) < 18y$ G = $\mathbb{Z}$
b) $3(4a + 1) \leqq 11a - 3$ G = $\mathbb{Z}$
c) $y - (3 - y) > 5 - (5 - y)$ G = $\mathbb{N}$
d) $2a + 3 - (5 + 3a) < 3 - (2a - 1)$ G = $\mathbb{Q}$

6 a) Löse die Formel $A = a \cdot b$ nach b auf.
b) Berechne b für

$A = 56\,cm^2$ $A = 108\,cm^2$ $A = 36,4\,cm^2$
$a = 14\,cm$ $a = 24\,cm$ $a = 5,6\,cm$

6 a) Löse die Formel $p\% = \frac{W}{G}$ nach G auf.
b) Berechne G mit der neuen Formel.
$W = 29,40\,€$ $W = 17,5\,m$ $W = 120\,kg$
$p\% = 7\%$ $p\% = 0,5\%$ $p\% = 12,5\%$

7 Eine Tippgemeinschaft besteht aus
drei Personen. Wie muss ein Gewinn von
78 204,60 € aufgeteilt werden, wenn die
Einsätze 2 €, 4 € und 6 € betrugen?

7 Ein Schwimmbecken kann durch zwei
Zuflussröhren gefüllt werden. Die zweite
Röhre würde zur Füllung doppelt so lang
wie die erste benötigen. Zusammen brauchen sie zwei Stunden.
In wie vielen Stunden würde jede Röhre
alleine das Becken füllen?

8 Die Flächeninhalte des gelben und des
roten Rechtecks sind gleich. Berechne x.

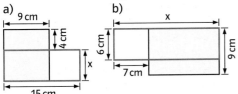
a)   b)

8 Die Kanten eines Quaders, der doppelt
so lang wie breit und $2\frac{1}{2}$-mal so hoch wie
lang ist, werden jeweils um 1 cm verlängert. Die Oberfläche des neuen Quaders ist
um 70 cm² größer geworden.
Berechne die alten Kantenlängen.

Vierecke legen und bewegen

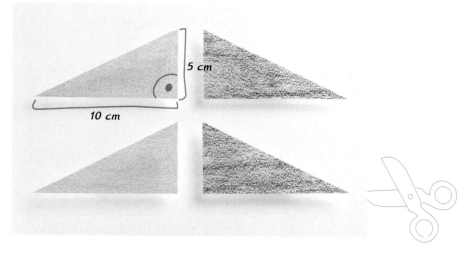

Schneide aus Karton vier gleiche Dreiecke aus. Färbe Vorder- und Rückseite unterschiedlich.

- Aus diesen Dreiecken kannst du verschiedene Arten von Vierecken legen. Du darfst auch Dreiecke wenden.
- Quadrat und Rechteck findest du sicher schnell.

- Um andere Vierecke zu finden, musst du vielleicht länger probieren.
- Am schwierigsten ist ein Viereck zu finden, das nicht achsensymmetrisch ist und auch keine parallelen Seiten hat.
- Wer nicht ausschneiden möchte, kann mit einem Geometrie-System am PC arbeiten.

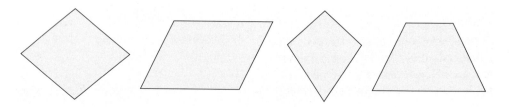

Vierecksart	Anzahl der verschiedenen Formen
Quadrat	
Rechteck	
Raute	2
Parallelogramm	2, 3 oder sogar 4?
Drachen	
symmetrisches Trapez	5
allgemeines Viereck	1, oder findest du mehr?

Aus Kartonstreifen kannst du bewegliche
Vierecke bauen. Untersuche, wie sich die
Form der Vierecke durch Bewegungen
ändert.
Metallbänder, wie du sie im Technik-Bau-
kasten finden kannst, geben stabilere
Gelenkvierecke.

20 cm

15 cm

10 cm

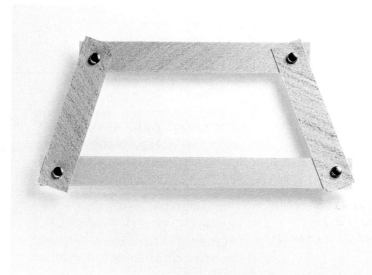

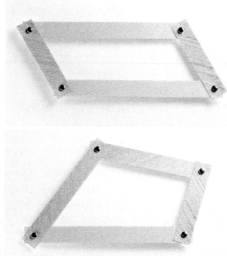

In vielen technischen Gegenständen findest
du Gelenkvierecke. Beschreibe sie und versuche zu erklären, warum sie eingebaut
sind. Findest du noch mehr Gelenkvierecke?

In diesem Kapitel lernst du,

- welche Eigenschaften achsen-
  symmetrische Figuren haben,
- wie die besonderen Vierecke
  verwandt sind,
- welche Symmetrien die besonderen Vierecke haben,
- dass die Winkelsumme in allen
  Vierecken dieselbe ist,
- wie man Vierecke nach
  Vorgabe zeichnet,
- wie man regelmäßige Vielecke
  zeichnet.

1 Achsenspiegelung

„Die Sonne bewegt sich nicht."

Leonardo da Vinci verfasste viele seiner Schriften in Spiegelschrift. Man nimmt an, dass er so als Linkshänder schneller schreiben konnte.

Auch bei Kindern im Vor- und Grundschulalter ist dies zu beobachten. Ihr Gehirn muss sich erst noch auf rechtsseitiges Lesen und Schreiben einstellen.

→ Kannst du die nebenstehende Notiz von da Vinci lesen?

→ Wie kannst du Spiegelschriften schnell lesen?

→ Verfasse selbst Texte in Spiegelschrift und lasse sie von anderen entziffern.

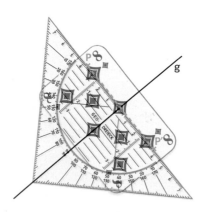

An der Spielkarte kann man das Prinzip der **Achsenspiegelung** gut erkennen.

Die eingezeichnete Achse g teilt die Karte in zwei gleiche Teile. Dabei entspricht jedem Punkt P der einen Hälfte ein Punkt P' der anderen Hälfte.

Zu jedem Punkt P gibt es einen **Bildpunkt** P'.

Die Strecke $\overline{PP'}$ (gestrichelte Linie) wird durch die Achse halbiert und ist senkrecht zu ihr.

Für eine Spiegelung braucht man eine Gerade g, die **Spiegelachse**. Für den Bildpunkt P' von P gilt als **Abbildungsvorschrift** der Achsenspiegelung:

1. PP' ist senkrecht zur Spiegelachse g.
2. P' hat von g denselben Abstand wie P.

Punkte auf der Spiegelachse werden auf sich selbst abgebildet. Solche Punkte heißen **Fixpunkte**.

Beispiel

Spiegelt man mehrere Punkte einer Geraden, so liegen die Bildpunkte wiederum alle auf einer Geraden. Um eine Gerade zu spiegeln, genügt es also, zwei Punkte zu wählen und deren Partner zu bestimmen: Zeichne eine Senkrechte zu g durch den Punkt A. Übertrage den Abstand des Punktes A von g auf die andere Seite. Verfahre ebenso für den zweiten Punkt.

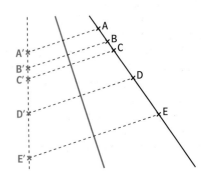

Aufgaben

1 a) Übertrage die Figuren in dein Heft und spiegele sie an der Geraden g.
b) Entwirf ähnliche Figuren und spiegele sie an verschiedenen Achsen.

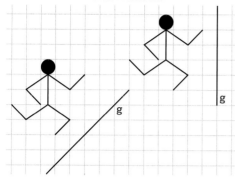

2 Spiegele die Figur.

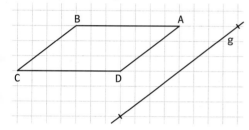

3 Übertrage die Figur in dein Heft und zeichne die Spiegelachsen ein.

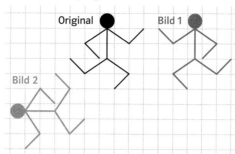

4 Spiegele die Geraden a, b und c an g. Beschreibe die Lage der Bildgeraden.

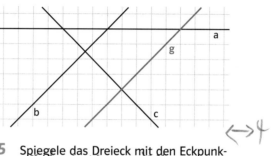

5 Spiegele das Dreieck mit den Eckpunkten A (2 | 2), B (11 | 3) und C (4 | 10) so, dass A in den Punkt A' (4 | 6) übergeht.

Eigenschaften der Achsenspiegelung ⓘ

Bei der Achsenspiegelung ist das Bild einer Geraden wieder eine Gerade, eine Strecke ist so lang wie ihre Bildstrecke und ein Winkel so groß wie sein Bildwinkel. Die Achsenspiegelung ist **geradentreu**, **längentreu** und **winkeltreu**. Daher ist sie auch kreistreu (das Bild eines Kreises ist wieder ein Kreis), **parallelentreu** (parallele Geraden bleiben parallel) und flächeninhaltstreu (eine Figur und ihre Bildfigur haben denselben Flächeninhalt). Wenn im Dreieck ABC die Punkte entgegen dem Uhrzeigersinn folgen, so folgen sie im Bilddreieck A'B'C' im Uhrzeigersinn. Die Achsenspiegelung **kehrt den Umlaufsinn um**.

■ Spiegele das Rechteck in einer einzigen Zeichnung an den drei Achsen. Wenn du die Längentreue und die Winkeltreue beachtest, sind die drei Spiegelbilder schnell konstruiert.

■ Mit einem Geometrieprogramm kann man sowohl Achsenspiegelungen als auch die Überprüfung ihrer Eigenschaften leicht durchführen.
a) Spiegele ein beliebiges Viereck an einer Spiegelachse.
b) Überprüfe Längen- und Winkeltreue.

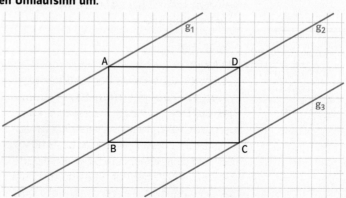

2 Haus der Vierecke

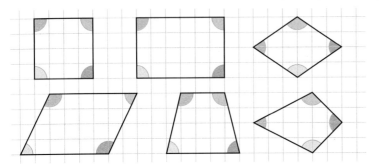

→ Schneide von jedem Viereck genau zwei Stück aus. Färbe die Ecken.
→ Wie viele Möglichkeiten gibt es jeweils, das zweite Viereck genau auf das erste zu legen?
Du darfst das zweite Viereck auch wenden.

Wenn man ein achsensymmetrisches Viereck an einer Symmetrieachse spiegelt, deckt das Spiegelbild das ursprüngliche Viereck genau zu.
Manche Vierecke haben auch Drehpunkte mit Symmetriewinkeln. Dreht man das Viereck um einen Symmetriewinkel, deckt das gedrehte Viereck das ursprüngliche Viereck genau zu.

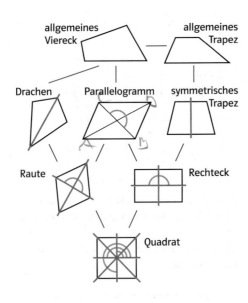

Vierecke mit Symmetrie heißen **besondere Vierecke**. Sie werden in das **Haus der Vierecke** einsortiert. Längs der Striche kommen von oben nach unten immer mehr Symmetrien dazu.

Ganz oben steht das **allgemeine Viereck**. Es hat keine Symmetrie. Ganz unten steht das Quadrat. Es hat die meisten Symmetrien.

Beispiele

a) Der Eckpunkt A und der Mittelpunkt M eines Quadrats sind gegeben. Die Bilderfolge zeigt, wie man daraus das Quadrat konstruieren kann.

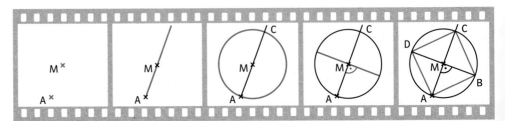

b) Die Diagonalen einer Raute sind 8 cm und 6 cm lang. Da sie aufeinander senkrecht stehen und sich gegenseitig halbieren, lässt sich aus diesen Angaben die Raute konstruieren.

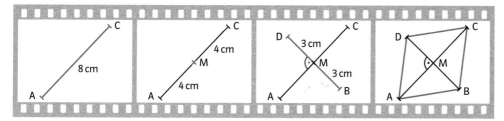

Aufgaben

1 In der Figur ist das Rechteck KMOJ versteckt.
Du musst schon genauer hinsehen, um den Drachen EFND zu entdecken.
Suche möglichst viele besondere Vierecke.

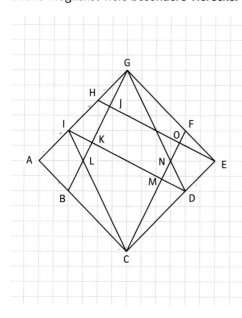

2 Konstruiere das Quadrat ABCD
a) mit dem Eckpunkt A(3|2) und dem Mittelpunkt M(6|5).
b) mit dem Eckpunkt A(4|1) und dem Mittelpunkt M(6|5).
c) mit den Eckpunkten B(8|2) und D(2|6).

3 Zeichne das Parallelogramm ABCD mit den Eckpunkten
a) A(2|4); B(7|1); C(10|3).
b) A(−2|−2); B(7|1); C(8|7).

4 Das Quadrat lässt sich durch einen geraden Schnitt auf verschiedene Arten zerlegen: in zwei
• gleiche Rechtecke,
• verschiedene Rechtecke,
• gleiche allgemeine Trapeze,
• verschiedene allgemeine Trapeze.

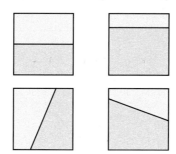

a) Welche Vierecke kannst du bekommen, wenn du ein Rechteck auf diese Weise zerlegst?
b) Untersuche auch die anderen besonderen Vierecke.

5 Der Filmstreifen verrät dir, wie du ein Parallelogramm in zwei gleiche symmetrische Trapeze zerlegen kannst. Probiere dies an verschiedenen Parallelogrammen aus. Gelingt die Zerlegung immer?

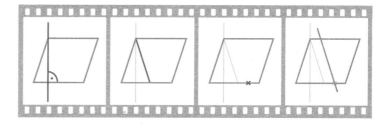

Welche Dreiecke und Vierecke findest du am Gittermast?

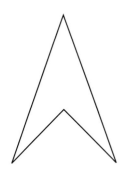

Warum ist auch ein Pfeilviereck ein Drachen?

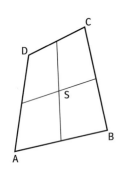

6 Zeichne eine Raute mit einer 10 cm langen und einer 5 cm langen Diagonale.

7 In welchen Vierecken halbiert jede der zwei Diagonalen die andere?
In welchem Viereck halbiert nur eine Diagonale die andere?

8 Die Eckpunkte A (1|3) und B (8|4) und der Diagonalenschnittpunkt S (5|5) des Parallelogramms ABCD sind gegeben.
Zeichne das Parallelogramm und schreibe auf, wie du vorgegangen bist.

9 Die Seite $\overline{AB}$ des Parallelogramms ABCD ist 7 cm lang, die Diagonale $\overline{AC}$ ist 10 cm lang und die Diagonale $\overline{BD}$ ist 6 cm lang. Zeichne das Parallelogramm.

10 Zeichne den Drachen ABCD mit der Symmetrieachse durch A und C und den Eckpunkten
a) A (1|1); B (9|2); C (10|7).
b) A (6|6); B (7|1); C (10|2).
c) A (2|2); B (9|5); C (6|6).

11 Zeichne das symmetrische Trapez ABCD. Die Mittelsenkrechte der Seite $\overline{AB}$ ist die Symmetrieachse.
Gegeben sind die Eckpunkte
a) A (1|1); B (9|5); C (5|8).
b) A (1|4); B (10|1); C (9|3).

12 a) Zeichne zwei allgemeine Vierecke mit den Eckpunkten
• A (−6|−2); B (2|−6); C (0|1); D (−8|3),
• A (−3|−3); B (5|−2); C (3|5); D (−1|3).
Verbinde die Mittelpunkte gegenüberliegender Seiten. Welche Koordinaten hat der Schnittpunkt S der zwei Verbindungsstrecken?
b) Berechne den Mittelwert der x-Koordinaten von A, B, C und D und ebenso den Mittelwert der y-Koordinaten.
Was fällt auf? Steckt eine Regel dahinter?
c) Experimentiere mit Vierecken, die du selbst wählst.
Stimmt die Regel aus Teilaufgabe b) auch dann, wenn die Koordinaten von S keine ganzen Zahlen sind?

13 Die Bilder zeigen die drei Möglichkeiten, drei gegebene Punkte zu einem Parallelogramm zu ergänzen.

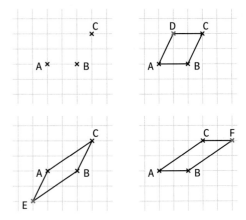

Gegeben sind A (2|3); B (7|2); C (5|5).
Zeichne jedes der drei Parallelogramme einzeln und dann alle drei in einer einzigen Figur.

Symmetrie auf engstem Raum

■ Suche auf dem 4 × 4-Nagelbrett Eckpunkte für alle besonderen Vierecke.

■ Ist es möglich, von jeder Art der besonderen Vierecke eines zu spannen und dabei alle 16 Nägel zu verwenden?

■ Statt möglichst viele Nägel zu verwenden, kannst du auch eine möglichst sparsame Lösung suchen.

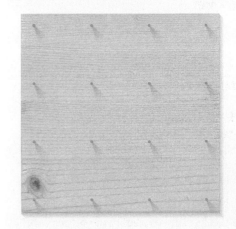

3 Vierecke. Winkelsumme

Es ist nicht schwer, im Quadratgitter gleiche Parallelogramme oder gleiche symmetrische Trapeze lückenlos aneinander zu fügen.

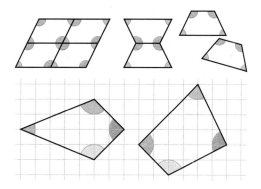

→ Geht es auch mit Drachen?
Zeichne oder schneide aus und lege.
→ Schneidet gemeinsam gleiche allgemeine Vierecke aus und legt sie lückenlos zusammen. Welche Winkel stoßen immer aneinander? Was erkennst du daraus?

Jedes Viereck, auch ein eingedrücktes, lässt sich durch eine Diagonale in zwei Dreiecke zerlegen.
Seine Winkel sind daher zusammen so groß wie die Winkel dieser Dreiecke.
Die Winkelsumme beträgt also
$2 \cdot 180° = 360°$.

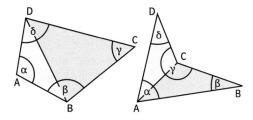

> In jedem Viereck beträgt die **Winkelsumme** 360°.
> Es gilt also $\alpha + \beta + \gamma + \delta = 360°$.

Beispiel
Ein allgemeines Viereck hat die Winkel
$\alpha = 70°$; $\beta = 50°$; $\gamma = 140°$.
Der vierte Winkel lässt sich berechnen:
$\alpha + \beta + \gamma + \delta = 360°$
$70° + 50° + 140° + \delta = 360°$
$260° + \delta = 360°$
$\delta = 100°$

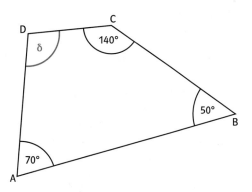

Aufgaben

1 Von einem Viereck sind drei Winkel gegeben. Wie groß ist der vierte Winkel?

	α	β	γ	δ
a)	100°	80°	50°	*130°*
b)	82°	45°	112°	
c)		92°	48°	90°

2 Zeichne das Viereck ins Heft und miss die Winkel.
Stimmt die Winkelsumme?
a) A(1|1); B(10|1); C(9|9); D(2|5)
b) A(−5|1); B(3|0); C(2|6); D(−5|8)
c) A(2|3); B(10|1); C(10|10); D(0|8)
d) A(−3|0); B(8|−1); C(2|2); D(4|8)
e) A(−6|−1); B(0|0); C(4|7); D(−2|6)

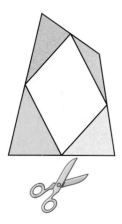

3 Zeichne ein allgemeines Viereck. Verbinde die Mittelpunkte aneinander stoßender Seiten. Schneide die Dreiecke ab. Was kannst du aus ihnen legen? Was erkennst du daraus?

4 a) Die zwei Winkel an einer Seite eines Parallelogramms haben zusammen 180°. Bestätige diese Aussage mit einem Merksatz über Winkel an Geraden.
b) Begründe: Gegenüberliegende Winkel eines Parallelogramms sind gleich groß.

5 a) Formuliere Aussagen über die Winkel im symmetrischen Trapez.
b) Begründe die Aussagen aus a).

6 Begründe an der Figur, dass die Winkelsumme in jedem Viereck 360° beträgt.

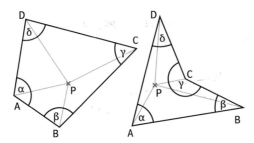

7 Wie groß sind die rot markierten Winkel der besonderen Vierecke?

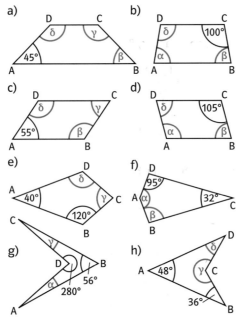

8 Berechne die rot markierten Winkel.

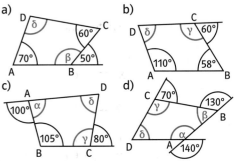

9 Berechne die Viereckswinkel.
a) Winkel β ist doppelt so groß wie α, Winkel γ ist dreimal so groß wie α, Winkel δ ist viermal so groß wie α.
b) Winkel β ist doppelt so groß wie α, Winkel γ ist doppelt so groß wie β, Winkel δ ist doppelt so groß wie γ.
c) Winkel β ist um 20° größer als α, Winkel γ ist um 20° größer als β, Winkel δ ist um 20° größer als γ.
d) Winkel β ist halb so groß wie α, Winkel γ ist halb so groß wie β, Winkel δ ist halb so groß wie γ.
e) Stelle selbst solche Aufgaben.

Weißt du wie viel Rauten ...

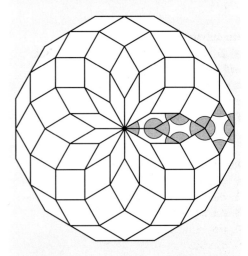

Wie groß sind die Winkel? Arbeite dich von innen nach außen durch. Der dritte Ring von innen besteht aus Quadraten.

4 Vierecke konstruieren

Du hast zwei 15-cm-Streifen und vier
10-cm-Streifen.

→ Wie viele Möglichkeiten gibt es, aus
vier der sechs Streifen besondere Vierecke
herzustellen?

→ Wie viele Möglichkeiten gibt es für
allgemeine Vierecke?

Zwei kurze Streifen sind schon fest miteinander verbunden und lassen sich nicht
mehr gegeneinander drehen.

→ Wie viele Möglichkeiten gibt es noch,
aus dem abgewinkelten Teil und zwei
der übrigen Streifen besondere und allgemeine Vierecke herzustellen?

Während ein Dreieck durch drei Seiten festgelegt ist, genügen vier Seiten nicht,
um ein Viereck festzulegen.
Man braucht fünf geeignete Stücke. Mindestens ein Winkel muss also gegeben sein.
Die besonderen Vierecke sind durch weniger Stücke festgelegt.

Seiten und Winkel
heißen zusammen
auch „Stücke".

Zur Konstruktion eines Vierecks gehören
• die Planfigur,
• die Konstruktionszeichnung,
• die Konstruktionsbeschreibung.

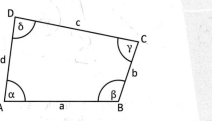

Beispiele

a) Zu konstruieren ist ein Viereck ABCD
mit den Seitenlängen
a = 8 cm; b = 6 cm; c = 11 cm
und den Winkeln
β = 100°; γ = 70°.

Gegeben: a, b, c, β, γ
Planfigur

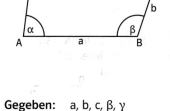

Konstruiert werden
1. die Seite a,
2. der Winkel β,
3. die Seite b,
4. der Winkel γ,
5. die Seite c,
6. die Seite d als Verbindungsstrecke
   der Endpunkte A und D.
Es gibt nur ein solches Viereck.

Konstruktionszeichnung

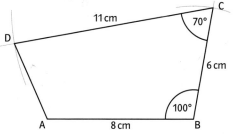

b) Zu konstruieren ist ein Viereck ABCD mit den Seitenlängen
a = 9 cm; b = 5 cm; c = 6 cm
und den Winkeln
α = 80°; β = 60°.

Konstruiert werden
1. die Seite a,
2. der Winkel α,
3. der Winkel β,
4. die Seite b,
5. der Kreis um C mit dem Radius 6 cm,
6. die Schnittpunkte D_1 und D_2 des Kreises mit dem freien Schenkel des Winkels α.

Es gibt zwei solche Vierecke, nämlich $ABCD_1$ und $ABCD_2$.

Gegeben: a, b, c, α, β
Planfigur

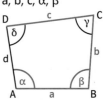

Konstruktionszeichnung

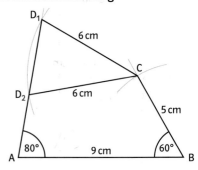

c) Zu konstruieren ist ein symmetrisches Trapez ABCD mit a = 8 cm; b = 5 cm und β = 60°. Die Symmetrieachse soll die Mittelsenkrechte der Seite $\overline{AB}$ sein.

Konstruiert werden
1. die Seite a,
2. der Winkel β,
3. die Seite b mit Endpunkt C,
4. der Winkel α = β,
5. die Seite d = b mit Endpunkt D,
6. die Verbindungsstrecke von C und D.

Es gibt nur ein solches Viereck.

Gegeben: a, b, β
Planfigur

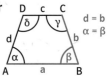

Konstruktionszeichnung

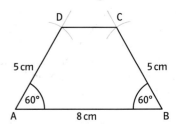

Aufgaben

Lösungsidee zu den Aufgaben 3 und 4:

1 Konstruiere das Viereck wie in Beispiel a). Alle Seiten sind in cm angegeben.
a) a = 6; b = 7; c = 8; β = 80°; γ = 70°
b) a = 8; b = 6; c = 9; β = 120°; γ = 75°
c) a = 9; b = 6; c = 6; β = 90°; γ = 110°
d) b = 8; c = 5; d = 6; γ = 60°; δ = 150°

2 Konstruiere das Viereck wie in Beispiel b).
Alle Seiten sind in cm angegeben.
a) a = 9; b = 6; c = 5; α = 75°; β = 60°
b) a = 7; b = 5; c = 9; α = 110°; β = 85°
c) a = 6; b = 6; c = 6; α = 70°; β = 110°

3 Konstruiere das Viereck (Einheit: cm).
a) a = 8; b = 6; c = 4; d = 7; α = 75°
b) a = 6; b = 6; c = 8; d = 7; α = 120°

4 Gibt es ein Viereck mit a = 6 cm; b = 5 cm; c = 4 cm; d = 3 cm; α = 100°?

5 Konstruiere das symmetrische Trapez ABCD. Die Symmetrieachse soll die Mittelsenkrechte der Seite $\overline{AB}$ sein.
a) a = 7 cm; b = 6 cm; β = 65°
b) a = 9 cm; d = 5 cm; β = 45°
c) a = 9 cm; b = 6 cm; γ = 120°

6 Konstruiere die Raute ABCD.

a) $a = 6\,cm$; $\alpha = 70°$

b) $a = 7\,cm$; $\beta = 100°$

c) $a = 5\,cm$; $\overline{AC} = 8\,cm$

d) $a = 5\,cm$; $\overline{AC} = 4\,cm$

7 Konstruiere den Drachen ABCD mit der Symmetrieachse e durch A und C.

a) $a = 7\,cm$; $b = 5\,cm$; $\beta = 110°$

b) $a = 4\,cm$; $b = 7\,cm$; $\alpha = 60°$

c) $a = 7\,cm$; $b = 4\,cm$; $\alpha = 60°$

d) $a = 7\,cm$; $b = 4\,cm$; $e = 9\,cm$

e) $a = 5\,cm$; $e = 9\,cm$; $\alpha = 80°$

f) $a = 8\,cm$; $\alpha = 70°$; $\beta = 100°$

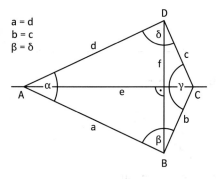

$a = d$
$b = c$
$\beta = \delta$

8 Zur Konstruktion eines Quadrats genügt eine einzige Seitenlänge. Zur Konstruktion einer Raute ist auch ein Winkel nötig. Schreibe in einer Tabelle auf, wie viele Seiten und Winkel nötig sind, um die besonderen Vierecke zu konstruieren.

9 Schreibe Steckbriefe für die anderen besonderen Vierecke.

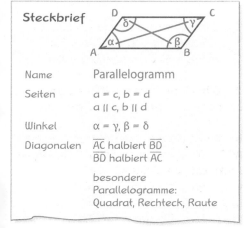

Steckbrief	
Name	Parallelogramm
Seiten	$a = c$, $b = d$ $a \parallel c$, $b \parallel d$
Winkel	$\alpha = \gamma$, $\beta = \delta$
Diagonalen	$\overline{AC}$ halbiert $\overline{BD}$ $\overline{BD}$ halbiert $\overline{AC}$
	besondere Parallelogramme: Quadrat, Rechteck, Raute

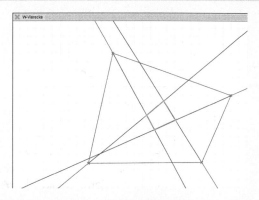

Die Punkte, in denen sich die Winkelhalbierenden benachbarter Ecken eines Vierecks schneiden, bilden das Winkelhalbierenden-Viereck, kurz W-Viereck.

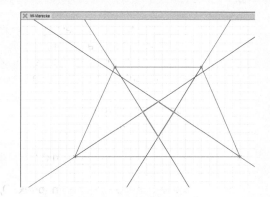

■ Untersuche am PC die W-Vierecke aller besonderen Vierecke.

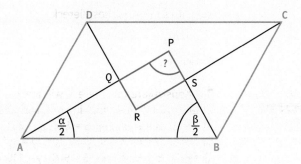

■ Begründe, dass das W-Viereck des Parallelogramms ein Rechteck ist.

Tipp: Wie groß ist die Summe $\frac{\alpha}{2} + \frac{\beta}{2}$?

Übrigens:
Es geht auch ohne PC. Papier und Bleistift sind auch nicht schlecht.

5 Regelmäßige Vielecke

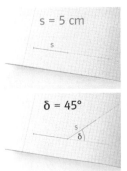

s = 5 cm

s

δ = 45°

s
δ

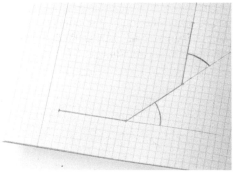

→ Zeichne einen Streckenzug wie in der Bilderfolge und setze ihn fort.
→ Probiere auch andere Streckenlängen und Abknickwinkel aus.
→ Manche Streckenzüge laufen in sich zurück. Erkennst du eine Regel?

Mit einem dynamischen Geometrie-System kannst du viel genauer zeichnen.

Warum schließt sich der Streckenzug bei einem 40°-Abknickwinkel?
Bei B und C liegen Nebenwinkel von 180° – 40° = 140°. Halbiert man sie, entsteht das gleichschenklige Dreieck BCM. Sein Winkel bei M ist 180° – 2 · 70° = 40°. Wegen 360° : 40° = 9 kommen in M neun solche Dreiecke zusammen. Der Streckenzug schließt sich nach neun Schritten und bildet ein Neuneck. Die Eckpunkte liegen auf einem Kreis um M.

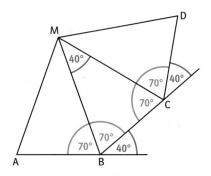

Genauso überlegt man für einen beliebigen Abknickwinkel δ: Zwischen je zwei Strecken entsteht der Winkel 180° – δ. Im Mittelpunkt M kommen lauter Winkel der Größe δ zusammen. Wenn sich der Streckenzug nach n Schritten schließt, gilt n · δ = 360°.

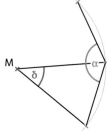

Ein **regelmäßiges Vieleck** hat gleich lange Seiten und gleich große Winkel.
Seine Eckpunkte liegen auf einem Kreis.
Die Größe der Mittelpunktswinkel eines regelmäßigen Vielecks mit n Eckpunkten beträgt δ = 360° : n.
Die Größe der Winkel zwischen den Seiten beträgt α = 180° – δ.

Beispiele
a) Das regelmäßige Sechseck hat den Mittelpunktswinkel 360° : 6 = 60°. Es wird von M her in gleichschenklige Dreiecke mit 60°-Winkel zerlegt. Die Dreiecke sind also sogar gleichseitig.
Daher kann man das regelmäßige Sechseck durch Zirkelschläge auf der Kreislinie konstruieren.

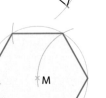

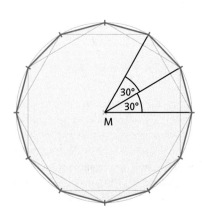

b) Das regelmäßige Zwölfeck lässt sich auf verschiedene Arten konstruieren. Die Figur zeigt die Konstruktion aus zwei überkreuzten regelmäßigen Sechsecken.

Aufgaben

1 Regelmäßige Vielecke – sieh dich um!

2 Konstruiere mit der Seitenlänge 5 cm ein regelmäßiges Vieleck
a) mit 6 Ecken.   b) mit 8 Ecken.
c) mit 5 Ecken.   d) mit 9 Ecken.

3 Konstruiere in einem Kreis mit Radius 5 cm ein regelmäßiges Vieleck
a) mit 8 Ecken.   b) mit 9 Ecken.
c) mit 5 Ecken.   d) mit 10 Ecken.

4 a) Konstruiere ein regelmäßiges Achteck in einem Kreis mit r = 6 cm. Verbinde die Eckpunkte nach dem Muster, das du im Bild siehst.

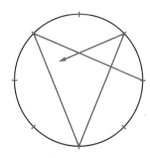

b) Zeichne auch Vieleckssterne mit dem regelmäßigen Neuneck und dem Zehneck. Du kannst selbst herausfinden, welche Überspring-Regeln schöne Sterne geben.
c) Überlege am regelmäßigen Zwölfeck, welche Überspring-Regeln geschlossene Sterne geben und welche nicht.

5 a) Konstruiere ein regelmäßiges Fünfeck mit Diagonalen in einem Kreis mit r = 5 cm.
b) Das innere Fünfeck ist ebenfalls regelmäßig. Berechne aus seinen Winkeln die drei rot markierten Winkel.

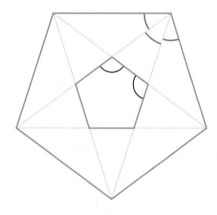

6 Die Figur zeigt eine geschickte Konstruktion des regelmäßigen Zehnecks. Sie ist leider schwer zu erklären.

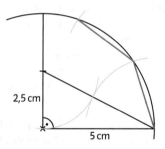

2,5 cm

5 cm

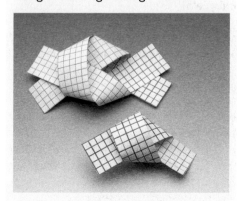

7 a) Berechne die Winkel δ und α der regelmäßigen n-Ecke und daraus ihre Winkelsumme W.

n	3	4	5	6	8	9	10	12	15	16	18	20	24
δ	120	90	72°				36°					18°	
α	60	90	108°				144°		156°				
W	540	360	540°							2520°			

(handwritten: 180°)

b) Kann man zwei regelmäßige Fünfecke und ein regelmäßiges Zehneck lückenlos aneinander legen? Geht das auch mit je einem Fünfeck, Sechseck und Achteck?

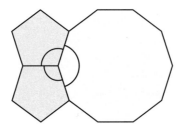

8 In der Figur ist das regelmäßige Achteck in acht Dreiecke zerlegt. Berechne daraus die Winkelsumme, ohne zuerst den Winkel zwischen den Seiten auszurechnen.

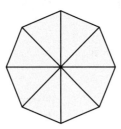

! Schau noch mal Aufgabe 7 an!

9 Die Winkelsumme der unregelmäßigen Vielecke kannst du auf dieselbe Art berechnen wie die Winkelsumme der regelmäßigen Vielecke. Gib einen Term an, mit dem sich die Winkelsumme für jedes Vieleck berechnen lässt.

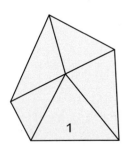

1

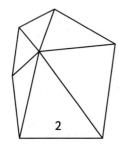

2

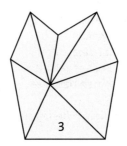

3

Sechseck-Puzzles ✂

■ Aus einem ganzen und zwei zerlegten regelmäßigen Sechsecken soll ein einziges regelmäßiges Sechseck zusammengesetzt werden.
Schneide die Teile aus.

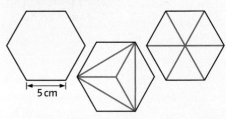

5 cm

■ Lege aus den Teilen der zwei Sechsecksterne je ein gleichseitiges Dreieck.

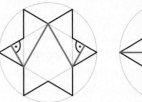
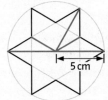

5 cm

■ Zwei zerlegte Sechsecksterne lassen sich zu einem regelmäßigen Sechseck zusammenlegen.

■ Wie wird aus dem zerlegten Quadrat ein regelmäßiges Achteck?

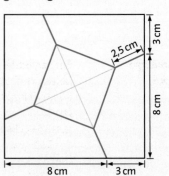

3 cm
2,5 cm
8 cm
8 cm
3 cm

Zusammenfassung

Symmetrie im Haus der Vierecke

Die besonderen Vierecke haben **Symmetrieachsen** oder **Symmetriewinkel**.

Die besonderen Vierecke werden im **Haus der Vierecke** geordnet.
Nach unten hin kommen immer mehr Symmetrien dazu.

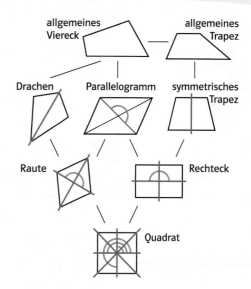

Winkelsumme des Vierecks

In jedem Viereck beträgt die **Winkelsumme** 360°.

$$\alpha + \beta + \gamma + \delta = 360°$$

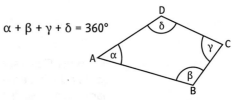

Vierecks-konstruktion

Ein Viereck ist durch fünf geeignete Stücke festgelegt.

Zur **Konstruktion eines Vierecks** gehören
- die Planfigur,
- die Konstruktionszeichnung,
- die Konstruktionsbeschreibung.

Gegeben:
a, b, c, β, γ

Planfigur

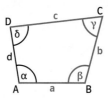

Konstruktionszeichnung
Ich konstruiere
1. die Seite a,
...

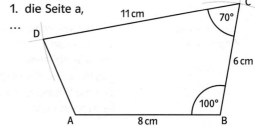

Regelmäßige Vielecke

Ein **regelmäßiges Vieleck** hat gleich lange Seiten und gleich große Winkel.
Seine Eckpunkte liegen auf einem Kreis.
Die Mittelpunktswinkel eines regelmäßigen Vielecks mit n Eckpunkten betragen
$\delta = \mathbf{360° : n}$.
Die Winkel zwischen den Seiten betragen
$\alpha = 180° - \delta$.

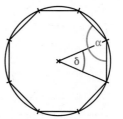

n = 8
$\delta = 360° : 8 = 45°$
$\alpha = 180° - \delta = 135°$

Üben • Anwenden • Nachdenken

1 Konstruiere ein Parallelogramm mit
a) $a = 8$ cm; $b = 5$ cm und $\alpha = 70°$.
b) $a = 8$ cm; $b = 5$ cm und $\alpha = 110°$.
Was fällt auf? Erkläre.

2 In welchen besonderen Vierecken stehen die Diagonalen aufeinander senkrecht?

3 Konstruiere ein Parallelogramm mit den Diagonalen
$\overline{AC} = 9$ cm; $\overline{BD} = 5$ cm,
dem Diagonalenschnittpunkt S
und dem Diagonalenwinkel $\angle ASB = 100°$.

4 Konstruiere einen Drachen mit
a) $a = d = 7$ cm; $b = c = 5$ cm und $\alpha = 60°$.
b) $a = d = 7$ cm; $b = c = 5$ cm und $\gamma = 60°$.
c) $a = b = 7$ cm; $c = d = 5$ cm und $\beta = 60°$.
In welchem Fall gibt es zwei unterschiedliche Drachen mit den vorgeschriebenen Maßen?

5 Konstruiere den Drachen mit den Diagonalen $\overline{AC} = 10$ cm; $\overline{BD} = 6$ cm und dem Winkel $\alpha = 80°$.

6 Welche Eigenschaften müssen zwei gleiche Dreiecke haben, damit man sie zu einem der folgenden Vierecke zusammenlegen kann?
a) Parallelogramm   b) Rechteck
c) Quadrat   d) Raute
e) symm. Trapez   f) Drachen

7 Berechne den Winkel ε.

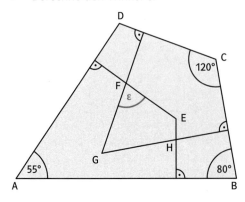

8 Konstruiere das Viereck. Die Seiten sind in cm angegeben.
a) $a = 6$; $b = 5$; $c = 8$; $\beta = 70°$; $\gamma = 130°$
b) $a = 6$; $b = 5$; $c = 8$; $\alpha = 130°$; $\beta = 70°$

9 a) ABCD ist eine Raute, ABED ein Drachen.
Berechne den Winkel ε.

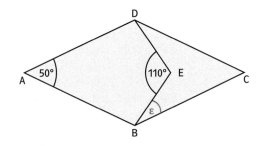

b) ABCD ist eine Raute, DCEF und ADGH sind symmetrische Trapeze.
Berechne den Winkel ε.

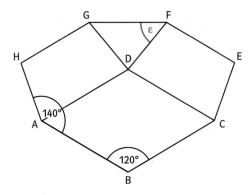

10 a) Konstruiere das symmetrische Trapez ABCD mit $a = 10$ cm; $d = 7$ cm und $\alpha = 60°$. Die Seiten $\overline{AB}$ und $\overline{CD}$ sollen parallel sein.
b) Konstruiere die Winkelhalbierenden in allen vier Eckpunkten.
Was stellst du fest?
c) Konstruiere den Inkreis des symmetrischen Trapezes.

11 a) Konstruiere den Drachen ABCD mit $a = 9$ cm; $b = 6$ cm und $\beta = 110°$. Die Symmetrieachse soll durch A und C gehen.
b) Konstruiere den Inkreis des Drachens.

12 Ein Drachen lässt sich konstruieren aus
- den Seiten a, b und dem Winkel β,
- den Seiten a, b und der gesamten Länge e + f der Diagonalen $\overline{AC}$,
- den Diagonalenabschnitten e, f und der Seite a.

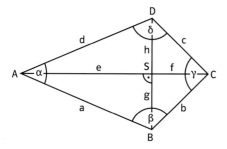

a) Gib dir für diese drei Konstruktionsmöglichkeiten selbst Werte vor und konstruiere den Drachen.
b) Suche weitere Konstruktionsmöglichkeiten.

13 a) Das Parallelogramm ABCD hat die Eckpunkte A(3|−2) und B(5|3). Die Diagonalen schneiden sich im Punkt S(0|0). Gib die Koordinaten von C und D an.
b) Konstruiere einige Parallelogramme mit Diagonalenschnittpunkt S(0|0). Welche Regel gilt für die Koordinaten der Eckpunkte?

14 Konstruiere das Parallelogramm ABCD mit A(−4|−3); B(5|−2); C(6|5).
a) Welche Koordinaten hat der Punkt D?
b) Berechne den
- Mittelwert p aller vier x-Koordinaten,
- Mittelwert q aller vier y-Koordinaten.
Trage den Punkt P(p|q) ein.
Welchen Punkt des Parallelogramms erhältst du auf diese Weise?

15 a) Zeichne das Viereck ABCD mit A(−4|4); B(9|2); C(5|6); D(−2|4).
Trage die Diagonalen und ihre Mittelpunkte P und Q ein.
Welche Koordinaten hat der Mittelpunkt M der Strecke $\overline{PQ}$?
b) Die Koordinaten von M sind Mittelwerte. Hast du eine Idee, welche?
c) Prüfe deine Idee an anderen Vierecken.

16 Außer der Spiegelung gibt es viele andere Abbildungen. Worin unterscheiden sich der Schattenwurf und die Abbildung durch eine Linse von der Achsenspiegelung?

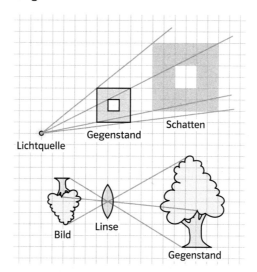

Gegenstand   Schatten
Lichtquelle

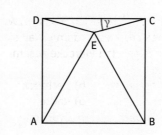

Bild   Linse
Gegenstand

Rätselhafte Winkel

ABCD ist ein Quadrat. △ ABE ist gleichseitig.
- Wie groß ist der Winkel γ?

- EFCD ist ein Quadrat. △ AFE und △ BCF sind gleichseitig.
Ist △ ABD gleichseitig?

17 Das regelmäßige Sechseck hat sechs Symmetrieachsen. Drei gehen durch Eckpunkte, drei sind Mittelsenkrechte der Seiten. Das Sechseck hat auch einen Symmetriepunkt mit den Symmetriewinkeln 60°; 120°; 180°; 240°; 300°.

Im Bild unten siehst du sieben Sechsecke mit weniger Symmetrien. Die Sechsecke 1 bis 6 entstehen aus einem gleichseitigen Dreieck. Das Sechseck 7 ist anders aufgebaut.

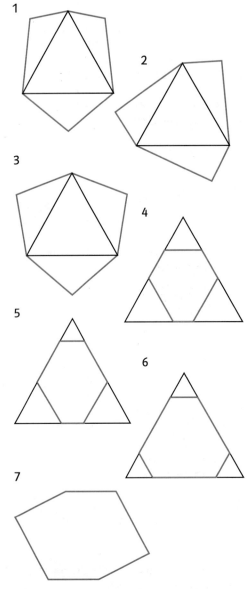

Beschreibe die Sechsecke und gib ihre Symmetrien an.

18 a) Setze auf die Seiten eines Quadrats gleich große gleichschenklige Dreiecke auf. Welche Symmetrien hat das entstehende Achteck?

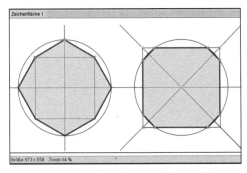

b) Du kannst auch an jeder Quadratecke ein gleichschenkliges Dreieck abschneiden. Welche Symmetrien erkennst du jetzt?

c) Wenn du mit einer DGS wie im Bild konstruierst, bekommst du leicht verschiedene Achtecksformen.

Aus zwei mach eins ✂

■ Aus zwei gleich großen regelmäßigen Sechsecken kannst du ein einziges machen.

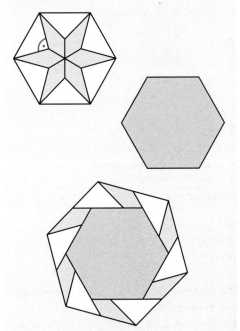

1 a) Ein Parallelogramm hat die Eck-
punkte A(2|1); B(7|3); C(8|7). Welche
Koordinaten hat der Eckpunkt D?
b) Ein symmetrisches Trapez hat die Eck-
punkte A(−3|2); B(5|2); C(3|6).
Seine Symmetrieachse ist die Mittelsenkrechte der Seite $\overline{AB}$. Welche Koordinaten
hat der Eckpunkt D?

2 Konstruiere eine Raute
a) mit Diagonalen der Längen 8 cm und
5 cm.
b) mit der Seitenlänge 5 cm und dem
Winkel α = 60°.

3 Berechne die Winkel β, γ und δ des
Parallelogramms ABCD.

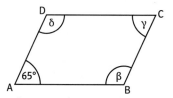

4 Berechne den Winkel β des symmetrischen Trapezes.

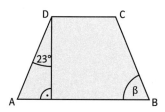

5 In einem Viereck ist
• β um 30° größer als α,
• γ dreimal so groß wie α,
• δ um 60° größer als α.
Berechne die Winkel.

6 Konstruiere ein Viereck ABCD mit
den Maßen a = 9 cm; b = 6 cm; c = 7 cm;
β = 120°; γ = 80°.

7 a) Konstruiere ein regelmäßiges Achteck in einem Kreis mit Radius 5 cm.
b) Wie groß sind die Winkel und die Winkelsumme des regelmäßigen Achtecks?

Rückspiegel

1 a) Ein Paralellogramm hat die Eck-
punkte A(4|2); B(9|7) und den Diagonalen-
schnittpunkt S(5|5). Welche Koordinaten
haben die Eckpunkte C und D?
b) Ein symmetrisches Trapez hat die Eck-
punkte A(−3|−1); B(5|3); C(0|8).
Seine Symmetrieachse ist die Mittelsenkrechte der Seite $\overline{AB}$. Welche Koordinaten
hat der Eckpunkt D?

2 Konstruiere einen Drachen mit der
Symmetrieachse durch A und C und
a) a = 6 cm; $\overline{AC}$ = 8 cm; α = 70°.
b) $\overline{AC}$ = 9 cm; $\overline{BD}$ = 8 cm; α = 60°.

3 Berechne die Winkel α und β des
Parallelogramms ABCD.

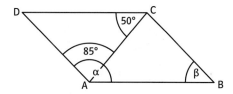

4 Berechne den Winkel α des symmetrischen Trapezes.

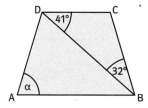

5 In einem Viereck ist
• β um 30° größer als das Doppelte von α,
• γ doppelt so groß wie α,
• δ um 70° kleiner als das Dreifache von α.
Berechne die Winkel.

6 Konstruiere ein Viereck ABCD mit den
Maßen a = 6 cm; b = 4 cm; c = 10 cm;
α = 110°; β = 130°.

7 a) Konstruiere ein regelmäßiges Neuneck mit der Seitenlänge 5 cm.
b) Wie groß sind die Winkel und die Winkelsumme des regelmäßigen Neunecks?

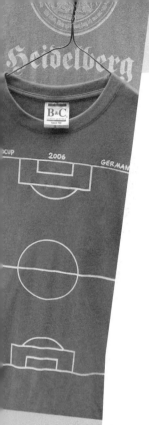

Figuren und Flächen

Figuren legen

Das Tangram ist ein altes chinesisches Legespiel. Es besteht aus sieben Teilfiguren und lässt sich schnell aus Karton herstellen. Welche geometrischen Formen erkennst du? Beschreibe ihre Eigenschaften.

Unter Verwendung aller Teilfiguren wurde ein Rechteck gelegt. Aus dieser Anordnung lassen sich sehr einfach ein Parallelogramm, ein Dreieck oder ein Trapez herstellen.

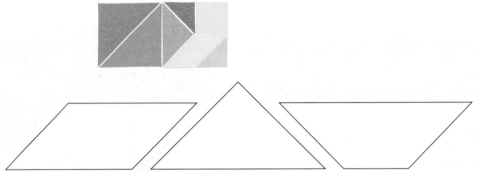

Viele andere Figuren sind möglich. Du kannst auch selbst weitere erfinden und sie als Umriss einem Partner zum Auslegen geben.

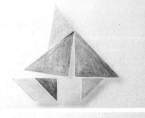

Linien begrenzen Flächen

Legt mit jeweils 24 Streichhölzern Dreiecke, verschiedene Vierecke und Vielecke.
Tragt möglichst viele verschiedene Varian-
ten zusammen und sprecht über die Eigenschaften der Figuren.
Findet ihr Gemeinsamkeiten?
Worin unterscheiden sie sich?
Wer findet das Rechteck, das bei Verwendung aller Streichhölzer den größten Flächeninhalt hat?

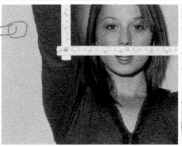

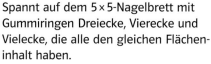

Spannt auf dem 5 × 5-Nagelbrett mit
Gummiringen Dreiecke, Vierecke und
Vielecke, die alle den gleichen Flächen-
inhalt haben.
Welche Gruppe findet die meisten
Möglichkeiten?
Vergleicht auch die Umfänge der um-
spannten Figuren.

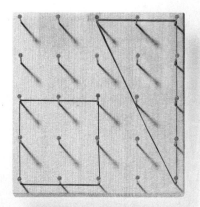

In diesem Kapitel lernst du,

- wie Umfänge von Figuren berechnet werden,
- wie man den Flächeninhalt geo-
  metrischer Figuren berechnet,
- wie man aus Formeln für ein-
  fache Figuren Formeln für
  andere Figuren gewinnen kann,
- dass es vielfältige praktische
  Probleme gibt, in denen Vielecke vorkommen.

1 Quadrat und Rechteck

Tobias will den Flächeninhalt des rechteckigen Parkplatzes bestimmen.
„Kein Problem", sagt er, „ich zähle einfach die Pflastersteine."
→ Seine große Schwester behauptet, dass man mit einer einfachen Rechnung schneller zum Ziel kommt.

Um den **Flächeninhalt** eines Rechtecks zu bestimmen, legt man es mit Zentimeterquadraten aus und bildet aus ihnen Streifen.

Es passen drei Streifen zu je fünf Quadratzentimetern bzw. fünf Streifen zu je drei Quadratzentimetern in das Rechteck.
Sein Flächeninhalt beträgt somit $15\,cm^2$.

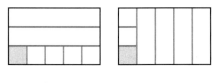

Soll der Flächeninhalt eines Rechtecks berechnet werden, bestimmt man zunächst die Länge a und die Breite b.
Der Flächeninhalt wird mit dem Produkt der Länge a und der Breite b berechnet.
$A = a \cdot b = 5 \cdot 3\,cm^2 = 15\,cm^2$

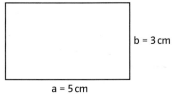

b = 3 cm

a = 5 cm

Der **Umfang** einer geometrischen Figur ist die Summe ihrer Seitenlängen.
Für das Rechteck ergibt sich:
$u = a + b + a + b = 2 \cdot a + 2 \cdot b$
$\qquad = 2 \cdot (a + b)$
$\qquad = 2 \cdot (5 + 3)\,cm = 2 \cdot 8\,cm = 16\,cm$
Ein Quadrat ist ein besonderes Rechteck. Länge und Breite sind gleich groß.

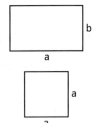

b

a

a

a

Der Flächeninhalt eines **Rechtecks** kann aus dem Produkt seiner Seitenlängen berechnet werden.
$A = a \cdot b$
Für den Umfang gilt: **$u = 2 \cdot (a + b)$**

Der Flächeninhalt eines **Quadrats** kann aus dem Quadrat seiner Seitenlänge berechnet werden.
$A = a \cdot a = a^2$
Für den Umfang gilt: **$u = 4 \cdot a$**

Beispiele

a) Aus dem Flächeninhalt A und einer Seite a eines Rechtecks wird die Länge der zweiten Seite berechnet.
$A = 45\,cm^2$ und $a = 9\,cm$
$A = a \cdot b \qquad |:a$
$b = \frac{A}{a}$
$b = \frac{45}{9}\,cm$
$b = 5\,cm$

b) Aus dem Umfang u und einer Seite b eines Rechtecks wird die Länge der zweiten Seite berechnet.
$u = 17,8\,m$ und $b = 3,6\,m$
$u = 2 \cdot (a + b) \qquad |:2$
$\frac{u}{2} = a + b \qquad\qquad |-b$
$a = \frac{u}{2} - b = \frac{17,8}{2}\,m - 3,6\,m$
$a = 5,3\,m$

Aufgaben

1 Ein Fußballfeld darf 90 bis 120 m lang und 45 bis 90 m breit sein.
Wie groß sind Flächeninhalt und Umfang mindestens bzw. höchstens?

2 Berechne die Seitenlänge des Quadrates aus seinem Umfang bzw. seiner Fläche.
a) u = 6,4 cm   b) u = 95,6 m   c) u = 7,35 dm
d) A = 36 cm²   e) A = 81 dm²   f) A = 169 m²

3 Berechne die fehlenden Größen des Rechtecks.

a	5 cm		12,8 m	
b		8,5 cm		41,3 cm
u			38,6 m	6,84 m
A	40,0 cm²	2,55 dm²		

4 a) Gib die Flächeninhalte der einzelnen Räume in m² an. Wie groß ist die gesamte Wohnfläche?
b) Für das Wohn- und die Kinderzimmer werden Fußbodenleisten benötigt.

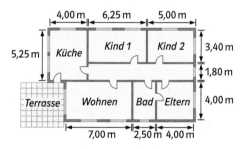

5 Reicht die Farbe im Eimer, um die Decke eures Klassenzimmers zu streichen?

6 Ein Zimmer ist 2,55 m hoch; 4,50 m lang und 3,45 m breit. Ina möchte den Raum tapezieren. Eine Tapetenrolle ist 50 cm breit und 10 m lang. Wie viele Rollen Tapete muss sie kaufen? Zur Vereinfachung berücksichtigt sie Fenster und Türen nicht. Sie braucht dann auch keinen Verschnitt einzukalkulieren.

7 Berechne Flächeninhalt und Umfang der Figuren.

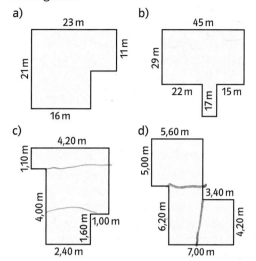

8 Wie verändert sich der Flächeninhalt eines Rechtecks, wenn man
a) die Länge einer Seite verdoppelt?
b) die Länge und die Breite verdoppelt?
c) die Länge verdoppelt und die Breite halbiert?

? *Einer spannt ein Rechteck, der Partner bestimmt den Flächeninhalt (in Nagelquadraten).*

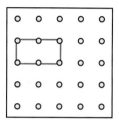

Rechteck und DGS

Mit einer DGS lassen sich Umfang und Flächeninhalt von Figuren berechnen. Dazu werden die Formeln eingegeben. Verändert man die Figur, berechnet das System die Werte automatisch neu.

- Ermittelt das Rechteck, das bei einem Umfang von 12 cm den größten Flächeninhalt hat.
- Welches Rechteck mit 8 cm² Flächeninhalt hat den kleinsten Umfang?

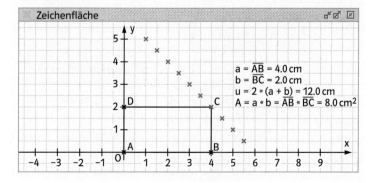

2 Parallelogramm und Raute

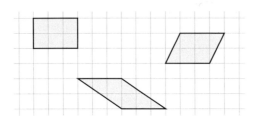

→ Bestimme die Flächeninhalte der Vierecke mithilfe von Einheitsquadraten.
→ Was stellst du fest, wenn du jeweils die Grundseiten und die Höhen vergleichst?

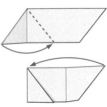

Man muss nicht schneiden. Auch durch Falten kann man ein Parallelogramm in ein Rechteck umwandeln.

Um den Flächeninhalte eines Parallelogramms zu berechnen, kann man es in ein Rechteck umwandeln. Dazu schneidet man ein rechtwinkliges Teildreieck auf der einen Seite ab und setzt es auf der anderen Seite wieder an.
Da die Länge des entstehenden Rechtecks gleich der **Grundseite a** des Parallelogramms und die Breite gleich der zugehörigen **Höhe h_a** ist, ergibt sich: $A = a \cdot h_a$.

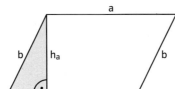

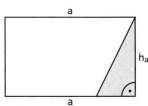

Die Raute ist ein besonderes Parallelogramm. Ihre Seiten sind alle gleich lang.

Die Höhe eines Parallelogramms ist der Abstand zwischen zwei parallelen Seiten. Die Höhen müssen nicht in einem Eckpunkt enden.

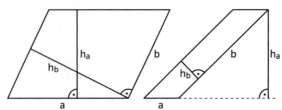

Der **Flächeninhalt eines Parallelogramms** kann aus dem Produkt einer Seitenlänge und der zugehörigen Höhe berechnet werden.

$A = a \cdot h_a$ $A = b \cdot h_b$

Für den **Umfang** gilt: $u = 2 \cdot (a + b)$

Der **Flächeninhalt einer Raute** kann aus dem Produkt von Seitenlänge und Höhe berechnet werden.

$A = a \cdot h_a$

Für den **Umfang** gilt: $u = 4 \cdot a$

Beispiele

a) Aus der Seitenlänge a und der Höhe h_a wird der Flächeninhalt einer Raute berechnet.

$a = 12{,}0\,\text{cm}$
$h_a = 7{,}5\,\text{cm}$
$A = a \cdot h_a$
$A = 12{,}0 \cdot 7{,}5\,\text{cm}^2$
$A = 90{,}0\,\text{cm}^2$

b) Aus dem Flächeninhalt A und einer Seitenlänge b wird die zugehörige Höhe h_b eines Parallelogramms berechnet.

$A = 126{,}0\,\text{cm}^2$
$b = 15{,}0\,\text{cm}$
$A = b \cdot h_b$ $| : b$
$h_b = \dfrac{A}{b} = \dfrac{126{,}0}{15{,}0}\,\text{cm} = 8{,}4\,\text{cm}$

Aufgaben

1 Zeichne verschiedene Parallelogramme. Bestimme beide Seitenlängen und Höhen durch Messung.
Berechne den Flächeninhalt mit beiden Formeln und vergleiche die Ergebnisse.

2 Berechne Flächeninhalt und Umfang des Parallelogramms.
a) $a = 6\,cm$
$\quad b = 8\,cm$
$\quad h_a = 4\,cm$

b) $a = 11,5\,m$
$\quad b = 18,6\,m$
$\quad h_b = 4,5\,m$

c) $a = 3\,dm$
$\quad b = 71\,cm$
$\quad h_a = 0,9\,m$

3 Ein Schüler spannt auf dem Nagelbrett ein Parallelogramm, der Partner bestimmt den Flächeninhalt (in Nagelquadraten).

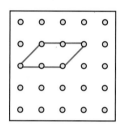

4 Berechne Umfang und Flächeninhalt der Figur.

a)

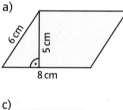

b)

c)

5 Bestimme den Flächeninhalt des Parallelogramms. Zeichne dazu die Punkte in ein Koordinatensystem (Längeneinheit 1 cm) ein und entnimm der Zeichnung die notwendigen Maße.
a) $A(1\,|\,1)$; $B(4\,|\,1)$; $C(7\,|\,6)$; $D(4\,|\,6)$
b) $A(1\,|\,2)$; $B(7\,|\,1)$; $C(6\,|\,5)$; $D(0\,|\,6)$
c) $A(0\,|\,0)$; $B(7\,|\,1,5)$; $C(8\,|\,7,5)$; $D(1\,|\,6)$
d) $A(3\,|\,0)$; $B(8\,|\,2)$; $C(8,5\,|\,5,5)$; $D(3,5\,|\,3,5)$

6 Berechne die fehlenden Größen des Parallelogramms.

a	9,0 cm	35 cm	40 m		
b		18 cm		7,5 m	
h_a	6,0 cm		12 m		6 m
h_b	4,5 cm				9 m
u			140 m	45,0 m	
A		315 cm²		75,0 m²	72 m²

7 Konstruiere das Parallelogramm und berechne den Flächeninhalt.
a) $a = 6,8\,cm$
$\quad b = 4,5\,cm$
$\quad \alpha = 40°$

b) $\alpha = 45°$
$\quad h_a = 3,5\,cm$
$\quad h_b = 5,0\,cm$

8 Bestimme die Höhen des Parallelogramms auf dem Rand.

9 Ein Parallelogramm hat eine 3 cm lange Seite und einen Flächeninhalt von 12 cm².
a) Zeichne drei verschiedene Parallelogramme mit diesen Maßen.
b) Gibt es eine Raute, die diese Bedingung erfüllt?

Parallelogramm und DGS

Wie verändert sich der Flächeninhalt der Bahnschranke mit ihrem Schutzgitter beim Heben und Senken?

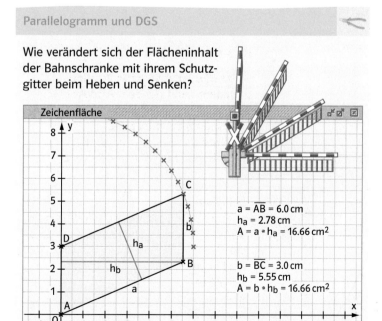

$a = \overline{AB} = 6.0\,cm$
$h_a = 2.78\,cm$
$A = a * h_a = 16.66\,cm^2$

$b = \overline{BC} = 3.0\,cm$
$h_b = 5.55\,cm$
$A = b * h_b = 16.66\,cm^2$

Unsere **Gangway**
als Ihre Werbefläche für nur 150 € je m²

10 Welchen Fehler hat der Praktikant der Werbefirma gemacht?

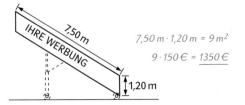

IHRE WERBUNG 7,50 m 1,20 m

7,50 m · 1,20 m = 9 m²
9 · 150 € = 1350 €

11 Bauer Grün muss für den Bau einer Straße über sein 75 m langes und 30 m breites Grundstück entschädigt werden. Wieviel Prozent seiner Weidefläche verliert er durch den Straßenbau?

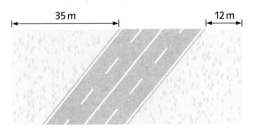

35 m 12 m

12 Die Wand des Treppenaufgangs soll mit Holz verkleidet werden. Für 1 m² Holzverkleidung sind 45,30 € zu bezahlen. Berechne die Kosten.

2,45 m 2,00 m 2,45 m 3,30 m 2,70 m

13 a) Der gefärbte Teil der Dachfläche eines Ferienhauses muss neu gedeckt werden. Für 1 m² benötigt man 35 Dachziegel.

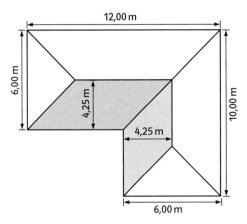

12,00 m 6,00 m 4,25 m 4,25 m 10,00 m 6,00 m

b) Wieviel Prozent der Gesamtfläche macht dieser Teil des Daches aus? Wieviele Ziegel bräuchte man, um das ganze Dach zu decken?

14 Zwei Straßen sind 5,50 m und 7,50 m breit. Sie kreuzen sich unter einem Winkel von 60°. Wie groß ist der Flächeninhalt der Kreuzung? Fertige zunächst eine maßstabsgerechte Zeichnung an.

15 Vergleiche die Flächeninhalte und Umfänge der Vierecke.

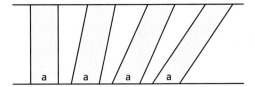

a a a a

16 Begründe, dass die Parallelogramme gleichen Flächeninhalt haben.

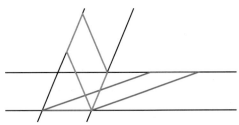

17 Übertrage die Figuren ins Heft. Entnimm der Zeichnung die notwendigen Maße und berechne Umfang und Flächeninhalt.
Erkläre einer Partnerin oder einem Partner, wie du vorgegangen bist.
Du kannst deine Ergebnisse durch Auszählen überprüfen.

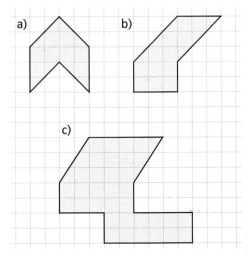

a) b) c)

3 Dreieck

Schneide zwei deckungsgleiche Dreiecke aus und lege sie zu einem Parallelogramm zusammen.
→ Was kannst du über den Flächeninhalt eines Dreiecks im Vergleich zum entstandenen Parallelogramm aussagen?

Bei der Berechnung des Flächeninhaltes von Dreiecken kann man bereits bekannte Figuren nutzen.

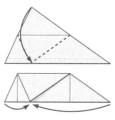

! *Auch durch Falten kann man ein Dreieck in ein Rechteck umwandeln.*

Ein rechtwinkliges Dreieck hat den halben Flächeninhalt eines Rechtecks.

$A = \frac{1}{2}a \cdot b$

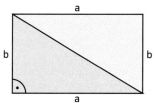

Ein allgemeines Dreieck kann man als halbes Parallelogramm betrachten.

$A = \frac{1}{2}a \cdot h_a$

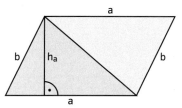

Der **Flächeninhalt eines Dreiecks** ist das halbe Produkt einer Seitenlänge und der zugehörigen Höhe.

$$A = \frac{1}{2}a \cdot h_a \qquad A = \frac{1}{2}b \cdot h_b \qquad A = \frac{1}{2}c \cdot h_c$$

Beim **rechtwinkligen Dreieck** kann der Flächeninhalt aus dem halben Produkt der beiden am rechten Winkel anliegenden Seiten berechnet werden.

$$A = \frac{1}{2}a \cdot b \quad (\gamma = 90°)$$

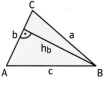

Für den **Umfang** eines Dreiecks gilt: $u = a + b + c$

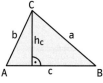

Bemerkungen

- Im rechtwinkligen Dreieck gehört zur Seite a die Höhe $b = h_a$ und zur Seite b die Höhe $a = h_b$.
- Bei stumpfwinkligen Dreiecken liegen zwei Höhen außerhalb des Dreiecks. Der Flächeninhalt ergibt sich aus der Differenz der Flächeninhalte zweier rechtwinkliger Dreiecke.

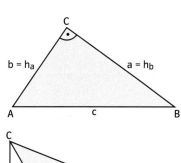

$$A = \frac{1}{2} \cdot (c + x) \cdot h_c - \frac{1}{2} \cdot x \cdot h_c$$
$$A = \frac{1}{2} \cdot c \cdot h_c + \frac{1}{2} \cdot x \cdot h_c - \frac{1}{2} \cdot x \cdot h_c$$
$$A = \frac{1}{2} \cdot c \cdot h_c$$

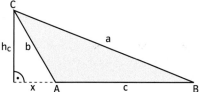

Beispiele

a) Aus der Seitenlänge c und der zugehörigen Höhe h_c wird der Flächeninhalt berechnet.

$c = 4,8\,cm;\quad h_c = 2,8\,cm$

$A = \frac{1}{2} c \cdot h_c$

$A = \frac{1}{2} \cdot 4,8 \cdot 2,8\,cm^2$

$A = 6,72\,cm^2$

b) Aus dem Flächeninhalt A und der Höhe h_a wird die Länge der zugehörigen Seite berechnet.

$A = 19,25\,cm^2;\quad h_a = 7,0\,cm$

$A = \frac{1}{2} a \cdot h_a \qquad\qquad |\cdot 2$

$2 \cdot A = a \cdot h_a \qquad\qquad |:h_a$

$a = \frac{2 \cdot A}{h_a}$

$a = \frac{2 \cdot 19,25}{7,0}\,cm = 5,5\,cm$

? Einer spannt ein Dreieck, der Partner bestimmt den Flächeninhalt (in Nagelquadraten).

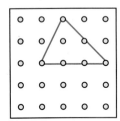

Aufgaben

1 Zeichne ein beliebiges Dreieck. Bestimme alle Seitenlängen und Höhen durch Messung.
Berechne den Flächeninhalt mit den drei Formeln und vergleiche die Ergebnisse.

2 Berechne den Flächeninhalt des Dreiecks.
a) $c = 7\,cm$ b) $a = 5,5\,cm$ c) $b = 12,2\,cm$
   $h_c = 5\,cm$ $h_a = 6,0\,cm$ $h_b = 8,5\,cm$
d) $a = 4\,dm$ e) $b = 7,6\,cm$ f) $c = 2,5\,m$
   $h_a = 58\,cm$ $h_b = 53\,mm$ $h_c = 136\,cm$

3 Berechne den Flächeninhalt.
a)   b)

c)

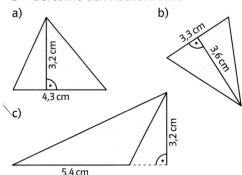

4 Bestimme den Flächeninhalt und den Umfang des Dreiecks. Zeichne dazu die Punkte in ein Koordinatensystem (Längeneinheit 1 cm) ein und entnimm der Zeichnung die notwendigen Maße.
a) A(1|1); B(8|1); C(5|7)
b) A(2|1); B(10|2); C(4|9)
c) A(1|0); B(6|3); C(6|8)
d) A(0|0); B(8|5); C(5|8)
e) A(2|0); B(8|2); C(6|8)

5 Berechne den Flächeninhalt auf zwei Arten. Übertrage ins Heft und entnimm der Zeichnung die notwendigen Maße.

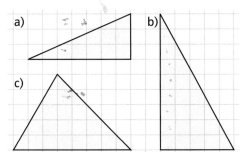

6 Konstruiere das Dreieck mit den angegebenen Maßen. Bestimme mit den Angaben aus der Zeichnung den Umfang und den Flächeninhalt.
a) $a = 5\,cm;\ b = 6\,cm;\ c = 7\,cm$
b) $c = 8\,cm;\ \alpha = 72°;\ \beta = 62°$
c) $a = 7,5\,cm;\ b = 6,5\,cm;\ \gamma = 50°$
d) $c = 5,5\,cm;\ h_c = 4,5\,cm;\ \alpha = 50°$

7 Berechne die fehlenden Größen des Dreiecks.

a	6 cm	7,5 m			70 dm
b	8 cm			0,4 m	
h_a		80 dm		0,9 m	
h_b		50 dm	13,5 dm		35 dm
A	42 cm²				6,3 m²

8 Zeichne vier verschiedene Dreiecke mit dem Flächeninhalt 8 cm².
Bestimme jeweils den Umfang.

? Welches der Dreiecke hat den größeren Flächeninhalt? Schätze zuerst und überprüfe dann durch Messen und Rechnen.

9 Von einem rechtwinkligen Dreieck mit $\gamma = 90°$ sind $c = 10\,\text{cm}$; $b = 6\,\text{cm}$ und der Flächeninhalt $A = 24\,\text{cm}^2$ bekannt. Berechne a, h_c und den Umfang u.

10 Wie groß ist der Flächeninhalt des Parallelogramms?

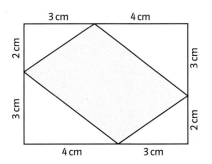

11 Stelle für den Flächeninhalt des Dreiecks eine Formel mit der Variablen e auf.

a)
b)
c)
d)

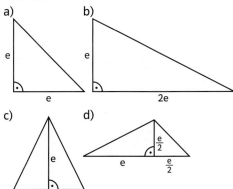

12 Die Giebelwand des Nur-Dach-Hauses wird teilweise mit Holz verkleidet bzw. verglast (alle Maße in m). $1\,\text{m}^2$ Holzverkleidung kostet $22{,}50\,\text{€}$ und $1\,\text{m}^2$ Fensterglas $65{,}00\,\text{€}$. Berechne die Kosten.

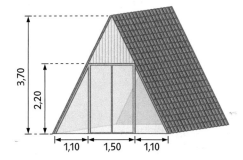

13 Ein Kirchturmdach wird neu gedeckt. Für Material und Arbeitsleistung werden $29{,}50\,\text{€}$ pro m^2 kalkuliert.

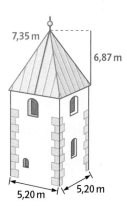

14 Wie groß ist der Flächeninhalt des Schulhofes?

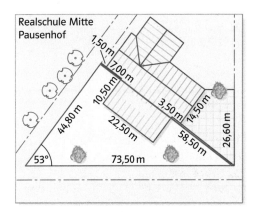

15 Schätze den Flächeninhalt des Verkehrszeichens „Vorfahrt gewähren". Ist die rote oder die weiße Teilfläche größer? Zeichne maßstabsgerecht und rechne.

Dreieck und DGS

Wie verändert sich der Flächeninhalt des Dreiecks?
- Die Grundseite wird verdoppelt, verdreifacht, …
- Grundseite und Höhe werden verdoppelt, verdreifacht, …
- Die Grundseite wird verdoppelt und die Höhe halbiert.
- Der Punkt C wird auf der Parallelen zu $\overline{AB}$ verschoben.

Was geschieht mit dem Umfang?

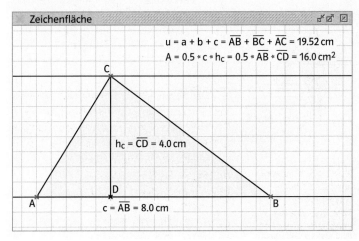

4 Trapez

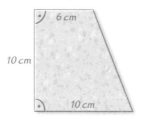

Welchen Flächeninhalt muss ein rechteckiges Blatt Papier mindestens haben,
um zwei Exemplare des abgebildeten
Trapezes ausschneiden zu können?
→ Versuche es auch mit anderen Trapezen.
→ Wieviele solcher Trapeze kannst du aus
einem DIN-A4-Blatt ausschneiden?

*Auch durch Falten kann
man ein Trapez in ein
Rechteck umwandeln.*

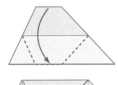

Zwei deckungsgleiche Trapeze kann man zu einem Parallelogramm zusammenlegen.

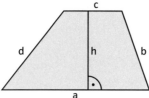 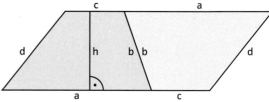

Die Grundseite des Parallelogramms hat dann die Länge a + c. Seine Höhe bleibt h.
Damit erhält man für den Flächeninhalt des Parallelogramms: A = (a + c)·h.
Der Flächeninhalt des Parallelogramms ist doppelt so groß wie der des Trapezes.
Für den Flächeninhalt des Trapezes ergibt sich somit: $A = \frac{1}{2} \cdot (a + c) \cdot h$.

> Der **Flächeninhalt des Trapezes** kann aus den Längen der parallelen Seiten
> und der Höhe berechnet werden.
> $A = \frac{1}{2} \cdot (a + c) \cdot h$
> Für den **Umfang** gilt: **u = a + b + c + d**

Beispiele

a) Aus den Seitenlängen a und c
und der Höhe h
wird der Flächeninhalt berechnet.
$a = 8\,cm$
$c = 6\,cm$
$h = 5\,cm$
$A = \frac{1}{2} \cdot (a + c) \cdot h$
$A = \frac{1}{2} \cdot (8 + 6) \cdot 5$
$A = 35\,cm^2$

b) Aus dem Flächeninhalt A, der Höhe h
und der Länge der Seite c wird die Länge
der zweiten parallelen Seite berechnet.
$A = 20\,cm^2;\ h = 4\,cm;\ c = 7\,cm$
$A = \frac{1}{2} \cdot (a + c) \cdot h \qquad |\cdot 2\,|:h$
$\frac{2 \cdot A}{h} = a + c \qquad |-c$
$a = \frac{2 \cdot A}{h} - c$
$a = \frac{2 \cdot 20}{4}\,cm - 7\,cm = 3\,cm$

Bemerkung

m ist die **Mittelparallele** des Trapezes. Sie geht durch die Mittelpunkte von b und d.
Die Länge von m ist der Mittelwert der Streckenlängen der parallelen Trapezseiten a
und c.

$2 \cdot m = a + c \qquad m = \frac{1}{2} \cdot (a + c)$

Aus $A = \frac{1}{2} \cdot (a + c) \cdot h$ wird **A = m·h.**

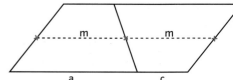

Aufgaben

1 Wie groß ist der Flächeninhalt des Trapezes?
a) $a = 14\,cm$; $c = 5\,cm$; $h = 9\,cm$
b) $m = 9\,cm$; $h = 7\,cm$
c) $a = 42{,}6\,cm$; $c = 19{,}2\,cm$; $h = 26{,}3\,cm$
d) $m = 6\,dm$; $h = 34\,cm$

2 Berechne den Flächeninhalt des Trapezes.

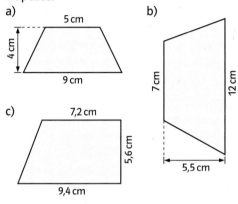

a)
b)
c)
d)

3 Einer spannt ein Trapez, der Partner oder die Partnerin bestimmt den Flächeninhalt (in Nagelquadraten).

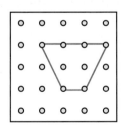

4 Berechne die fehlenden Größen des Trapezes ABCD (a ∥ c).

a	11,8 cm	6 cm	12 cm	
c	6,2 cm	4 cm		4,5 m
h	8,4 cm		8 cm	3,2 m
A		70 cm²	84 cm²	11,2 m²

5 Übertrage das Trapez in doppelter Größe ins Heft. Entnimm die notwendigen Maße der Zeichnung und bestimme Umfang und Flächeninhalt.

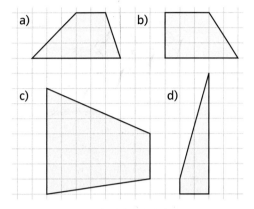

a)
b)
c)
d)

6 Konstruiere das Trapez und bestimme Umfang und Flächeninhalt.
a) $a = 8\,cm$; $b = 5\,cm$; $\alpha = 65°$; $\beta = 50°$
b) $a = 9\,cm$; $b = 6\,cm$; $c = 5\,cm$; $\beta = 68°$
c) $a = 8{,}5\,cm$; $\alpha = \beta = 70°$; $c = 4{,}5\,cm$
d) $a = 3{,}5\,cm$; $b = d = 4{,}5\,cm$; $c = 8{,}0\,cm$

7 An einem Giebelfenster musste die Scheibe aus Isolierglas ersetzt werden. $1\,m^2$ kostete $75\,€$.

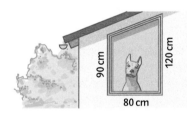

8 Berechne die Grundfläche. Entnimm die notwendigen Maße der Zeichnung. Für die Miete wird der Balkon halb mitgerechnet.

Maßstab 1:250

9 Ein Damm ist 5,2 m hoch, hat eine 18,5 m breite Sohle und eine 9,3 m breite Krone. Wie groß ist die Querschnittsfläche?

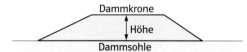

Dammkrone

Höhe

Dammsohle

10 Der Nord-Ostsee-Kanal ist im Wasserspiegel 162 m und an der Sohle 90 m breit. Die Wassertiefe beträgt 11 m.

Wasserspiegel

Tiefe

Sohle

11 Zur Befestigung von Parkplätzen oder Einfahrten werden häufig Verbundpflastersteine verwendet. Die Abbildung zeigt den Grundriss eines solchen 8 cm hohen symmetrischen Pflastersteins.
Wie viele dieser Steine werden pro Quadratmeter Verbundpflaster benötigt?

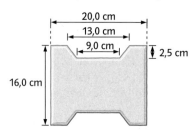

20,0 cm
13,0 cm
9,0 cm
2,5 cm
16,0 cm

12 Im Schulwald wollen Schüler selbst hergestellte Nistkästen anbringen.
Zeichne die einzelnen Flächen in einem geeigneten Maßstab und berechne den Materialbedarf.
Beachte auch die Stärke der Bretter.

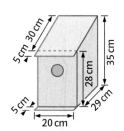

30 cm
5 cm
35 cm
28 cm
5 cm
29 cm
20 cm

13 An der sechseckigen Sitzgruppe um den Baum müssen die Holzflächen erneuert werden. Der Quadratmeterpreis beträgt 32,50 €.

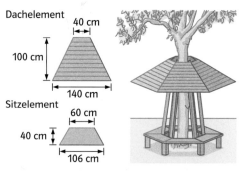

Dachelement
40 cm
100 cm
140 cm

Sitzelement
60 cm
40 cm
106 cm

Wenn der Baumstamm dicker wird, muss von den Holzflächen der oberste Balken entfernt werden. Um wieviel Prozent würden die Kosten dann sinken?
Fertige eine maßstäbliche Zeichnung an und rechne. Runde sinnvoll.

Trapez und DGS

■ Beobachte, welchen Einfluss die Seitenlängen und die Höhe des Trapezes auf seinen Flächeninhalt bzw. Umfang haben.

■ Welches Trapez hat bei gegebenem Flächeninhalt den kleinsten Umfang?

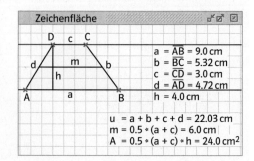

Zeichenfläche

$a = \overline{AB} = 9.0$ cm
$b = \overline{BC} = 5.32$ cm
$c = \overline{CD} = 3.0$ cm
$d = \overline{AD} = 4.72$ cm
$h = 4.0$ cm

$u = a + b + c + d = 22.03$ cm
$m = 0.5 * (a + c) = 6.0$ cm
$A = 0.5 * (a + c) * h = 24.0$ cm^2

5 Vielecke

Das abgebildete Wohngebäude besitzt ein regelmäßiges Sechseck als Grundfläche. Die Etagen können ganz verschiedene Zimmereinteilungen besitzen.

→ Welche Wohnfläche steht einer Familie im „Sechseckhaus" insgesamt zur Verfügung?
→ Rechts und auf dem Rand sind einige Möglichkeiten gezeigt. Wie würdest du vorgehen, um die Fläche zu berechnen?

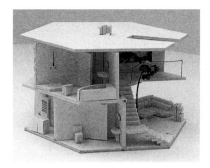

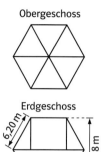

Obergeschoss

Erdgeschoss

Zur Berechnung des Flächeninhaltes kann man Vielecke in Teilfiguren zerlegen.

Bei diesem allgemeinen Vieleck wurden senkrechte Strecken von den Eckpunkten auf die Standlinie $\overline{AD}$ (längste Diagonale) gefällt. Es entstehen rechtwinklige Dreiecke und Trapeze.

Bei regelmäßigen Vielecken ist die Aufteilung in deckungsgleiche, gleichschenklige Dreiecke günstig.
Die Anzahl der Dreiecke entspricht dabei der Anzahl der Seiten des Vielecks.

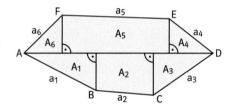

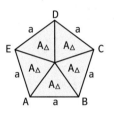

Der **Flächeninhalt eines allgemeinen Vielecks** kann aus der Summe der Flächeninhalte seiner verschiedenen Teilflächen berechnet werden.
$A = A_1 + A_2 + A_3 + A_4 + ... + A_n$
Für den **Umfang** gilt:
$u = a_1 + a_2 + a_3 + a_4 + ... + a_n$

Der **Flächeninhalt eines regelmäßigen Vielecks** mit n Ecken, also auch mit n Seiten, kann aus dem Vielfachen des Flächeninhaltes seiner gleichschenkligen Teildreiecke berechnet werden.
$A = n \cdot A_\Delta$
Für den **Umfang** gilt: $u = n \cdot a$

Beispiel
Der Flächeninhalt des fünfeckigen Grundstückes ABCDE wird berechnet.

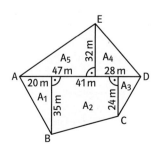

Die Fläche besteht aus fünf Teilflächen.
$A_1 = \frac{1}{2} \cdot 20 \cdot 35 \, m^2 = 350 \, m^2$
$A_2 = \frac{1}{2} \cdot (35 + 24) \cdot 41 \, m^2 = 1209,5 \, m^2$
$A_3 = \frac{1}{2} \cdot 24 \cdot 14 \, m^2 = 168 \, m^2$
$A_4 = \frac{1}{2} \cdot 28 \cdot 32 \, m^2 = 448 \, m^2$
$A_5 = \frac{1}{2} \cdot 47 \cdot 32 \, m^2 = 752 \, m^2$
$A = 350 \, m^2 + 1209,5 \, m^2 + 168 \, m^2$
$\quad + 448 \, m^2 + 752 \, m^2$
$A = 2927,5 \, m^2$

Aufgaben

1 Berechne den Flächeninhalt der Figuren. Alle Maße sind in cm angegeben.

a)

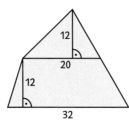

b)

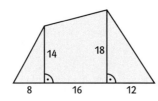

c)

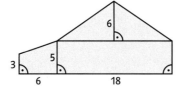

2 Übertrage das Siebeneck ins Heft. Zerlege in Teilfiguren. Entnimm die notwendigen Maße der Zeichnung und berechne Flächeninhalt und Umfang.

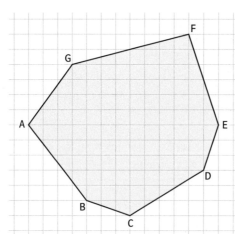

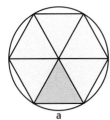

3 Konstruiere ein regelmäßiges Sechseck mit einer Seitenlänge von 4 cm. Berechne Umfang und Flächeninhalt. Entnimm die notwendigen Maße deiner Zeichnung.

4 Ein sechseckiges Geländestück wurde vermessen.
Berechne den Flächeninhalt.

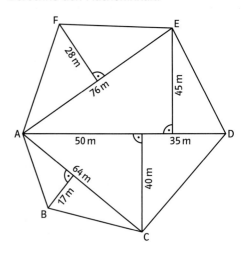

5 In manchen Fällen ist es einfacher, eine Figur zur Berechnung ihres Flächeninhaltes zu einer größeren, regelmäßigen Figur zu ergänzen und vom Flächeninhalt der größeren Figur auf den Flächeninhalt der kleineren zu schließen.
Alle Maße sind in cm angegeben.
Welchen prozenualen Anteil hat das Vieleck am Rechteck?

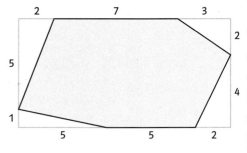

6 Zeichne das Vieleck in ein Koordinatensystem mit der Längeneinheit 1 cm.
Zerlege es und berechne Umfang und Flächeninhalt.
Entnimm die Maße deiner Zeichnung.
a) A(1|5); B(2|1);
   C(6|1); D(10|5);
   E(8|8); F(4|9)
b) A(1,5|2,5); B(4|0,5);
   C(9|2); D(10|4);
   E(9|7); F(7|9);
   G(3,5|8,5); H(2|6,5)

Zusammenfassung

Rechteck und Quadrat

Der **Flächeninhalt eines Rechtecks** kann aus dem Produkt seiner Seitenlängen berechnet werden.

$A = a \cdot b$

Für den **Umfang** gilt: $u = 2 \cdot (a + b)$

Beim **Quadrat** sind Länge und Breite gleich groß.

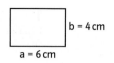

$A = a \cdot b$ $u = 2 \cdot (a + b)$
$A = 6 \cdot 4\,cm^2$ $u = 2 \cdot (6 + 4)\,cm$
$A = 24\,cm^2$ $u = 20\,cm$

Parallelogramm und Raute

Der **Flächeninhalt eines Parallelogramms** kann aus dem Produkt einer Seitenlänge und der zugehörigen Höhe berechnet werden.

$A = a \cdot h_a$ $A = b \cdot h_b$

Für den **Umfang** gilt: $u = 2 \cdot (a + b)$

Bei der **Raute** sind alle Seiten gleich lang.

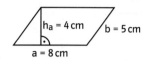

$A = a \cdot h_a$ $u = 2 \cdot (a + b)$
$A = 8 \cdot 4\,cm^2$ $u = 2 \cdot (8 + 5)\,cm$
$A = 32\,cm^2$ $u = 26\,cm$

Dreieck

Der **Flächeninhalt eines Dreiecks** kann aus dem halben Produkt einer Seitenlänge und der zugehörigen Höhe berechnet werden.

$A = \frac{1}{2}a \cdot h_a$ $A = \frac{1}{2}b \cdot h_b$ $A = \frac{1}{2}c \cdot h_c$

Für das **rechtwinklige Dreieck** ergibt sich:

$A = \frac{1}{2}a \cdot b$ $(\gamma = 90°)$

Für den **Umfang** von Dreiecken gilt:

$u = a + b + c$

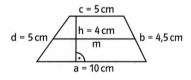

$A = \frac{1}{2}c \cdot h_c$ $u = a + b + c$
$A = \frac{1}{2} \cdot 15 \cdot 3{,}2\,cm^2$ $u = (4 + 13 + 15)\,cm$
$A = 24\,cm^2$ $u = 32\,cm$

Trapez

Der **Flächeninhalt des Trapezes** kann aus den Längen seiner beiden parallelen Seiten und der Höhe berechnet werden.

$A = \frac{1}{2} \cdot (a + c) \cdot h$ oder $A = m \cdot h$

Für den **Umfang** gilt: $u = a + b + c + d$

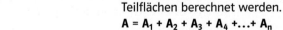

$A = \frac{1}{2} \cdot (a + c) \cdot h$ $u = a + b + c + d$
$A = \frac{1}{2} \cdot (10 + 5) \cdot 4\,cm^2$ $u = (10 + 4{,}5 + 5 + 5)\,cm$
$A = 30\,cm^2$ $u = 24{,}5\,cm$

Vieleck

Der **Flächeninhalt eines Vielecks** kann aus der Summe der Flächeninhalte seiner Teilflächen berechnet werden.

$A = A_1 + A_2 + A_3 + A_4 + \ldots + A_n$

Ist das Vieleck **regelmäßig**, ergeben sich so viele deckungsgleiche, gleichschenklige Teildreiecke, wie das Vieleck Seiten hat.

$A = n \cdot A_\triangle$

Für den **Umfang** gilt:

$u = a_1 + a_2 + a_3 + \ldots + a_n$ oder $u = n \cdot a$

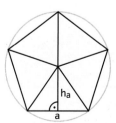

$A_\triangle = \frac{1}{2} \cdot a \cdot h_a$
$A = 5 \cdot A_\triangle$
$u = 5 \cdot a$

Üben • Anwenden • Nachdenken

1 Das Stomachion von Archimedes ist ein Legespiel, ähnlich dem chinesischen Tangram.

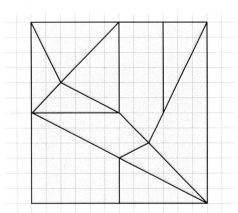

Aus den Teilen des Stomachion lassen sich vielfältige Figuren legen. Ganz einfach ist es aber nicht.

2 Berechne die fehlenden Größen.

a) Rechteck

a	12 cm		4,8 cm	
b		3,5 m		25,2 m
u	38 cm	19,4 m		
A			16,8 cm²	340,2 m²

b) Parallelogramm

a	8 cm	18 cm	3,2 m	
b		15 cm		27,9 cm
h_a			5,2 m	25,2 cm
h_b	7 cm	12 cm		7,2 cm
u	28 cm		19,2 m	
A				181,44 cm²

c) Dreieck

c	32 cm		47 m	
h_c		6,8 cm		156 cm
A	720 cm²	18,7 cm²	13,63 a	5,46 m²

d) Trapez

a	38 cm	2,5 m		1,8 m
c	14 cm		5,4 cm	140 cm
h		2,8 m	3,5 m	
A	650 cm²	4,76 m²	22,05 cm²	496 dm²

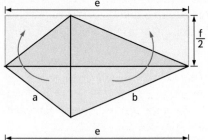
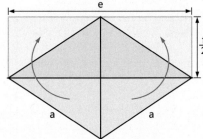

Drachen und Raute ℹ️

Bei Drachen und Raute stehen die Diagonalen e und f aufeinander senkrecht. Zerlegt man die Figuren in rechtwinklige Teildreiecke, lassen sich diese zu einem Rechteck zusammensetzen.

So erhält man für den Flächeninhalt eines Drachens und einer Raute:

$$A = e \cdot \frac{f}{2} \quad \text{oder} \quad A = \frac{1}{2} \cdot e \cdot f$$

■ Berechne die fehlende Größe des Drachens.

e	11 cm		380 cm	
f		9,5 cm		14,5 dm
A	88 cm²	76 cm²	20,9 m²	0,9425 m²

Die Raute ist ein besonderes Parallelogramm.

■ Zeichne eine Raute mit a = 5 cm und α = 110°.

Entnimm die notwendigen Maße der Zeichnung und berechne den Flächeninhalt mit den obigen Formeln und der Formel für das Parallelogramm von Seite 72.

Vergleiche die Ergebnisse.

3 a) Im Quadratgitter (Längeneinheit 1 cm) sind die Koordinaten der Eckpunkte eines Drachens gegeben.
A(−1|1); B(1|−2); C(5|1); D(1|4)
Berechne Umfang und Flächeninhalt. Entnimm die notwendigen Maße deiner Zeichnung.
b) Die Koordinaten von zwei Eckpunkten eines Drachens sind gegeben.
A(−3|−4); C(1|−4)
Der Flächeninhalt ist 15 cm².
Wo können B und D liegen? Es gibt viele Möglichkeiten.

4 Ein Schüler verlegt ein oder mehrere Eckpunkte so, dass ein anderes Viereck entsteht. Der Partner nennt seine Eigenschaften und bestimmt den Flächeninhalt. Wechselt euch ab.

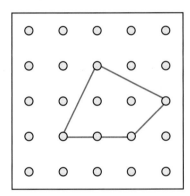

5 a) Wie hoch ist das Trapez?

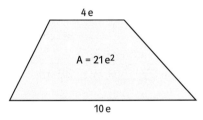

b) Wie lang ist die obere Seite des Trapezes?

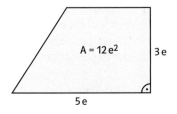

6 Haben die beiden Figuren auf der Randspalte gleiche Flächeninhalte?

7 Berechne die Flächeninhalte.
a)

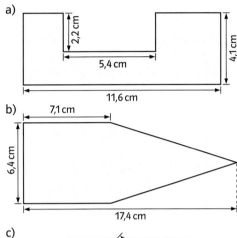

b)

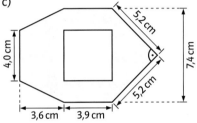

c)

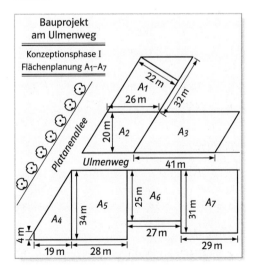

8 Ein Wohnungsbauunternehmen plant den Erwerb der dargestellten Baugrundstücke.

Welches Kapital muss dafür bei einem Quadratmeterpreis von 262,50 € aufgebracht werden?

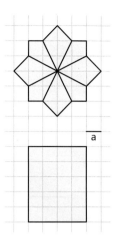

9 Wie viel Prozent der gesamten Grundstücksfläche sind nicht bebaut?

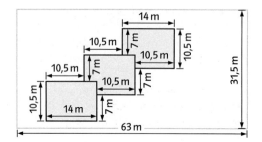

10 Ein Dach, dessen Seitenflächen aus Trapezen und Dreiecken bestehen, nennt man Walmdach.
Die beiden Dächer müssen neu eingedeckt werden. Der Quadratmeter Dachdeckung kostet 32,50 € (Maße in m).

a)   b)

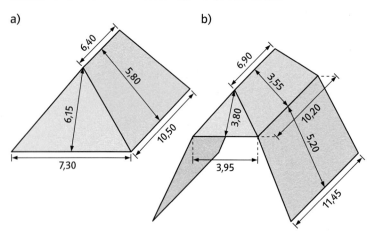

11 a) Berechne die Dachfläche der Kirchturmspitze.
b) Kannst du eine Formel für die gesamte Dachfläche angeben?
Rechne dazu mit Variablen.

Maße:
a = 14,20 m
b = 3,80 m
h_1 = 7,95 m
h_2 = 15,90 m
h_3 = 9,30 m

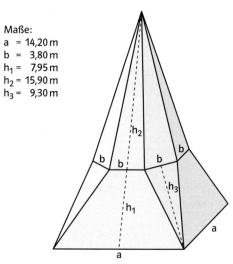

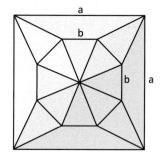

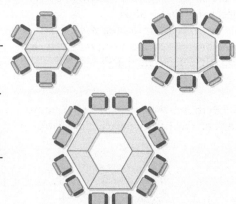

Rückspiegel

1 Ein Rechteck ist 16,0 cm lang und 9,0 cm breit. Welche Seitenlänge besitzt ein Quadrat mit gleichem Flächeninhalt? Welche Figur hat den größeren Umfang?

2 Zeichne die Figur. Entnimm die notwendigen Maße der Zeichnung und berechne Flächeninhalt und Umfang.
a) allgemeines Dreieck aus
   a = 5,8 cm; b = 6,4 cm; c = 7,5 cm
b) Raute aus
   a = 5,5 cm und α = 70°

3 Die Giebelwand des Hauses soll gestrichen werden. Wie groß ist der Flächeninhalt?

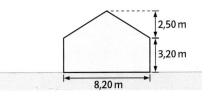

2,50 m
3,20 m
8,20 m

4 Berechne den Flächeninhalt der Grundstücke 1 und 2.

5 a) Berechne den Umfang eines Rechtecks mit der Länge a = 12,5 cm und dem Flächeninhalt A = 50 cm².
b) Wie hoch ist ein Trapez, dessen parallele Seiten a = 9,0 cm und c = 6,0 cm lang sind und das den Flächeninhalt A = 31,5 cm² hat?

6 Berechne die gesamte Sitzfläche der Bank an der Haltestelle (Maße in cm).

100
50
65

---

1 Ein Rechteck ist 12,5 cm lang und 8,0 cm breit. Eine Seitenlänge eines dazu flächengleichen Dreiecks beträgt 10,0 cm. Wie lang ist die zugehörige Dreieckshöhe?

2 Zeichne die Figur. Entnimm die notwendigen Maße der Zeichnung und berechne Flächeninhalt und Umfang.
a) Parallelogramm aus
   a = 6,5 cm; b = 3,5 cm; α = 60°
b) gleichschenkliges Trapez aus
   a = 9,2 cm; b = d = 5,2 cm; α = β = 50°

3 Die Giebelwand des Hauses soll gestrichen werden. Wie groß ist der Flächeninhalt?

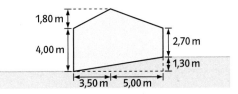

1,80 m
4,00 m
2,70 m
1,30 m
3,50 m   5,00 m

4 Berechne den Flächeninhalt der Grundstücke 1, 2 und 3.

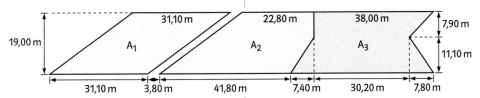

19,00 m
31,10 m
22,80 m
38,00 m
7,90 m
11,10 m
A₁   A₂   A₃
31,10 m   3,80 m   41,80 m   7,40 m   30,20 m   7,80 m

5 a) Berechne den Flächeninhalt eines Rechtecks mit der Breite b = 5,5 cm und dem Umfang u = 27 cm.
b) Wie lang ist die zu a = 3,5 cm parallele Trapezseite c, wenn die Höhe h = 8,0 cm und der Flächeninhalt A = 36,0 cm² betragen?

6 Stelle für den Flächeninhalt des Trapezes eine Formel mit der Variablen e auf.

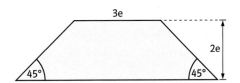

3e
2e
45°   45°

Glück gehabt

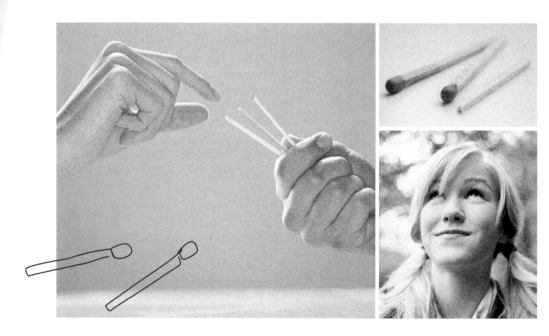

Hölzchen ziehen

Eine unangenehme Aufgabe übernimmt niemand gerne. Häufig soll dann das Los entscheiden, wer diese Aufgabe übernimmt.

Ein beliebtes Losverfahren ist das „Hölzchen ziehen". Soll z.B. unter drei Kindern gelost werden, so werden drei Streichhölzer mit den Enden verdeckt in der Hand gehalten. Eines der Streichhölzer ist kürzer als die anderen zwei. Wer das kürzere zieht, hat verloren.

Ist es günstiger, als Erster oder als Letzter zu ziehen? Ist es vielleicht sogar egal, wann man zieht? Stellt Vermutungen auf und begründet sie.

Um zu prüfen, ob die Chance zu verlieren für alle gleich ist, wird ein Versuch durchgeführt. In der Tabelle siehst du die Anzahl der Versuche. Du kannst auch erkennen, ob das kurze Streichholz als erstes, zweites oder drittes Streichholz gezogen wurde.

Anzahl der Versuche	Das kurze Streichholz wurde als ... gezogen.		
	1.	2.	3.
30	7	12	11
60	18	19	23
90	31	28	31
120	40	38	42
...	...	...	...

Bildet Dreiergruppen und führt das „Hölzchen ziehen" 30-mal durch.
Fasst die Ergebnisse wie im Beispiel oben dargestellt zusammen.
Drückt die Häufigkeit in Prozent aus. Hat beim „Hölzchen ziehen" wirklich jeder die gleiche Chance?

Spiele

Spiele haben die Menschen seit jeher begeistert. Um als Sieger aus dem Spiel hervorzugehen, braucht man entweder Geschick, Wissen, eine gute Strategie, Übung oder einfach nur Glück.

Bei manchen Spielen braucht man auch von jedem etwas. Untersucht die abgebildeten Spiele daraufhin und beschreibt, wie die Sieger ermittelt werden.

Beschreibt, aus welchen Karten sich ein Skat-Spiel, ein Rommee-Spiel, ein Elfer-raus-Spiel zusammensetzt. Nennt weitere Kartenspiele. Nennt Brettspiele, bei denen Würfel zum Einsatz kommen. Beschreibt die Spielregeln für das Roulette-Spiel. Sucht weitere Spiele und beschreibt sie.

In diesem Kapitel lernst du,

- was Zufall bedeutet und wie man Wahrscheinlichkeiten bestimmt oder schätzt,
- dass man Ergebnisse eines Zufallsversuchs zusammenfassen kann,
- wie man Wahrscheinlichkeiten von zweimal nacheinander durchgeführten Zufallsversuchen bestimmt.

1 Absolute und relative Häufigkeit

An vier Realschulen werden Fahrräder überprüft.
Anne-Frank-RS: 50 Fahrräder, 14 mit Mängeln
Max-Planck-RS: 75 Fahrräder, 18 mit Mängeln
Edith-Stein-RS: 72 Fahrräder, 9 mit Mängeln
Eichendorff-RS: 60 Fahrräder, 12 mit Mängeln

Petra behauptet, dass die Schülerinnen und Schüler der Max-Planck-Realschule recht sorglos mit ihren Fahrrädern umgehen, da dort die meisten Fahrräder mit Mängeln festgestellt wurden.
→ Was meinst du?

In der Jahrgangsstufe 8 werden Plätze für eine Sportfreizeit verlost. Das Ergebnis der Verlosung ist in der Tabelle erfasst. Dort kann man auch erkennen, dass zwischen dem Zufall und der Prozentrechnung ein Zusammenhang besteht.

	8a	8b	Statistik	Prozentrechnung
Anzahl der Schülerinnen und Schüler der Klasse	30	25	**Gesamtzahl**	Grundwert
Anzahl derer, die teilnehmen dürfen	12	11	**absolute Häufigkeit**	Prozentwert
Anteile	$\frac{12}{30} = 0,40$ $= 40\%$	$\frac{11}{25} = 0,44$ $= 44\%$	**relative Häufigkeit in Prozent**	Prozentsatz

Obwohl in der Klasse 8a absolut mehr Schülerinnen und Schüler bei der Verlosung gewonnen haben als in der 8b, waren es relativ gesehen, bezogen auf die Klassenstärke, weniger als in der Klasse 8b.

Die **relative Häufigkeit** eignet sich gut zum Vergleich statistischer Erhebungen.

$$\text{relative Häufigkeit} = \frac{\text{absolute Häufigkeit}}{\text{Gesamtzahl}}$$

Bemerkung
Wie in der Prozentrechnung kann man mithilfe der Gesamtzahl (Grundwert) und der relativen Häufigkeit (Prozentsatz) auf die absolute Häufigkeit (Prozentwert) schließen. Von 25 Schülerinnen und Schülern in der Klasse 8b haben 44% einen Platz bekommen.
Es gilt: $25 \cdot 0,44 = 11$. Also haben 11 Schülerinnen und Schüler einen Platz.

Beispiele
a) Bei einer Kontrolle wurden folgende Geschwindigkeiten auf einer Ortsdurchfahrt ermittelt.
Die Summe der absoluten Häufigkeiten ergibt die Anzahl der gemessenen Geschwindigkeiten.

in km/h	abs. H.	rel. H.	Prozent
unter 41	23	$23 : 70 \approx 0,329$	32,9%
41–50	26	$26 : 70 \approx 0,371$	37,1%
51–60	11	$11 : 70 \approx 0,157$	15,7%
über 60	10	$10 : 70 \approx 0,143$	14,3%
Gesamt	70	$70 : 70 = 1,000$	100,0%

b) 400 Schülerinnen und Schüler einer Realschule wurden befragt, ob sie sich eine Schul-cafeteria wünschen. Das Ergebnis der Umfrage wird in einem Balkendiagramm darge-stellt. Die absoluten Häufigkeiten können daraus berechnet werden.

sehr dafür:	$400 \cdot 0{,}12 = 48$	also 48 Personen	sehr dafür	12%
eigentlich dafür:	$400 \cdot 0{,}36 = 144$	also 144 Personen	eigentlich dafür	36%
unentschieden:	$400 \cdot 0{,}18 = 72$	also 72 Personen	unentschieden	18%
eigentlich dagegen:	$400 \cdot 0{,}24 = 96$	also 96 Personen	eigentlich dagegen	24%
auf keinen Fall:	$400 \cdot 0{,}10 = 40$	also 40 Personen	auf keinen Fall	10%

Probe: $48 + 144 + 72 + 96 + 40 = 400$

Aufgaben

1 Die Verteilung von Jungen und Mädchen auf die einzelnen Schularten in Schleswig-Holstein ist in der Tabelle dargestellt.
(Angaben in Tausend)

	RS	HS	Gym	So
Jungen	32,1	25,6	33,6	7,9
Mädchen	32,6	19,9	37,9	4,5

a) Ergänze die Tabelle um die relativen Häufigkeiten.
b) Wie sieht die Verteilung von Jungen und Mädchen in eurer Klasse,
in eurem Jahrgang,
in eurer Schule aus?
Stimmen die prozentualen Anteile mit de-nen aus der Tabelle in etwa überein?
Woran könnte es liegen, wenn sich größe-re Abweichungen ergeben?

2 Die Zeugnisnoten in Mathematik der Jahrgangsstufen 8 verteilen sich wie folgt:

Note	1	2	3	4	5	6
8a	1	5	10	8	4	0
8b	0	3	9	10	5	1
8c	0	4	11	11	4	0
8d	2	3	8	10	2	1

a) In welcher Klasse ist der prozentuale Anteil der Note „ausreichend" am größten?
b) Wie viel Prozent haben in den einzelnen Klassen „gut" oder „befriedigend"?
c) Welche Klasse ist besonders leistungs-stark?

3 An der Wilhelm-Busch-Realschule wird in einer Umfrage ermittelt, wie viele Geschwister die Schülerinnen und Schüler haben.

Geschwisterzahl	0	1	2	3	mehr
Anzahl	157	176	88	39	27

In der Klasse 8c sieht die Verteilung wie folgt aus:

Geschwisterzahl	0	1	2	3	mehr
Anzahl	9	10	3	2	1

a) Ergänze Zeilen mit den relativen Häufig-keiten und dem prozentualen Anteil.
b) Der Klassenlehrer behauptet, dass in der Klasse 8c überdurchschnittlich viele Einzel-kinder seien.
c) Vergleiche die Verteilung der Klasse 8c mit der Verteilung in deiner Klasse.

4 In Waldhausen besuchen 1423 Schü-lerinnen und Schüler die Sekundarstufe I verschiedener Schularten. Die Gemeinde veröffentlicht eine Statistik.
a) Die Summe der relativen Häufigkeiten ergibt nicht 100%.
Woran kann das liegen?
b) Wie viele Schülerinnen und Schüler be-suchen die einzelnen Schularten?
c) Die Summe der absoluten Häufigkeiten ergibt nicht 1423.
Woran liegt das?
Für welche Schulart ist es sinnvoll, die ab-solute Häufigkeit so zu verändern, dass die Probe stimmt?

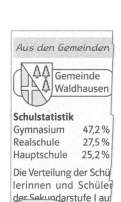

Aus den Gemeinden

Gemeinde Waldhausen

Schulstatistik
Gymnasium   47,2%
Realschule   27,5%
Hauptschule 25,2%

Die Verteilung der Schü-lerinnen und Schüler der Sekundarstufe I au...

2 Zufallsversuche

Sechs Kinder spielen „Bleistiftdrehen".
Nachdem der Bleistift gedreht wurde, erhält derjenige, auf den die Bleistiftspitze
zeigt, einen Punkt. Wer als Erster fünf
Punkte erzielt, hat gewonnen.

→ Spielt das Bleistiftdrehen in Kleingrup-
pen nach.

→ Marco meint, dass es Zufall sei, ob man
gewinnt oder nicht. Was meint er damit?
Erkläre.

→ Nenne weitere Glücksspiele. Mit welchen Spielgeräten wird bei diesen Glücks-
spielen ermittelt, wer gewinnt?

*Mögliche Ergebnisse
eines Münzwurfs:*

Zahl

Wappen

Wenn eine Münze geworfen wird, so sind die möglichen **Ergebnisse** Wappen oder Zahl.
Es kann nicht vorhergesagt werden, ob Wappen oder Zahl oben liegt.
Das Ergebnis des Münzwurfs ist **zufällig**.
Deshalb heißt ein solcher Versuch auch **Zufallsversuch**. Die Münze, mit der das Ergebnis
des Zufallsversuchs ermittelt wird, heißt **Zufallsgerät**.

> Um ein zufälliges **Ergebnis** zu erzeugen, führt man einen **Zufallsversuch** mit
> einem geeigneten **Zufallsgerät** durch.

Beispiel

Das Ziehen eines Loses ist ein Zufallsversuch. Das Ergebnis Gewinn oder Niete ist nicht
vorhersagbar, also zufällig. Die Lostrommel ist das Zufallsgerät.

Aufgaben

1 Beschreibe die möglichen Ergebnisse.
Welche sind zufällig, welche nicht?
a) Ein Würfel wird geworfen.
b) Eine Kerze wird ausgeblasen.
c) Ein Wasserhahn wird aufgedreht.
d) Aus einem Skatspiel wird eine Karte gezogen.
e) Zwei Münzen werden geworfen.

2 Welche möglichen Ergebnisse haben
folgende Zufallsversuche?
a) Unter vier Streichhölzern befindet sich
eines, das kürzer ist. Ein Streichholz wird
gezogen.
b) Das abgebildete Glücksrad wird gedreht.
c) Es werden zwei Würfel geworfen.

3 Vier Kinder möchten Verstecken spielen. Welche der abgebildeten Zufallsgeräte
würdest du nehmen, um zu ermitteln, wer
als Erster suchen muss? Begründe deine
Entscheidung.

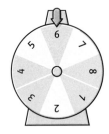

Statt selbst zu würfeln, kann man dies dem Computer überlassen. Dadurch spart man viel Zeit und erhält in Bruchteilen von Sekunden das Ergebnis hunderter Würfe. Da man in diesem Fall nicht wirklich würfelt, spricht man von einer **Simulation**.

Da jeder Zufallsversuch, bei dem alle Ergebnisse gleich wahrscheinlich sind, durch einen „Fantasiewürfel" mit entsprechend vielen Flächen simuliert werden kann, eignet sich der Computer für alle solchen Zufallsversuche, also auch zur Simulation von Glücksrädern, Lose ziehen, Karten ziehen usw.

Mit dem Befehl =**Zufallszahl()** wird ein Dezimalbruch kleiner als 1 erzeugt. Mit der Taste F9 wird die Liste neu erstellt. Auf diese Weise erhältst du blitzschnell viele neue Zufallszahlen.

A5	▼ fx	=ZUFALLSZAHL()	
	A	B	C	D
1				
2		Erzeugen von Zufallszahlen		
3				
4	0,17195214	0,55238373	0,24400174	0,60238598
5	0,38839131	0,81072977	0,40287134	0,08178307
6	0,73657168	0,91391154	0,88735389	0,77402261
7	0,87848108	0,44055261	0,43154763	0,01142656
8	0,11595562	0,27297675	0,4695104	0,82478955

■ Teste folgende Befehle und beschreibe, welche Zahlen zufällig erzeugt werden.

=**Zufallszahl()·6**
=**Zufallszahl()**
=**Ganzzahl(Zufallszahl()·6)**
=**Ganzzahl(Zufallszahl()·6 + 1)**

■ Der Bildschirmausdruck unten zeigt das „Hölzchen ziehen" in der Simulation. Die Werte geben an, ob das kurze Hölzchen als 1., 2., 3. oder 4. gezogen wurde. Anschließend zählt der Computer für dich aus, wie oft jede der Zahlen 1 bis 4 vorkommt. Entspricht das in etwa deiner Erwartung?

C13	▼ fx	=ZÄHLENWENN(A5:O12;1)												
	A	B	C	D	E	F	G	H	I	J	K	L	M	N	O
1	Hölzchen ziehen														
3	Das kurze Hölzchen unter den vier Hölzchen wird als 1. bis 4. gezogen.														
5	1	1	3	1	3	2	3	2	3	2	1	4	2	4	3
6	1	4	3	2	4	1	3	1	1	4	1	4	3	4	1
7	4	1	2	2	4	1	4	2	3	3	4	2	2	2	1
8	1	3	1	4	1	3	3	1	1	2	2	1	3	4	4
9	2	2	3	4	3	1	4	3	2	3	1	1	3	4	1
10	4	3	2	2	3	4	1	4	2	2	4	2	4	4	4
11	4	1	1	3	2	4	3	1	2	4	1	2	4	3	1
12	4	1	3	4	1	4	2	4	3	2	4	2	4	1	4
13	Häufigkeit 1:		32			Häufigkeit 2:		27			Häufigkeit 3:		26		Häufigkeit 4:	35

■ Simuliere einen Würfel.

■ Simuliere ein Glücksrad mit neun gleich großen Feldern.

■ Simuliere ein Roulettespiel.

Mit dem Befehl =**Ganzzahl(Zufallszahl()·(12 − 4) + 4)** erhält man ganzzahlige Zufallszahlen von 4 bis 11.

■ Ein Medikament spricht nach 3 bis 6 Tagen an. Die Wahrscheinlichkeit, dass das Medikament an einem dieser Tage anspricht, ist für alle möglichen Fälle gleich groß. Simuliere diesen Vorgang.

■ Gib den Befehl an, mit der ganzzahlige Zufallszahlen von m bis n erzeugt werden.

3 Wahrscheinlichkeiten

Harkan   Larissa

Larissa und Harkan würfeln.
Harkan meint, dass die Chance, eine 6 zu werfen, für ihn genauso groß ist wie die, eine 1 zu werfen. Larissa behauptet, dass für ihren Würfel das gleiche gilt.
→ Was meinst du?
→ Wer von den beiden hat die größere Chance, eine 6 zu werfen? Begründe deine Meinung.

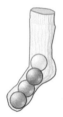

Wird aus einem Strumpf mit lauter verschiedenfarbigen Kugeln eine Kugel gezogen, dann gibt es so viele mögliche Ergebnisse, wie es Kugeln im Strumpf gibt. Die Chance für jedes Ergebnis ist gleich. Statt von Chance spricht man in der Mathematik von **Wahrscheinlichkeit**.
Ist nur eine Kugel im Strumpf, dann gibt es auch nur ein **mögliches Ergebnis**, das mit 100%iger Sicherheit eintritt. Bei vier Kugeln gibt es vier **mögliche Ergebnisse** mit gleicher Wahrscheinlichkeit. Die 100% werden also auf vier mögliche Ergebnisse gleichmäßig verteilt. Die Wahrscheinlichkeit für jedes der vier Ergebnisse ist deshalb
$100\% : 4 = 25\% = 0,25 = \frac{1}{4}$.

Bei einem Zufallsversuch gibt es verschiedene Ergebnisse.
Die Summe aller Wahrscheinlichkeiten ist $100\% = 1$.
Sind alle Ergebnisse gleich wahrscheinlich, so ist die

Wahrscheinlichkeit eines Ergebnisses $= \dfrac{1}{\text{Anzahl aller möglichen Ergebnisse}}$

Ist n die Anzahl der möglichen Ergebnisse, so schreibt man kurz $\frac{1}{n}$.

Bemerkung
Die Wahrscheinlichkeit wird als Bruch, als Dezimalbruch oder in Prozent angegeben.

Beispiele
a) Beim Münzwurf Zahl zu werfen, ist eines von zwei möglichen Ergebnissen, die Wahrscheinlichkeit ist also $\frac{1}{2} = 0,5 = 50\%$.

b) Beim Wurf mit dem Würfel die Augenzahl Vier zu werfen, ist ein Ergebnis von sechs gleich wahrscheinlichen Ergebnissen. Die Wahrscheinlichkeit ist also $\frac{1}{6} \approx 16,7\%$.

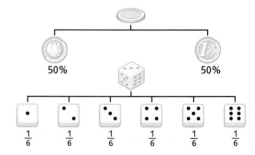

Pierre Simon Laplace (1749–1827)
*Nach ihm bezeichnet man Zufallsversuche, bei denen alle Ergebnisse die gleiche Wahrscheinlichkeit haben, als **Laplace-Versuche**. Die Wahrscheinlichkeit jedes Ergebnisses heißt dann **Laplace-Wahrscheinlichkeit**.*

Die Wahrscheinlichkeit, mit dem Würfel eine Vier zu werfen, ist kleiner als die Wahrscheinlichkeit, mit der Münze eine Zahl zu werfen.

Aufgaben

1 Bestimme die Wahrscheinlichkeit,
a) aus 98 Losen den einzigen Gewinn ziehen
b) aus einem Skat-Spiel mit 32 Karten das Herz-Ass ziehen
c) beim Lotto als erste Kugel die 13 ziehen
d) an einem Sonntag geboren zu sein

2 Welche Wahrscheinlichkeit ist größer?
a) Auf einem zweistelligen Zahlenlos die Zahl 13 zu haben oder im Lotto als erste Zahl eine 13 zu ziehen.
b) Auf einem Glücksrad mit fünf gleich großen Feldern das eine weiße Feld zu treffen oder mit dem Würfel eine Sechs zu werfen.
c) Aus einem Skatspiel das Kreuz-Ass zu ziehen oder beim Roulette mit den Zahlen von 0 bis 36 die Null zu erhalten.
d) An einem Sonntag oder in einem Schaltjahr geboren zu sein.
e) Finde selbst solche Aufgaben und stelle sie deiner Nachbarin oder deinem Nachbarn.

3 Beim Lotto sind bereits die Zahlen 12; 18; 22; 23 und 48 gezogen worden.
a) Wie groß ist die Wahrscheinlichkeit, dass als nächste Zahl die 15 gezogen wird?
b) Mit welcher Wahrscheinlichkeit wird dann als siebte Zahl die Zusatzzahl 38 gezogen?

4 Anne besitzt ein Los der „Aktion Mensch".

SUPERLOS
Liebe Anne,
zum Geburtstag viel Glück
Losnummer: 728034530495   Gültig ab: 15.1.06
für: Anne
        Kleine Gasse 11
        Glückstadt
von: Papa   **Aktion MENSCH**

Wie groß ist die Wahrscheinlichkeit, dass die letzte Ziffer richtig ist?
Wie sieht es für die beiden letzten und für die drei letzten Ziffern aus?

5 Jedes vierte Los gewinnt.
a) Wie groß ist die Wahrscheinlichkeit für einen Gewinn?
b) Arno kauft vier Lose. Hat er genau einen Gewinn? Begründe deine Antwort.
c) Petra kauft acht Lose. Wie viele Gewinne kann sie haben? Könnte sie auch keinen Gewinn haben? Begründe.

6 In einem Strumpf sind 8 verschiedenfarbige Kugeln, darunter eine gelbe.
a) Es werden nacheinander drei Kugeln gezogen und zur Seite gelegt. Darunter befindet sich die gelbe Kugel nicht. Wie groß ist die Wahrscheinlichkeit, im nächsten Zug die gelbe Kugel zu ziehen?
b) Wie groß ist die Wahrscheinlichkeit, im vierten Zug die gelbe Kugel zu ziehen, wenn die drei zuvor gezogenen Kugeln jedes Mal wieder zurückgelegt wurden?

7 Aus einem Karton mit farbigen Kugeln wird 580-mal eine Kugel gezogen und wieder zurückgelegt.
Dabei wird 263-mal eine rote, 57-mal eine blaue, 61-mal eine gelbe und 199-mal eine weiße Kugel gezogen.
a) Welche Farbe ist vermutlich am häufigsten vertreten?
b) Welche Farben sind vermutlich annähernd gleich oft vertreten?
c) Könnte es auch noch eine andersfarbige Kugel geben? Wie viele Kugeln würdest du dann im Karton vermuten?

8 Der Farbwürfel wird 1000-mal geworfen. Welche Farben haben sehr wahrscheinlich die anderen nicht sichtbaren Flächen?
a) Es erscheint 492-mal Rot und 508-mal Blau.
b) Es erscheint 663-mal Rot und 337-mal Blau.
c) Es erscheint 853-mal Rot und 147-mal Blau.

9 Nenne für die angegebenen Wahrscheinlichkeiten geeignete Zufallsversuche.
$\frac{1}{2}$; $\frac{1}{3}$; $\frac{1}{4}$; $\frac{1}{8}$; $\frac{1}{12}$; $\frac{1}{37}$; $\frac{1}{49}$

Dienstag
29
Februar

? *Wie groß ist die Wahrscheinlichkeit, dass jemand am 29. Februar Geburtstag hat?*

4 Ereignisse

eine 4 ziehen

eine 5 ziehen

gerade Zahl ziehen

durch 3 teilbare Zahl ziehen

eine 6 ziehen

Bei dem Spiel „Zahlen ziehen" kann man sich einen Becher aussuchen, aus dem dann blind eine Kugel gezogen wird.
→ Gib für jede einzelne Ereigniskarte an, welchen Becher du wählen würdest, um die größere Gewinnchance zu haben. Begründe.

Beim Wurf eines Würfels gibt es die sechs **möglichen Ergebnisse** 1; 2; 3; 4; 5; 6, von denen jedes mit der **gleichen Wahrscheinlichkeit** eintritt. Die Wahrscheinlichkeit für ein Ergebnis, z.B. die Augenzahl 2, beträgt deshalb $\frac{1}{6}$.
Stellt sich die Frage nach der Wahrscheinlichkeit, eine Zahl größer als 2 zu würfeln, so werden die **günstigen Ergebnisse** 3; 4; 5 und 6 zu einem **Ereignis** zusammengefasst.
Die Wahrscheinlichkeit des Ereignisses „eine Zahl größer als 2 würfeln" ist dann die Summe der Wahrscheinlichkeiten der zugehörigen günstigen Ergebnisse:

$$\frac{1}{6} + \frac{1}{6} + \frac{1}{6} + \frac{1}{6} = \frac{4}{6} = \frac{2}{3}.$$

Alle Ergebnisse, die zu einem **Ereignis** gehören, heißen **günstige Ergebnisse**.
Sind alle Ergebnisse gleich wahrscheinlich, so gilt:

Wahrscheinlichkeit eines Ereignisses $= \dfrac{\text{Anzahl der günstigen Ergebnisse}}{\text{Anzahl der möglichen Ergebnisse}}$

Ist m die Anzahl der günstigen und n die Anzahl der möglichen Ergebnisse, so schreibt man kurz: $P(E) = \frac{m}{n}$.

*P*robability
englisch:
Wahrscheinlichkeit

Bemerkungen

- Ein Ereignis kann auch aus allen möglichen Ergebnissen bestehen. Dieses Ereignis tritt in jedem Fall ein und heißt deshalb **sicheres Ereignis**. Seine Wahrscheinlichkeit ist $\frac{n}{n} = 1$.
- Hat ein Ereignis kein mögliches Ergebnis, so tritt dieses Ereignis nie ein und heißt deshalb **unmögliches Ereignis**. Seine Wahrscheinlichkeit ist $\frac{0}{n} = 0$.
- Die Wahrscheinlichkeit eines Ereignisses kann nie kleiner als 0 und nie größer als 1 sein.

Im Alltag werden Wahrscheinlichkeiten üblicherweise in Prozent angegeben.

Beispiel

Aus einem Elfer-raus-Spiel mit 80 Karten soll einer der vier Elfer gezogen werden.
Ereignis: eine Elf ziehen
Anzahl der möglichen Ergebnisse: n = 80
Anzahl der günstigen Ergebnisse: m = 4
Wahrscheinlichkeit des Ereignisses: $P(\text{eine Elf ziehen}) = \frac{m}{n} = \frac{4}{80} = \frac{1}{20} = 0,05 = 5\%$

Aufgaben

1 Wie groß ist die Wahrscheinlichkeit, aus dem nebenstehenden Behälter eine blaue Kugel zu ziehen? Wie sieht es für eine rote Kugel aus?

2 Ein Glücksrad hat 18 gleich große Felder. Davon sind zwei rot, fünf blau und der Rest weiß gefärbt. Mit welcher Wahrscheinlichkeit treten die Farben auf?

3 Bei einer Tombola soll ein Trostpreis mit 40%, eine Taschenlampe mit 10% und eine CD mit 5% Wahrscheinlichkeit gewonnen werden.
Färbe ein Glücksrad zur Auslosung der Gewinne. Denke dabei auch an eine attraktive Farbaufteilung.

4 In einem Becher liegen 17 Kugeln, die mit den Zahlen 1 bis 17 gekennzeichnet sind. Es wird eine Kugel gezogen.
Wie groß ist die Wahrscheinlichkeit für folgende Ereignisse:
a) eine gerade Zahl
b) eine Zahl mit der Ziffer 5
c) eine durch 4 teilbare Zahl
d) eine Zahl größer als 13
e) eine gerade und durch 3 teilbare Zahl
f) eine zweistellige Zahl

5 Mit dem Würfel bestimmen Jochen und Nina, wer beim Abtrocknen hilft.
a) Wie groß ist die Wahrscheinlichkeit, dass Jochen helfen muss, wenn er würfelt?
b) Mit welcher Wahrscheinlichkeit muss Jochen helfen, wenn Nina würfelt?
c) Mit welcher Wahrscheinlichkeit müssen beide helfen?

6 In einer Schublade befinden sich unsortiert 5 Paar schwarze, 7 Paar blaue und 3 Paar beige Socken. Wie groß ist die Wahrscheinlichkeit, dass Peter im Dunkeln ein passendes Paar Socken zieht, wenn er
a) bereits eine einzelne schwarze Socke gezogen hat?
b) bereits eine beige Socke gezogen hat?

7 Während der Fußballweltmeisterschaft 2006 gab es Sammelbilder zu kaufen.
Die 597 Bilder wurden in Tütchen mit 5 Bildern verkauft.
Mit welcher Wahrscheinlichkeit hatte man beim Kauf des ersten Tütchens den Fußballspieler Miroslav Klose dabei?

8 Wie groß ist die Wahrscheinlichkeit, dass die rote Spielfigur beim nächsten Wurf
• die andere Spielfigur schlägt?
• ins Haus gelangt?
• weder eine Spielfigur schlägt noch ins Haus gelangt?
Addiere die drei berechneten Wahrscheinlichkeiten. Was fällt dir auf? Erkläre das Ergebnis.

9 In welchen Fällen ist ein sicheres Ereignis beschrieben?
a) Es wird eine gerade Zahl oder eine Zahl größer zwei gewürfelt.
b) Es wird eine ungerade oder eine gerade Zahl gewürfelt.
c) Entweder gewinnt Herta BSC Berlin oder der Verein verliert.

10 In welchen Fällen wird ein unmögliches Ereignis beschrieben?
a) Es wird eine durch 4 teilbare Zahl gewürfelt.
b) Es wird keine Zahl kleiner 7 gewürfelt.
c) Eintracht Frankfurt wird Meister.

11 Nadine und Uli stehen mit ihren Spielsteinen kurz vor dem Ziel. Sie dürfen nur entlang der Wege ziehen, die nicht durch eine andere Figur verstellt sind. Die gewürfelte Augenzahl muss genau der Schrittzahl entsprechen.
a) Wer hätte beim nächsten Wurf die bessere Gewinnchance, wenn er als erster Spieler wirft?
b) Nadine wirft als erste Spielerin eine Vier. Verändert sich dadurch die Gewinnchance für Uli?

Würfelnetz zu Aufgabe 5:

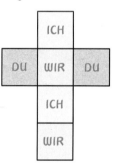

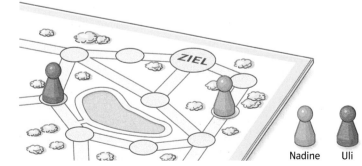

BINGO ist ein Glücksspiel, das vor allem in den USA und Großbritannien gerne gespielt wird. Dabei hat jede Mitspielerin und jeder Mitspieler Bingokarten vor sich liegen, auf denen Zahlen in beliebiger Folge aufgedruckt sind. Ein Ausrufer zieht nacheinander aus einer Lostrommel Zahlen und gibt sie bekannt. Wer zuerst alle Zahlen seiner Karte abstreichen konnte, ruft BINGO und gewinnt

Es gibt auch Spiele, bei denen ein bestimmtes Muster wie etwa ein X, ein T, ein U usw. zum BINGO führt.

■ Stellt ein vereinfachtes Bingospiel her. Zeichnet dazu Bingokarten wie rechts abgebildet. Schreibt in die Kärtchen beliebige Zahlen von 1 bis 20. Dabei darf keine Zahl doppelt vorkommen. Für den Ausrufer stellt ihr 20 Karten mit den Nummern 1 bis 20 her oder benutzt einfach die 20 roten Karten des Elfer-raus-Spiels. Zum Abdecken der ausgerufenen Zahlen verwendet ihr Spielchips, Centstücke oder Ähnliches.

■ Spielt in Gruppen von fünf bis acht Schülerinnen und Schülern. Gewonnen hat, wer zuerst eine Zeile, eine Spalte oder eine Diagonale belegt hat. Ihr könnt auch andere Gewinnbilder festlegen.

■ Bei dem vereinfachten Bingospiel sind in einer Gruppe schon die acht Zahlen 1; 3; 4; 5; 9; 13; 14 und 18 gezogen worden. Wer hat die größte, wer die kleinste und wer gar keine Chance, bei der nächsten gezogenen Zahl zu gewinnen?

■ Gib die Wahrscheinlichkeit an, mit der die einzelnen Spielerinnen und Spieler beim nächsten Zug BINGO haben werden.

■ Als nächste Zahl wird die Zahl 12 aufgerufen. Wie groß ist danach für die Spielerinnen und Spieler die Wahrscheinlichkeit, beim nächsten Zug zu gewinnen?

■ Welche Zahlen dürfen als Nächstes aufgerufen werden, damit keiner gewinnt? Wie groß ist die Wahrscheinlichkeit dafür?

5 Schätzen von Wahrscheinlichkeiten

Hier siehst du vier Zufallsgeräte zum Würfeln.
→ Für welche Zufallsgeräte lässt sich die Wahrscheinlichkeit, eine Sechs zu werfen, leicht bestimmen? Für welche nicht?
→ Schätze für den Lego-Stein und die Streichholzschachtel die Wahrscheinlichkeit, mit der die Sechs geworfen wird.

Es gibt Zufallsversuche, bei denen die Wahrscheinlichkeit eines Ergebnisses nicht gleich erkennbar ist. Die Wahrscheinlichkeit eines solchen Ergebnisses kann näherungsweise bestimmt werden. Die nachfolgende Messreihe verdeutlicht dies: Mit welcher Wahrscheinlichkeit liegt die rote Fläche nach dem Wurf mit dem Holzquader oben? Da die rote Fläche etwa 20 % der Oberfläche beträgt, wird die Wahrscheinlichkeit für Rot auf 20 % = 0,2 geschätzt. Um die Schätzung zu überprüfen, wird mit dem Holzquader ganz oft gewürfelt.

Anzahl der Versuche	absolute Häufigkeit	relative Häufigkeit
100	30	0,300
200	54	0,270
300	77	0,257
400	105	0,263
500	126	0,252
600	159	0,265
700	182	0,260
800	203	0,254
900	228	0,253
1000	251	0,251

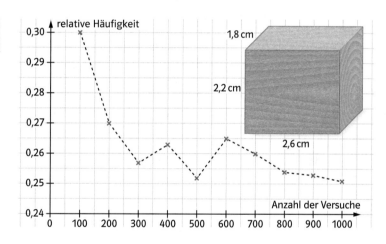

Es stellt sich heraus, dass die Wahrscheinlichkeit, mit dem Holzquader Rot zu werfen, besser mit 25 % angenommen werden sollte.
Je mehr Würfe durchgeführt werden, desto zuverlässiger wird die Schätzung.

> Die relativen Häufigkeiten eines häufig durchgeführten Zufallsversuchs sind gute **Schätzwerte** für die **Wahrscheinlichkeiten** der Ergebnisse.

Bemerkung
Da die Summe der Wahrscheinlichkeiten aller möglichen Ergebnisse immer 1 ist, muss auch die Summe aller geschätzten Wahrscheinlichkeiten 1 sein.

Beispiel
Beim Werfen von Reißnägeln sind zwei Ergebnisse möglich. In einem Versuch wird ein Reißnagel 1000-mal geworfen. Die Wahrscheinlichkeit für das Ergebnis Kopf kann mit 66 %, die für das Ergebnis Seite mit 34 % angenommen werden.

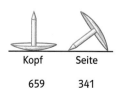

Kopf	Seite
659	341

Aufgaben

1 Wähle per Zufall eine Seite im Telefonbuch. Zähle, wie oft bei den ersten 50 Telefonnummern die Endziffer 7 vorkommt.
a) Welche relative Häufigkeit erwartest du?
b) Fasst eure Ergebnisse wie im Beispiel zusammen. Was beobachtet ihr?

Name	Einzelwertung abs. H.	Einzelwertung rel. H	Summenwertung abs. H.	Summenwertung von	Summenwertung rel. H.
Ali	4	8%	4	50	8,0%
Beate	7	14%	11	100	11,0%
Dora	5	10%	16	150	10,7%
Eva	3	6%	19	200	9,5%
…	…	…	…	…	…

2 Für die drei Zufallsgeräte werden die Wahrscheinlichkeiten geschätzt.

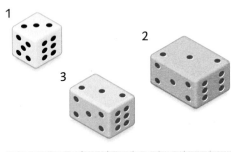

	1	2	3	4	5	6
Schätzung A	$\frac{9}{100}$	$\frac{4}{25}$	$\frac{1}{4}$	$\frac{1}{4}$	$\frac{4}{25}$	$\frac{9}{100}$
Schätzung B	$\frac{1}{6}$	$\frac{1}{6}$	$\frac{1}{6}$	$\frac{1}{6}$	$\frac{1}{6}$	$\frac{1}{6}$
Schätzung C	$\frac{1}{10}$	$\frac{1}{5}$	$\frac{1}{5}$	$\frac{1}{5}$	$\frac{1}{5}$	$\frac{1}{10}$

Welche Schätzung gehört zu welchem Zufallsgerät? Begründe.

3 Es soll getestet werden, ob ein Würfel korrekt ist oder ob er manipuliert wurde. Beschreibe, wie man vorgehen muss.

4 Jan wirft einen Würfel 600-mal und erhält folgende absolute Häufigkeiten.

Augenzahl	1	2	3	4	5	6
Häufigkeit	0	284	0	115	0	201

Ist dieses Ergebnis möglich? Begründe.

5 Lehrer Stahl hat sich die Ergebnisse vom Training im Elfmeter-Schießen in einer Tabelle notiert.

Name	Tore	verschossene Elfmeter
Jochen	17	12
Philipp	20	16
Soufian	12	5
Rico	23	17
Daniel	19	11

Wen soll Lehrer Stahl im entscheidenden Endspiel für einen Elfmeter-Schuss vorsehen?

6 Um festzustellen, mit welcher Wahrscheinlichkeit ein neu produzierter Fernseher einen Defekt hat, werden 2000 Geräte getestet.
a) Im Test werden 11 defekte Geräte entdeckt.
b) Die Wahrscheinlichkeit für ein defektes Gerät beträgt 0,5%.
c) Unter 5 000 Geräten befinden sich 35 defekte.

7 Eine Versicherung ermittelt, dass die Wahrscheinlichkeit bei einer 14-tägigen Fernreise zu erkranken, 2% beträgt.
a) Herr Schnock macht seine erste Fernreise.
b) Frau Theobald hat Angst. Sie macht ihre 50. Fernreise und war bisher noch nie erkrankt.
c) Ein Reisebüro verkauft jährlich 2000 Fernreisen.

8 Entscheide, ob es sich um die Wahrscheinlichkeit oder um die absolute bzw. relative Häufigkeit handelt.
a) In einer Schule fehlen 31 Kinder.
b) Die Fehlerquote bei einem Vokabeltest liegt bei 8,3%.
c) 17% aller Jugendlichen haben Karies.
d) In einer Lostrommel sind 220 Nieten.
e) Die Gewinnchance bei einer Lotterie beträgt 42%.
f) Jeder sechste Mensch ist ein Chinese.

6 Zusammengesetzte Ereignisse

→ Welche Ergebnisse können beim Ziehen einer Kugel erzielt werden? Gib die Wahrscheinlichkeiten aller Ergebnisse an.

→ Nenne Ereignisse, die eintreten können.

→ Bestimme die Wahrscheinlichkeit des Ereignisses „gelbe Kugel oder blaue Kugel" und des Ereignisses „gelbe Kugel oder kleine Kugel".

→ Bestimme die Wahrscheinlichkeit des Ereignisses „große Kugel oder rote Kugel". Was musst du dabei beachten?

→ Bestimme P(gelbe Kugel) und P(nicht gelbe Kugel). Was stellst du fest?

Ein Ereignis kann sich aus mehreren voneinander verschiedenen Ereignissen zusammensetzen, die kein Ergebnis gemeinsam haben.

In einer Lotterie befinden sich unter 1000 Losen 100 Trostpreise und 20 Hauptgewinne. Das Ereignis „einen Gewinn ziehen" setzt sich aus den beiden Ereignissen „einen Trostpreis ziehen" oder „einen Hauptgewinn ziehen" mit den Wahrscheinlichkeiten $\frac{100}{1000}$ und $\frac{20}{1000}$ zusammen. Da es kein Los gibt, auf das man sowohl einen Trostpreis als auch einen Hauptgewinn erhält, haben die beiden Ereignisse kein Ergebnis gemeinsam.

Das Ereignis „einen Gewinn" ziehen hat also 100 + 20 = 120 günstige Ergebnisse.

Die Wahrscheinlichkeit dieses **zusammengesetzten Ereignisses** beträgt demnach $\frac{120}{1000} = \frac{100}{1000} + \frac{20}{1000}$.

Das Ereignis „eine Niete ziehen" ist das zugehörige **Gegenereignis**. Einen Gewinn oder keinen Gewinn zu erzielen ist sicher. Die Wahrscheinlichkeit dafür beträgt 1.

Damit ist die Wahrscheinlichkeit für das Gegenereignis $1 - \frac{120}{1000} = \frac{880}{1000}$.

Summenregel

Zwei Ereignisse E_1 und E_2 können zu einem neuen Ereignis E zusammengefasst werden. Haben zwei Ereignisse E_1 und E_2 kein Ergebnis gemeinsam, so gilt:

$P(E) = P(E_1 \text{ oder } E_2) = P(E_1) + P(E_2)$

Alle ungünstigen Ergebnisse eines Ereignisses E bilden das **Gegenereignis** $\bar{E}$.
Wahrscheinlichkeit des Gegenereignisses: $P(\bar{E}) = 1 - P(E)$

Es können auch mehr als zwei Ereignisse zu einem neuen Ereignis zusammengefasst werden. Auch in diesem Fall werden die Wahrscheinlichkeiten der Ereignisse addiert, falls sie jeweils voneinander verschiedene Ergebnisse haben.

Beispiel

Für ein Glücksrad sind folgende Ereignisse mit den zugehörigen Wahrscheinlichkeiten bekannt: $P(\text{Rot}) = \frac{1}{36}$; $P(\text{Blau}) = \frac{7}{36}$; $P(\text{Gelb}) = \frac{21}{36}$.

Die restlichen Felder des Glücksrades sind transparent.

Das Ereignis „eine Farbe" setzt sich aus den drei Ereignissen „Rot", „Blau" und „Gelb" zusammen und hat die Wahrscheinlichkeit: $\frac{1}{36} + \frac{7}{36} + \frac{21}{36} = \frac{29}{36}$.

Das Ereignis „transparent" ist das Gegenereignis von „eine Farbe". Die Wahrscheinlichkeit dafür beträgt $1 - \frac{29}{36} = \frac{7}{36}$.

? In einer Lostrommel befinden sich dreimal so viele Nieten wie Gewinne. Bestimme die Gewinnwahrscheinlichkeit.

Aufgaben

1 In einem Sack befinden sich 10 blaue, 8 rote, 12 gelbe, 15 weiße und 5 grüne Murmeln. Es wird eine Murmel gezogen. Gib die folgenden Wahrscheinlichkeiten P(E) in Prozent an.
a) P(rote oder blaue Murmel)
b) P(gelbe, grüne oder weiße Murmel)
c) P(keine blaue Murmel)
d) P(weder weiße noch gelbe Murmel)

2 Du würfelst mit einem Dodekaeder. Gib die Wahrscheinlichkeit an,
a) eine Zahl kleiner als 5 oder größer als 9 zu werfen.
b) eine durch 4 teilbare oder eine Primzahl zu werfen.
c) keine 12 zu werfen.
d) keine ungerade Zahl zu werfen.

3 In einem Hut befinden sich 400 Lose. Zu gewinnen gibt es 100 Kugelschreiber, 30 CDs, 10 MP3-Player und einen Fernseher. Bestimme für folgende Ereignisse die Wahrscheinlichkeit:
• wenigstens etwas gewinnen,
• etwas gewinnen, ausgenommen einen Kugelschreiber,
• nichts gewinnen,
• den Fernseher oder nichts gewinnen.

4 In einem Loseimer mit 120 Losen sind 38 Gewinnlose. Es gibt drei Hauptgewinne, der Rest sind Trostpreise. Bestimme die Wahrscheinlichkeit für einen Trostpreis.

5 Bei einer Tombola hat man eine Gewinnwahrscheinlichkeit von $\frac{24}{120}$. Die Wahrscheinlichkeit, eine freie Auswahl aus allen Preisen zu bekommen, beträgt $\frac{3}{120}$. Mit welcher Wahrscheinlichkeit hat man etwas gewonnen, jedoch nicht die freie Auswahl?

6 Finde das Gegenereignis.
a) eine gerade Zahl würfeln
b) eine Zahl größer als vier würfeln
c) keine Eins würfeln
d) eine Eins oder Sechs würfeln
e) eine Zahl größer als sechs würfeln

7 Bei einer Tombola gibt es Toaster, MP3-Player und Fahrräder zu gewinnen. Darüber hinaus gibt es noch Trostpreise. Wie sind die 2000 Lose im Loseimer verteilt, wenn folgende Wahrscheinlichkeiten bekannt sind?

P(Gewinn) = 60%
P(Trostpreis) = 35%
P(Trostpreis oder Toaster) = 50%
P(Toaster oder MP3-Player) = 20%

8 Wie groß ist die Wahrscheinlichkeit, aus einem Skatspiel folgende Karten zu ziehen?
a) Herz- oder Kreuzkarte
b) Bube oder Dame
c) weder 7 noch 8   d) kein Bild

9 In einer Tasche befinden sich 15 schwarze und 5 gelbe Kugeln.
a) Bestimme P(gelbe Kugel) sowie P(schwarze Kugel).
b) Wie viele weiße Kugeln müssen hinzugefügt werden, damit P(schwarze Kugel) = 60% gilt? Könnte man statt der weißen auch gelbe Kugeln hinzufügen?
c) Wie viele schwarze Kugeln müssen herausgenommen werden, damit P(gelbe Kugel) = $\frac{1}{3}$ gilt?
d) Wie viele weiße Kugeln müssen hinzugefügt werden, damit P(schwarze oder gelbe Kugel) = 0,4 gilt?

10 In einen Behälter sollen rote, gelbe und blaue Kugeln gefüllt werden. Die Verteilung der Kugeln soll so sein, dass P(rote oder gelbe Kugel) = 0,4 und P(gelbe oder blaue Kugel) = 0,85 beträgt.
Wie viele Kugeln jeder Farbe müssen in den Behälter?
Es gibt mehrere Lösungen.

Aus einem Skat-Spiel soll eine rote Karte oder eine Karte mit einem Zahlenwert gezogen werden.

Leo berechnet dafür die Wahrscheinlichkeit:

Eine der 16 roten Karten wird mit der Wahrscheinlichkeit $\frac{16}{32} = \frac{1}{2}$ gezogen.

Eine der 16 Zahlkarten wird mit der Wahrscheinlichkeit $\frac{16}{32} = \frac{1}{2}$ gezogen.

Leo: Also hat das Ereignis „rote Karte oder Karte mit Zahlenwert" die Wahrscheinlichkeit $\frac{1}{2} + \frac{1}{2} = 1$. Somit ist das Ereignis sicher.

Anne gibt zu bedenken, dass man doch z. B. eine schwarze Dame ziehen kann.

Leo hat etwas übersehen.

Er hat die Wahrscheinlichkeit für die roten Karten mit Zahlenwert doppelt gezählt. Deshalb muss die Wahrscheinlichkeit für das Ereignis „rote Karte mit Zahlenwert" einmal abgezogen werden.

Die Lösung lautet dann: $\frac{1}{2} + \frac{1}{2} - \frac{1}{4} = \frac{3}{4}$.

♣	7	8	9	10	B	D	K	A
♠	7	8	9	10	B	D	K	A
♥	7	8	9	10	B	D	K	A
♦	7	8	9	10	B	D	K	A

Werden zwei Ereignisse E_1 und E_2 zu einem neuen Ereignis E zusammengefasst, so ist darauf zu achten, ob die beiden Ereignisse einige Ergebnisse gemeinsam haben oder nicht.

1. Fall
E_1 und E_2 haben kein Ergebnis gemeinsam:
$P(E) = P(E_1) + P(E_2)$

2. Fall
E_1 und E_2 haben einige Ergebnisse gemeinsam, die zusammen das Ereignis E_g bilden:
$P(E) = P(E_1) + P(E_2) - P(E_g)$

- Bestimme für das Glücksrad folgende Wahrscheinlichkeiten:
- P(Rot oder Gelb),
- P(gerade Zahl oder Primzahl),
- P(Lila oder gerade Zahl),
- P(Gelb oder Rot oder ungerade Zahl).

- Es wird ein Würfel geworfen.

Bestimme die Wahrscheinlichkeit für folgende Ereignisse:
- eine gerade Zahl oder eine Primzahl werfen,
- eine ungerade Zahl oder eine Zahl größer zwei werfen,
- eine durch zwei oder durch drei teilbare Zahl werfen.

7 Zweistufige Zufallsversuche

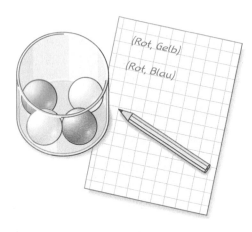

Aus der Urne wird zufällig eine Kugel gezogen, deren Farbe notiert und zurückgelegt. Dann wird noch eine Kugel gezogen und deren Farbe notiert.

→ Gib mögliche Ergebnisse an.

→ Worin unterscheiden sich die beiden Ergebnisse (Gelb, Rot) und (Rot, Gelb)? Was haben sie gemeinsam?

→ Timo behauptet, die Wahrscheinlichkeit für das Ergebnis (Gelb, Rot) sei $\frac{1}{16}$. Wie kommt er darauf?

→ Sonja sagt, dann ist die Wahrscheinlichkeit für das Ereignis „(Gelb, Rot) oder (Rot, Gelb)" $\frac{1}{8}$.

Wird eine Münze zweimal hintereinander geworfen, so bezeichnet man diesen Zufallsversuch als **zweistufigen Zufallsversuch**. Sowohl beim 1. als auch beim 2. Wurf kann Wappen W oder Zahl Z geworfen werden. Die möglichen Ergebnisse dieses zweistufigen Zufallsversuchs sind deshalb die **geordneten Paare** (W,W), (W,Z), (Z,W), (Z,Z).

Mit einem **Baumdiagramm** können die möglichen Ergebnisse und die Wahrscheinlichkeit jedes Ergebnisses ermittelt werden.

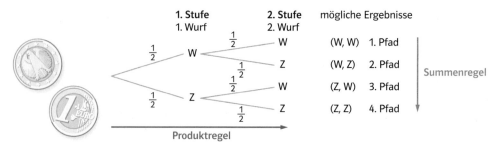

Jeder **Pfad** des Baumdiagramms führt auf ein mögliches Ergebnis des zweistufigen Zufallsversuchs. Die Wahrscheinlichkeit für „Zahl" bzw. „Wappen" beträgt bei jedem Wurf $\frac{1}{2}$ und ist an den Ästen des Pfades vermerkt. Es gibt vier mögliche, gleich wahrscheinliche Ergebnisse. Die Wahrscheinlichkeit jedes Ergebnisses ist somit $\frac{1}{4}$. Das Produkt $\frac{1}{2} \cdot \frac{1}{2}$ entlang des Pfades ist ebenfalls $\frac{1}{4}$.

Pfadregel
Bei einem zweistufigen Zufallsversuch ist die Wahrscheinlichkeit eines Ergebnisses gleich dem Produkt der Wahrscheinlichkeiten entlang des zugehörigen Pfades.
P(Ergebnis) = P(Ergebnis 1. Stufe) · P(Ergebnis 2. Stufe)

Bemerkung
Die günstigen Ergebnisse eines Ereignisses können auch die Ergebnisse eines zweistufigen Zufallsversuchs sein. Auch in diesem Fall gilt die Summenregel.

Beispiel

Das Glücksrad wird zweimal gedreht.

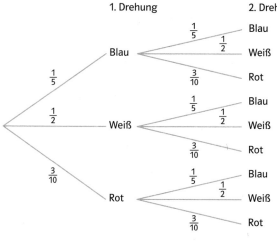

P(Blau, Blau)	$= \frac{1}{5} \cdot \frac{1}{5} = \frac{1}{25}$	$= 4\%$
P(Blau, Weiß)	$= \frac{1}{5} \cdot \frac{1}{2} = \frac{1}{10}$	$= 10\%$
P(Blau, Rot)	$= \frac{1}{5} \cdot \frac{3}{10} = \frac{3}{50}$	$= 6\%$
P(Weiß, Blau)	$= \frac{1}{2} \cdot \frac{1}{5} = \frac{1}{10}$	$= 10\%$
P(Weiß, Weiß)	$= \frac{1}{2} \cdot \frac{1}{2} = \frac{1}{4}$	$= 25\%$
P(Weiß, Rot)	$= \frac{1}{2} \cdot \frac{3}{10} = \frac{3}{20}$	$= 15\%$
P(Rot, Blau)	$= \frac{3}{10} \cdot \frac{1}{5} = \frac{3}{50}$	$= 6\%$
P(Rot, Weiß)	$= \frac{3}{10} \cdot \frac{1}{2} = \frac{3}{20}$	$= 15\%$
P(Rot, Rot)	$= \frac{3}{10} \cdot \frac{3}{10} = \frac{9}{100}$	$= 9\%$

Das Ereignis „zweimal die gleiche Farbe" setzt sich aus den Ergebnissen (Blau, Blau), (Weiß, Weiß) und (Rot, Rot) zusammen. Somit ist die Wahrscheinlichkeit
P(zweimal gleiche Farbe) $= \frac{1}{25} + \frac{1}{4} + \frac{9}{100} = \frac{38}{100} = 38\%$.

Aufgaben

1 Das Glücksrad wird zweimal gedreht. Bestimme die Wahrscheinlichkeit.
a) Zweimal hintereinander Rot.
b) Erst Rot, dann Blau.

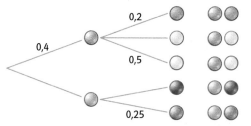

2 Ein Würfel wird zweimal geworfen. Bestimme die Wahrscheinlichkeit.
a) Zwei gleiche Zahlen werfen.
b) Im ersten Wurf eine Zahl kleiner als 3, im zweiten Wurf eine 6 werfen.
c) Die erste Zahl ist kleiner als die zweite.

3 Gib für jedes der fünf möglichen Ergebnisse die Wahrscheinlichkeit an.

4 In einem Topf befinden sich fünf blaue, drei gelbe, acht rote und vier grüne Kugeln. Es wird eine Kugel gezogen, die Farbe notiert und zurückgelegt. Dann wird wieder eine Kugel gezogen und deren Farbe notiert.
Bestimme die Wahrscheinlichkeit.
a) P(erst Rot, dann Blau)
b) P(erst Blau, dann Rot)
c) P(zweimal Rot)
d) P(Die erste Kugel ist rot.)
e) P(Die zweite Kugel ist rot.)
f) P(Keine Kugel ist rot.)
g) P(Die erste Kugel ist grün oder gelb.)

Vokale

5 Der erste Buchstabe wird aus dem Topf der Vokale, der zweite aus dem Topf der Konsonanten gezogen. Mit welcher Wahrscheinlichkeit können folgende Wörter gebildet werden?
a) ah   b) oh
c) im   d) in
e) um   f) ab
g) au   h) if

Konsonanten

6 Larissa und Erkan spielen beide Basketball. Larissa hat eine Trefferquote von 80 % und Erkan von 50 %. Sie werfen beide je einmal.
Wie groß ist die Wahrscheinlichkeit, dass sie zusammen 0, 1 oder 2 Treffer erzielen?

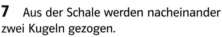

7 Aus der Schale werden nacheinander zwei Kugeln gezogen.
Bestimme die Wahrscheinlichkeit folgender Ereignisse, wenn die erste gezogene Kugel zurückgelegt wird.
- Es werden zwei rote Kugeln gezogen.
- Es werden zwei weiße Kugeln gezogen.
- Es werden zwei gleichfarbige Kugeln gezogen.
- Es wird eine rote, dann eine weiße Kugel gezogen.
- Erst wird eine weiße, dann eine rote Kugel gezogen.
- Es wird eine rote und eine weiße Kugel gezogen.
- Es werden zwei verschiedenfarbige Kugeln gezogen.
- Unter den gezogenen Kugeln ist mindestens eine weiße Kugel.

8 Im Lande Kalibund erhalten die Bürger einmal im Jahr die Gelegenheit, von der Steuer befreit zu werden.
Dazu müssen sie zunächst mit verbundenen Augen einen Behälter wählen und anschließend aus dem gewählten Behälter eine Kugel ziehen.
Wer eine weiße Kugel zieht, wird von der Steuer befreit.
a) Berechne die Chance, von der Steuer befreit zu werden, wenn die Kugeln wie abgebildet verteilt sind.
b) Wie ändert sich die Chance, wenn die zwei schwarzen Kugeln aus dem ersten Behälter in den zweiten Behälter gelegt werden?
c) Ein Bürger bittet darum, vor dem Ziehen die Kugeln selbst auf die drei Behälter verteilen zu dürfen. Wie muss er die Kugeln verteilen, damit er eine möglichst große Chance hat, von der Steuer befreit zu werden? Gib für diesen Fall die Wahrscheinlichkeit an.

(1)

(2)

(3)

Tabelle statt Baum

Für einen zweistufigen Zufallsversuch können die Ergebnisse auch in einem Baumdiagramm dargestellt werden.

Es werden zwei Würfel geworfen. Sind alle Ergebnisse gleich wahrscheinlich, lässt sich mithilfe der Tabelle die Wahrscheinlichkeit für ein Ereignis durch Auszählen schneller ermitteln als mit einem Baumdiagramm.

	1	2	3	4	5	6
1	(1,1)	(1,2)	(1,3)	(1,4)	(1,5)	(1,6)
2	(2,1)	(2,2)	(2,3)	(2,4)	(2,5)	(2,6)
3	(3,1)	(3,2)	(3,3)	(3,4)	(3,5)	(3,6)
4	(4,1)	(4,2)	(4,3)	(4,4)	(4,5)	(4,6)
5	(5,1)	(5,2)	(5,3)	(5,4)	(5,5)	(5,6)
6	(6,1)	(6,2)	(6,3)	(6,4)	(6,5)	(6,6)

Die Tabelle zeigt die 36 möglichen Ergebnisse. Das Ereignis „gleiche Augenzahlen" besteht aus den Ergebnissen (1,1); (2,2); (3,3); (4,4); (5,5) und (6,6).
P(zwei gleiche Augenzahlen) = $\frac{6}{36} = \frac{1}{6}$

■ Es werden zwei Würfel geworfen und die Augenzahlen miteinander multipliziert. Bestimme P(Produkt größer 20).
■ Beim Teilerspiel hat man zwei Würfe. Der erste Wurf wird mit einem Dodekaeder, der zweite mit einem Würfel durchgeführt. Lässt sich die Augenzahl des ersten Wurfs durch die des zweiten Wurfs teilen, so erhält man einen Punkt. Wie groß ist die Wahrscheinlichkeit, einen Punkt zu bekommen?
■ Auf einem Glücksrad mit acht gleich großen Feldern stehen die Zahlen 1 bis 8. Das Rad wird zweimal gedreht. Dann wird die kleinere von der größeren Zahl abgezogen. Sind beide Zahlen gleich groß, so ist das Ergebnis 0.
Stelle eine Tabelle auf und bestimme die Wahrscheinlichkeit, als Differenz den Wert null zu erhalten.

Zusammenfassung

mögliches Ergebnis

Jedes denkbare Ergebnis eines Zufallsversuchs heißt **mögliches Ergebnis**.

Ereignis, günstiges Ergebnis

Alle Ergebnisse, die zu einem **Ereignis E** gehören, heißen **günstige Ergebnisse**.

Wahrscheinlichkeit

Sind alle Ergebnisse gleich wahrscheinlich, so gilt für die Wahrscheinlichkeit P des Ereignisses E

$$P(E) = \frac{\text{Anzahl der günstigen Ergebnisse}}{\text{Anzahl der möglichen Ergebnisse}} = \frac{m}{n}$$

Es soll eine gelbe Kugel gezogen werden. Jede der fünf Kugeln ist ein mögliches Ergebnis (n = 5).
Jede der zwei gelben Kugeln ist ein günstiges Ergebnis (m = 2).
Das Ereignis „gelbe Kugel" hat die Wahrscheinlichkeit $\frac{m}{n} = \frac{2}{5}$.

zusammengesetztes Ereignis

Werden zwei Ereignisse E_1 und E_2 zu einem neuen Ereignis E zusammengefasst, so heißt dieses Ereignis **zusammengesetztes Ereignis**.
Haben die beiden Ereignisse E_1 und E_2 kein Ergebnis gemeinsam, so gilt:
$P(E) = P(E_1 \text{ oder } E_2) = P(E_1) + P(E_2)$

Das Ereignis „gelbe oder rote Kugel" setzt sich aus den Ereignissen „gelbe Kugel" und „rote Kugel" zusammen.
P(gelbe oder rote Kugel) = P(gelbe Kugel) + P(rote Kugel) = $\frac{2}{5} + \frac{1}{5} = \frac{3}{5}$

Gegenereignis

Die ungünstigen Ergebnisse eines Ereignisses E bilden das **Gegenereignis** $\overline{E}$.
$P(\overline{E}) = 1 - P(E)$

Das Gegenereignis von „gelbe Kugel" ist „keine gelbe Kugel". P(keine gelbe Kugel) = 1 − P(gelbe Kugel) = $1 - \frac{2}{5} = \frac{3}{5}$

zweistufiger Zufallsversuch

Besteht ein Zufallsversuch aus zwei Versuchen, so heißt dieser Zufallsversuch **zweistufiger Zufallsversuch**.

Es werden zwei Kugeln nacheinander gezogen. Die erste gezogene Kugel wird nicht zurückgelegt.

Baumdiagramm

Ein **Baumdiagramm** veranschaulicht die möglichen Ergebnisse eines zweistufigen Zufallsversuchs und deren Wahrscheinlichkeit.

Pfadregel

Bei einem Zufallsversuch ist die Wahrscheinlichkeit eines Ergebnisses gleich dem Produkt der Wahrscheinlichkeiten entlang des zugehörigen **Pfades**.

$P(G,G) = \frac{2}{5} \cdot \frac{1}{4} = \frac{1}{10}$
$P(G,R) = \frac{2}{5} \cdot \frac{1}{4} = \frac{1}{10}$
$P(G,B) = \frac{2}{5} \cdot \frac{2}{4} = \frac{1}{5}$
$P(R,G) = \frac{1}{5} \cdot \frac{2}{4} = \frac{1}{10}$
$P(R,B) = \frac{1}{5} \cdot \frac{2}{4} = \frac{1}{10}$
$P(B,G) = \frac{2}{5} \cdot \frac{2}{4} = \frac{1}{5}$
$P(B,R) = \frac{2}{5} \cdot \frac{1}{4} = \frac{1}{10}$
$P(B,B) = \frac{2}{5} \cdot \frac{1}{4} = \frac{1}{10}$

Summenregel

Die Wahrscheinlichkeit eines Ereignisses ist die Summe der Wahrscheinlichkeiten der zugehörigen Ergebnisse.

Das Ereignis „zwei gleiche Farben" setzt sich aus (G,G) und (B,B) zusammen.
P(zwei gleiche Farben) = $\frac{1}{10} + \frac{1}{10} = \frac{1}{5} = 20\,\%$

Üben • Anwenden • Nachdenken

? *Mit welcher Wahr-scheinlichkeit fällt ein Sonntag auf den 31. April?*

1 Gib für das abgebildete Glücksrad zwei verschiedene Ereignisse, ein sicheres Ereignis und ein unmögliches Ereignis an.

2 Bestimme die Wahrscheinlichkeit.
a) Unter acht Schlüsseln auf Anhieb den richtigen finden.
b) Bei einer Auswahlfrage unter fünf möglichen Antworten die richtige raten.
c) Aus einem Dominospiel mit 55 Steinen den Stein 6/6 ziehen.
d) Die richtige Telefonnummer wählen, wenn man die letzte Ziffer vergessen hat.

3 In einem Becher liegen 16 Kugeln. Sie sind von 1 bis 16 gekennzeichnet. Berechne die Wahrscheinlichkeit.
a) eine durch vier teilbare Zahl ziehen
b) eine Zahl größer als 13 ziehen
c) eine zweistellige Zahl ziehen
d) eine dreistellige Zahl ziehen

4 In einem Glas liegen 12 Kugeln, die von 1 bis 12 nummeriert sind. Die Kugeln mit den Nummern 1; 2; 10 und 12 sind rot, alle anderen sind weiß. Beschreibe drei verschiedene Ereignisse, zu denen genau vier Ergebnisse gehören.

5 Das Autohaus „Fahrgut" veranstaltet zum 25-jährigen Jubiläum eine Tombola. Wer mit dem Glücksrad ein gelbes Feld trifft, erhält einen Trostpreis, wer auf einen Stern trifft, nimmt an einer Auslosung teil, bei der ein Auto gewonnen werden kann. Bestimme die Wahrscheinlichkeiten.
a) einen Trostpreis gewinnen
b) an der Autoverlosung teilnehmen
c) einen Trostpreis erhalten und zusätzlich an der Autoverlosung teilnehmen
d) an der Autoverlosung teilnehmen, obwohl man keinen Trostpreis erhält
e) weder einen Trostpreis erhalten noch an der Autoverlosung teilnehmen

zu Aufgabe 11:

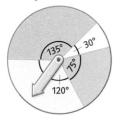

6 Auf der Kirmes stehen drei Losverkäufer. Der erste hat unter 120 Losen drei, der zweite unter 180 Losen vier und der dritte unter 60 Losen zwei Hauptgewinne.
a) Wo sollte man seine Lose kaufen?
b) Michael hat beim dritten Verkäufer fünf Lose gekauft und hat einen Hauptgewinn. Wo sollte er das nächste Los kaufen?

7 In einem Strumpf sind sieben verschiedenfarbige Kugeln, darunter eine rote. Es werden zwei Kugeln gezogen und weggelegt. Darunter befindet sich die rote Kugel nicht. Wie groß ist die Wahrscheinlichkeit, als nächste Kugel die rote zu ziehen?

8 Aus einem Behälter mit 16 blauen, 24 roten und 10 weißen Kugeln wird eine Kugel gezogen. Gib die Wahrscheinlichkeit in Prozent an.
a) eine weiße Kugel ziehen
b) eine rote oder eine blaue Kugel ziehen
c) keine rote Kugel ziehen
d) eine gelbe Kugel ziehen

9 Eine Bauernweisheit besagt: „Wenn der Hahn kräht auf dem Mist, dann ändert sich das Wetter oder es bleibt wie es ist."

10 Wie groß ist die Wahrscheinlichkeit, dass Heiligabend und Silvester auf den gleichen Wochentag fallen?

11 Betrachte das vierfarbige Glücksrad auf dem Rand.
a) Das Rad wird einmal gedreht. Bestimme die Wahrscheinlichkeiten:
• Weiß
• Weiß oder Rot
• nicht Blau
b) Das Rad wird zweimal gedreht. Bestimme die Wahrscheinlichkeiten:
P (zweimal Blau),
P (erst Blau, dann Gelb),
P (einmal Blau, einmal Gelb),
P (genau einmal Blau),
P (höchstens einmal Blau),
P (nicht Blau).

12 Beim Spiel „17 und 4" hat man unter anderem mit zwei Assen oder mit einer 10 und einem Ass gewonnen.

Hannes hat bereits ein Ass. Mit welcher Wahrscheinlichkeit gewinnt er mit der zweiten Karte, wenn er weiß, dass noch kein Ass bzw. keine 10 gezogen wurde?
a) Es sind noch 25 Karten im Spiel.
b) Es sind noch 20 Karten im Spiel.
c) Wie ändern sich die Wahrscheinlichkeiten in den Aufgaben a) und b), wenn bereits zwei Zehnen ausgespielt wurden?

13 Arno fährt mit dem Zug zur Schule. An 190 Schultagen hatte der Zug 42-mal Verspätung. Wie groß ist die Wahrscheinlichkeit für die Verspätung eines Zuges auf dieser Strecke?

14 Benutze den abgebildeten Lego-Stein als Würfel.
a) Welche möglichen Ergebnisse hat das Werfen mit dem Lego-Stein?
b) Schätze die Wahrscheinlichkeit, mit der der Lego-Stein wie abgebildet auf den Tisch fällt. Überprüfe deine Schätzung. Wirf dazu den Lego-Stein mindestens 100-mal.

15 In der Tabelle siehst du das Resultat von 100; 1000 und 10 000 Versuchen.

Feld	Anzahl der Versuche		
	100	1000	10 000
A	6	121	1244
B	13	110	1253
C	15	126	1255
D	8	140	1241
E	12	134	1250
F	14	115	1230
G	22	125	1273
H	10	129	1254

a) Erläutere die Tabelle.
b) Welche Vermutung kannst du über die Aufteilung der Felder des Glücksrades aufstellen?

Regenwahrscheinlichkeit

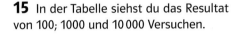

„Die Regenwahrscheinlichkeit für das Hockenheim-Rennen beträgt 30 %", sagt der Rundfunksprecher.

■ Was könnte diese Angabe bedeuten? Diskutiert dies in Gruppen und einigt euch auf eine Bedeutung. Begründet eure Entscheidung. Was heißt dann 0 % oder 100 % Regenwahrscheinlichkeit?

■ Recherchiert mithilfe von Lexika, Schulbüchern oder dem Internet die Bedeutung der Regenwahrscheinlichkeit. Beantwortet auf der Grundlage eurer recherchierten Definition die folgende Frage:
Mit wie vielen Regentagen muss ein Urlauber bei einer Regenwahrscheinlichkeit von 20 % rechnen, wenn er 14 Tage in das entsprechende Gebiet reist?

■ Nennt Gebiete, in denen es zu bestimmten Zeiten eine Regenwahrscheinlichkeit von 100 % oder von 0 % gibt. Zu welchen Zeiten ist das der Fall?

16 Eine Münze wird dreimal hintereinander geworfen. Dabei haben alle acht möglichen Ereignisse (WWW), (WWZ), (WZW), (WZZ), (ZWW), (ZWZ), (ZZW) und (ZZZ) die gleiche Wahrscheinlichkeit. Bestimme die Wahrscheinlichkeiten folgender Ereignisse:
a) genau zwei Wappen werfen
b) mindestens zwei Wappen werfen
c) höchstens zwei Wappen werfen
d) kein Wappen werfen

17 Anne besitzt ein Nummernschloss. Die Schlossnummer ist 3049. Bestimme die Wahrscheinlichkeit, dass jemand zufällig
a) die letzte Ziffer richtig einstellt.
b) die beiden letzten Ziffern richtig einstellt.
c) die drei letzten Ziffern richtig einstellt.

18 In einer Klasse soll geschätzt werden, mit welcher Wahrscheinlichkeit ein Reißnagel beim Werfen auf den Kopf bzw. auf die Seite fällt.

Name	Schätzung	
	Kopf	Seite
Helga	25%	75%
Peter	23%	82%
Sarah	33%	66%
Timo	36%	64%

Welche Schätzungen sind sicher falsch? Begründe.

19 Die Deck- und Grundfläche des abgebildeten Körpers sind gleichseitige Dreiecke.
a) Welche Seiten treten mit der gleichen Wahrscheinlichkeit auf?
b) Im Experiment wurde die Wahrscheinlichkeit für die Zahl 3 mit 14% ermittelt.

20 Die Wahrscheinlichkeit, mit der beim abgebildeten Körper eine der vier Flächen oben liegt, ist in der Tabelle angegeben.

Seite	1	2	3	4
Wahrscheinlichkeit	40%	10%	10%	40%

Der Körper wird zweimal geworfen. Mit welcher Wahrscheinlichkeit wird die Augensumme 5 erzielt?

21 Für eine Lotterie werden farbige Kugeln in eine Urne gefüllt. Die Gewinnwahrscheinlichkeit ist wie folgt verteilt.
Gelb: Trostpreis 40%
Blau: kleiner Preis 20%
Grün: großer Preis 8%
Rot: Hauptgewinn 2%
Schwarz: Niete
a) In der Urne sollen sich insgesamt 300 Kugeln befinden.
b) Wie viele Kugeln jeder Farbe müssen sich mindestens in der Urne befinden?
c) Es stehen höchstens sechs Hauptgewinne zur Verfügung. Wie können die Verteilungen der Kugeln in der Urne sein? Wie viele Lösungen gibt es?

22 Die Wahrscheinlichkeit, dass ein neugeborenes Kind ein Junge ist, beträgt 51%. In einem Krankenhaus wurden im letzten Jahr 2100 Kinder geboren.

23 Laura würfelt eine Sechs. Sandra schafft anschließend auch eine Sechs. Zur großen Verblüffung würfelt Kim auch eine Sechs.
Wie groß ist die Wahrscheinlichkeit, dass Yvonne die vierte Sechs in dieser Serie schafft?

24 a) Die Wahrscheinlichkeit für ein Ereignis beträgt 42%.
Bestimme die Wahrscheinlichkeit für das Gegenereignis.
b) Wie groß ist die Wahrscheinlichkeit, dass der Tag der Deutschen Einheit in den Oktober fällt?
c) Wie groß ist die Wahrscheinlichkeit, dass Ramadan fünfzig Tage dauert?
d) Wie groß ist die Wahrscheinlichkeit an einem beliebigen Tag, dass der Mond „zunimmt"?

25 Wie lautet das Gegenereignis?
a) Beim nächsten Spiel des Tabellenführers werden mehr als drei Tore geschossen.
b) Bei der nächsten Ziehung der Lottozahlen werden nur gerade Zahlen gezogen.
c) Im Test wurden drei Fragen richtig geraten.

Rückspiegel

Rückspiegel

1 Aus der rechts abgebildeten Urne werden zwei Kugeln gezogen. Die erste Kugel wird wieder zurückgelegt. Mit welcher Wahrscheinlichkeit werden zwei blaue Kugeln gezogen?

2 Es werden zwei Würfel nacheinander geworfen.
a) Stelle alle möglichen Ergebnisse in einer Tabelle dar.
b) Welche Wahrscheinlichkeit hat das Ereignis „Pasch"?

3 Das rechts abgebildete Glücksrad wird zweimal gedreht.
a) Mit welcher Wahrscheinlichkeit erhält man einmal Rot und einmal Blau?
b) Mit welcher Wahrscheinlichkeit bleibt das Glücksrad auf unterschiedlichen Farben stehen?

4 An einem Spielautomaten beträgt die Wahrscheinlichkeit etwas zu gewinnen 20%. Doris spielt zweimal. Bestimme die Wahrscheinlichkeit.
a) P (mindestens ein Gewinn)
b) P (genau ein Gewinn)
c) P (kein Gewinn)
d) P (höchstens ein Gewinn)

5 Bei einem Gewinnspiel schwimmen dreihundert Plastikenten durcheinander. Mitspieler können zehnmal nach einer Ente angeln, nach der Gewinnmarke schauen und die Ente dann zurückwerfen. Nancy fischt bei zwei von zehn Enten einen Gewinn. Celina angelt drei Gewinne, Tim nur einen. Der Budenbesitzer behauptet, dass fünfzig Gewinnenten dabei sind. Kann das stimmen?

6 Am Losstand sind ein Drittel aller Lose Gewinne. Bestimme die Wahrscheinlichkeit, dass bei zwei gezogenen Losen kein Gewinn darunter ist.

1 Aus der rechts abgebildeten Urne werden zwei Kugeln gezogen. Die erste Kugel wird wieder zurückgelegt. Mit welcher Wahrscheinlichkeit ist mindestens eine der Kugeln rot?

2 Es werden zwei Würfel nacheinander geworfen und die Augensumme gebildet.
a) Stelle alle möglichen Ergebnisse in einer Tabelle dar.
b) Welche Wahrscheinlichkeit hat das Ereignis „Augensumme größer als 9"?

3 Das rechts abgebildete Glücksrad wird zweimal gedreht. Bestimme die Wahrscheinlichkeit für folgende Ereignisse:
• genau zweimal Rot,
• mindestens einmal Rot,
• höchstens einmal Rot,
• kein Rot.

4 In einem Eimer mit 50 Losen befinden sich sechs Gewinne.
a) Bestimme die Wahrscheinlichkeit mit zwei Losen
• keinen Gewinn zu haben,
• zwei Gewinne zu haben,
• genau einen Gewinn zu haben.
b) Addiere die Wahrscheinlichkeiten von Aufgabe a). Erkläre das Ergebnis.

5 Drei Freunde testen einen Spielwürfel.

	„6"	keine „6"
Leon	8	57
Vivien	9	53
Marcel	6	31

Ist der Würfel „echt"?

6 Nina kauft bei zwei Losbuden ein Los. Bei der ersten Losbude hat sie eine Gewinnwahrscheinlichkeit von 30%. Bei der zweiten gibt es eine 25%ige Gewinnchance. Mit welcher Wahrscheinlichkeit erhält sie mindestens einen Gewinn?

Prozente, Prozente …

Alles Sonderangebote

Vergleiche die Angebote in den beiden
Sportgeschäften. Wo kaufst du ein?

SPORT & FIT

SONDERVERKAUF
Auf alle Preise sensationelle

40 %

SWEATSHIRT	39,90
HOSE	98,–
SCHUHE	156,50
HOMETRAINER	299,–

FUNSPORT

SPAREN OHNE ENDE
Alles muss raus !!!

SWEATSHIRT	HOMETRAINER
~~45,50~~	~~285,90~~
29,90	**169,90**

SCHUHE	HOSE
~~160,–~~	~~89,–~~
99,–	**49,90**

Interessantes aus der Zeitung

Was meinst du zu diesen Zeitungs-
meldungen? Findet ihr in eurer Tageszeitung noch weitere Artikel mit Prozenten?

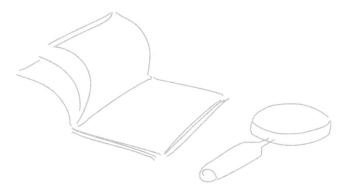

ZÜRICHER ZEITUNG

Schnellfahrer

Fuhr vor einigen Jahren noch
jeder zehnte Autofahrer zu
schnell, so ist es heute nur
noch jeder fünfte. Doch auch
5 % sind zu viele, und so wird
weiter kontrolliert und die
Schnellfahrer müssen zahlen.

Sport

Der Mittelstürmer von 07 Flott-
beck sollte in der neuen Saison
12 % der Zuschauereinnahmen
bekommen. Er wollte den neu-
en Vertrag nur unterschreiben,
wenn er das Eintrittsgeld von
jedem 15. Zuschauer bekommt.

ExtraBlatt

Moskau. Zur Weltmeisterschaft wurden die Zimmerpreise um mehr als
200 % erhöht. Ein halbes Jahr später
sanken die Preise aufgrund der gerin-
gen Nachfrage um bis zu 100 %.

Der Morgen

Allensbach.   Eine Umfrage unter den
18- bis 30-Jährigen ergab folgendes
Ergebnis: Jeder 9. (90,2 %) war mit dem
erreichten Lebensstandard zufrieden.
Dies war das beste Ergebnis in den vergangenen 10 Jahren.

tagesstern

**Die Republik
steht Kopf:
Preiserhöhungen
um 50 %**

Um die hohen Betriebskosten auffangen zu können, haben die
städtischen Verkehrsbetriebe den Preis der Monatskarten für
die 1. Tarifzone von 28,– auf 56,– Euro erhöht.

In diesem Kapitel lernst du,

- wie man prozentuale Veränderungen berechnet,
- was man unter Kapital und
  Zinsen versteht,
- wie man Zinsen für Tage und
  Monate berechnet,
- wie wichtig die Zinsrechnung
  im täglichen Leben ist.

1 Grundwert. Prozentwert. Prozentsatz

Flughafen Frankfurt meldet Rekordwerte
Es wurden im Januar 2005 52,2 Millionen Passagiere gezählt. Im Jahr zuvor waren es nur 51,1 Millionen Fluggäste. Die Zahl der Starts und Landungen betrug im Jahr 2004 477 500. Sie stieg zum Jahr 2005 um 4,1 %. Die Luftfracht legte vergangenes Jahr noch stärker als die Passagierzahl zu und erreichte ebenfalls Rekordwerte. 1,89 Millionen Tonnen wurden umgeschlagen, das bedeutet ein Plus von 8,1 %.

→ Recherchiere die entsprechenden Werte von Berlin-Tegel und vergleiche.

Beim Prozentrechnen werden Größen oder Zahlen miteinander verglichen. Wenn man sagt: „24 € sind 12 % **von** 200 €", ist 200 € der **Grundwert G**, er entspricht 100 %.
Die 24 € bezeichnet man als **Prozentwert**, abgekürzt **W**.
Der Quotient aus Prozentwert und Grundwert ist ein **Anteil**, der **Prozentsatz p %**.

Grundformel der Prozentrechnung:

Prozentwert gleich Grundwert mal Prozentsatz

kurz: $W = G \cdot p\%$ oder $W = G \cdot \dfrac{p}{100}$

Beispiele

a) Berechnung des Prozentwerts W
Während einer Grippewelle fehlten an der Lessing-Realschule 20 %
der 640 Schülerinnen und Schüler.

Grundwert:	G = 640	$W = G \cdot \dfrac{p}{100}$
Prozentsatz:	p % = 20 % = 0,20	$W = 640 \cdot \dfrac{20}{100} = 640 \cdot 0,20$
		W = 128

Es fehlten an der Lessing-Realschule 128 Schülerinnen und Schüler.

b) Berechnung des Prozentsatzes p %
Von 168 Schülerinnen und Schülern der 9. und 10. Klassen der Sophie-Scholl-Realschule nahmen 142 an der Fahrt zum Musical teil.

Grundwert:	G = 168	$p\% = \dfrac{W}{G}$
Prozentwert:	W = 142	$p\% = \dfrac{142}{168}$
		p % = 0,845 = 84,5 %

Es waren 84,5 % der Schülerinnen und Schüler aus den Klassen 9 und 10.

c) Berechnung des Grundwerts
Für den Stadtlauf soll jede Schule 12 % ihrer Schülerinnen und Schüler melden.
Die Theodor-Heuss-Realschule meldet 78 Kinder.

Prozentwert:	W = 78	$G = W : \dfrac{p}{100}$
Prozentsatz:	p % = 12 % = 0,12	$G = 78 : \dfrac{12}{100} = 78 : 0,12$
		G = 650

Die Schule hat insgesamt 650 Schülerinnen und Schüler.

Aufgaben

1 Berechne den Prozentwert.
a) Grundwert 420 €; Prozentsatz 56 %
b) Grundwert 785 kg; Prozentsatz 36 %
c) Grundwert 5,2 m; Prozentsatz 7,5 %

2 Berechne den Prozentsatz.
a) Grundwert 120 km; Prozentwert 42 km
b) Grundwert 850 l; Prozentwert 272 l
c) Grundwert 400 €; Prozentwert 126 €

3 Berechne den Grundwert.
a) Prozentwert 264 kg; Prozentsatz 55 %
b) Prozentwert 1680 g; Prozentsatz 24 %
c) Prozentwert 42 €; Prozentsatz 3,5 %

4 Der Prozentstreifen zeigt die prozentuale Verteilung der Verkehrsmittel, mit welchen Deutsche in den Urlaub fahren.

46%	28%	12%	14%
PKW	Flugzeug	Bahn	Sonstige

a) Stelle die Verteilung auch in einem Kreisdiagramm dar und vergleiche.
b) Es waren insgesamt 14 Millionen Reisende.
c) Vergleiche die Zahlen mit einer Umfrage in deiner Klasse.

5 Das Balkendiagramm zeigt die prozentuale Verteilung der Umsätze eines Supermarkts auf die einzelnen Wochentage.

Umsätze des Supermarktes

Montag	13,7%
Dienstag	13%
Mittwoch	13%
Donnerstag	14,8%
Freitag	19,2%
Samstag	26,3%

a) Erkläre die Unterschiede für die einzelnen Wochentage.
b) Der Gesamtumsatz von „Kaufgut" beträgt 92,5 Mio. Euro.
c) Stelle die Anteile in einem Kreisdiagramm dar.

6 Untersucht verschiedene Verteilungen in eurer Klasse wie z. B. Jungen und Mädchen, Konfessionen, Schuhgrößen. Ihr findet bestimmt selbst noch mehr Merkmale.
a) Erfasst die absoluten Zahlen.
b) Berechnet die Anteile in Prozent.
c) Zeichnet unterschiedliche Diagramme zu den verschiedenen Merkmalen.
d) Vergleicht eure Erhebungen mit euren Parallelklassen.

7 Hitliste der Berufsberatung für die männlichen Bewerber.

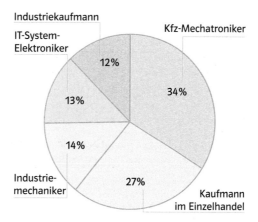

Das Kreisdiagramm zeigt die Verteilung der fünf beliebtesten Berufe der Hitliste.
a) Übertrage das Kreisdiagramm mit einem Radius von 5 cm in dein Heft.
b) In einem Jahr wurden insgesamt 320 000 Ausbildungsverträge in diesen Berufen abgeschlossen.
c) Dies ist die Aufstellung eines Berufsberaters für die ersten 5 Berufswünsche der weiblichen Bewerber in absoluten Zahlen:

Berufswunsch	Nennungen
Arzthelferin	208
Kauffrau im Einzelhandel	202
Bürokauffrau	189
Friseurin	148
Mediengestalterin	104

Vergleiche die Berufswünsche mit den Angaben der männlichen Bewerber.
Stelle diese Angaben auch in einem Kreisdiagramm dar und vergleiche die beiden Diagramme.

! Ein Tabellenkalkulationsprogramm kann dir bei der Auswertung helfen.

Mille ist das italienische Wort für Tausend: „pro mille" = je tausend.

Bei sehr kleinen Anteilen ist es sinnvoll, den Nenner 1000 zu wählen. Anteile mit dem Nenner 1000 heißen **Promille**.

1 Promille = 1 Tausendstel

$$1‰ = \frac{1}{1000}$$

Bei Verkehrsunfällen ist häufig Alkohol eine Ursache. Mit einer Blutprobe wird der Blutalkoholgehalt bestimmt. Er wird in Promille angegeben. 1‰ Blutalkohol bedeutet 1 ml Alkohol in 1 l Blut (1 l = 1000 ml).

Der Faktor 0,8 berücksichtigt das spezifische Gewicht von Alkohol.

Für die Berechnung der **Alkoholmenge A** in Gramm in einem Getränk gilt die Formel:

$$A = \frac{V \cdot A_P \cdot 0,8}{100}$$

(V = Volumen in cm³; A_P = Alkoholgehalt in %)

Alcopops enthalten etwa 5,5 % Alkohol. Eine Flasche enthält 275 cm³.
■ Berechne die Alkoholmenge von drei Flaschen.

Für die Berechnung der **Blutalkoholkonzentration C** in Promille gilt:

$$C = \frac{A}{P \cdot R}$$

(P = Körpergewicht in kg; R = Verteilungsfaktor)

Der Verteilungsfaktor R beträgt für Männer 0,7. Er ist ein Maß für den Wassergehalt im Körper. Bei Frauen rechnet man mit R = 0,6.
■ Ein etwa 50 kg schweres Mädchen hat zwei Flaschen Alcopops getrunken. Berechne ihre Blutalkoholkonzentration in Promille.
■ Wie verändert sich die Blutalkoholkonzentration bei anderen Mengen oder bei anderem Körpergewicht?
■ Ein 80 kg schwerer Autofahrer hatte bei einer Kontrolle 1,9 ‰. Wie viel Gramm Alkohol befand sich in seinem Blut? Bier hat 4,8 % Alkohol. Wie viele Gläser (0,4 l) hat er getrunken?
■ Stelle dir selbst Aufgaben. Informiere dich auch über den Alkoholgehalt anderer Getränke.

Wirkung des Alkohols auf den menschlichen Körper:

Anteil im Blut in ‰	Wirkung auf den Organismus
0,3	Redseligkeit, Selbstzufriedenheit
0,4	Messbare Störungen der Gehirnströme
0,5	Fahruntüchtigkeit bei manchen Personen
0,8	Versagen bei Koordinationstests
1,0	Rausch, Enthemmung, deutliche motorische Störungen
1,5	Verlust der Selbstkontrolle
2,0	Trunkenheit, Orientierungsschwierigkeiten, Angstzustände
3,0	Erinnerungslücken, Störung der Atem- und Herztätigkeit
4,0–5,0	Narkose, Atemstillstand

Der Konsum von Alcopops bei Jugendlichen zwischen 14 und 17 Jahren hat in den letzten Jahren bedenklich zugenommen.
Die Tabelle zeigt die Ergebnisse einer Untersuchung bei 12- bis 25-Jährigen.

Es trinken Alkohol ...	Bier	Wein	alkoholische Mixgetränke aller Art	Spirituosen
täglich	—	—	—	—
mehrmals in der Woche	8	2	5	1
einmal in der Woche	14	5	11	4
mehrmals im Monat	12	13	21	7
einmal im Monat	9	16	17	11
seltener	17	35	23	22
nie	40	29	23	55

Quelle: Bundeszentrale für gesundheitliche Aufklärung, Februar 2004

■ Veranschaulicht die Angaben in Säulendiagrammen.
■ Sammelt selbst mit einem Fragebogen Datenmaterial zum Thema Alkoholkonsum. Achtet darauf, dass alle Antworten anonym bleiben.

Alkohol und Autofahren passen nicht zusammen. Jedoch die wenigsten wissen, wie langsam Alkohol im Körper abgebaut wird. Durchschnittlich werden stündlich 0,15 Promille reduziert. Der Gesetzgeber schreibt die 0,5-Promille-Grenze fest, wer diese überschreitet, muss bereits mit einem Fahrverbot rechnen. Darum nach Alkoholkonsum besser Taxi, Bus oder Bahn benutzen!

■ Um wie viel Uhr ist eine Person, die um Mitternacht 1,2 Promille Blutalkohol hat, wieder fahrtüchtig? Wann ist die Person wieder „nüchtern"?
■ Der Abbauwert kann zwischen 0,1 Promille und 0,3 Promille variieren.

2 Vermehrter und verminderter Grundwert

Sabrina und Florian gehen in ein Café.
Eine große Tasse Schokolade kostet
einschließlich 10 % Bedienung 3,30 €.
→ Sabrina rechnet aus, dass das
Bedienungsgeld 33 Cent beträgt.
Florian behauptet dagegen, es seien
nur 30 Cent.
In einem anderen Café kostet die
Schokolade nur 3 Euro.
→ Wie viel Bedienungsgeld ist dann
enthalten?

Im Alltag kommt es oft vor, dass der Grundwert um einen prozentualen Anteil vermehrt
oder vermindert wird. Dieser vermehrte oder verminderte Grundwert kann als Prozentwert aufgefasst werden, der zu einem gegenüber 100 % vermehrten oder verminderten
Prozentsatz gehört. Bei einem Prozentsatz über 100 % ist demnach der Prozentwert größer als der Grundwert.

Zu einer Rechnung werden $W = G + G \cdot 0{,}19 = G \cdot (1 + 0{,}19)$
19 % Mehrwertsteuer addiert. $W = G \cdot 1{,}19$
Bei Barzahlung erhält man häufig $W = G - G \cdot 0{,}02 = G \cdot (1 - 0{,}02)$
ein **Skonto** in Höhe von 2 %. $W = G \cdot 0{,}98$

Allgemein: $W = G \cdot \left(1 + \frac{p}{100}\right)$ oder $W = G \cdot \left(1 - \frac{p}{100}\right)$

Man bezeichnet die **veränderten Prozentsätze** $\left(1 + \frac{p}{100}\right)$ und $\left(1 - \frac{p}{100}\right)$ mit **q**.
Bei vermindertem oder vermehrtem Grundwert gilt: **$W = G \cdot q$**

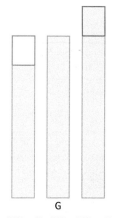

G

100 % − p%   100 %   100 % + p%

> Vermehrte und verminderte Grundwerte entstehen durch prozentuale Ände-
> rungen gegenüber dem ehemaligen Bezugswert (G). Bei Berechnungen kann
> man sie als Prozentwerte auffassen.
> Mit **$q = \left(1 \pm \frac{p}{100}\right)$** gilt dann: **$W = G \cdot q$**

Bemerkung
Bei großen Mengen oder Sonderaktionen wird häufig ein Nachlass auf den Preis gewährt.
Diesen Nachlass nennt man **Rabatt**, den Nachlass bei Barzahlung **Skonto**.

24,50

—————————————
to-Summe € 304,50
19% MwSt. € 57,86
—————————————
Gesamt € 362,36

Bei Bezahlung bis
einschließlich 18.7.
abzüglich 2% Skonto

Beispiele
a) Ein Snowboard für 480 € wird in einer Verkaufsaktion um 35 % billiger angeboten.
Bestimme den neuen Verkaufspreis.
Grundwert $G = 488 €$
Prozentsatz $\frac{p}{100} = 35 \%$
Mit $q = 1 - 0{,}35 = 0{,}65$ und $W = G \cdot q$
kann man nun den neuen Verkaufspreis berechnen:
$W = 480 € \cdot 0{,}65 = 312 €$
Das Snowboard kostet nur noch 312 €.

| Fahrrad Franze |
| Der Zweiradspezialist |

Citybike XB   598,00

Total EUR 598,00
Bar EUR 600,00
Rückgeld EUR   2,00

Der Betrag enthält
19% MwSt.

b) Ein Citybike kostet einschließlich 19 % Mehrwertsteuer 598 €.
Wie hoch ist der Nettopreis?

$q = 1 + \frac{19}{100} = 1{,}19$

$W = 599\ €$

Es gilt: $W = G \cdot q$ oder $G = \frac{W}{q}$.

Damit kann man nun den Nettopreis (G) berechnen:

$G = \frac{599\ €}{1{,}19}$

$G = 503{,}36\ €$

Das Citybike kostet ohne Mehrwertsteuer 503,36 €.

c) Ein PC kostet komplett 450 €. Nach Weihnachten wird der Preis für den PC auf 360 € heruntergesetzt. Wie hoch ist der Rabatt in Prozent?

$G = 450\ €$

$W = 360\ €$

Man berechnet nun die Größe q:

Es gilt: $W = G \cdot q$ oder $q = \frac{W}{G}$

$q = \frac{360\ €}{450\ €}$

$q = 0{,}80 = 80\,\%$. Der Rabatt beträgt somit $100\,\% - 80\,\% = 20\,\%$.

Aufgaben

1 Berechne den veränderten Prozentsatz q. Gib q in der Prozent- und in der Dezimalbruchschreibweise an.
a) Vermehrung um 30 %
b) 2 % Skonto
c) mit Mehrwertsteuer 19 %
d) Preisnachlass um 35 %
e) Preiserhöhung um 22 %
f) Preisreduzierung um 5 %
g) Wertsteigerung um 4,5 %
h) 8 % Rabatt
i) Nachlass um ein Viertel des ursprünglichen Preises.
j) Erhöhung um ein Drittel des Preises.
k) Zunahme um $\frac{1}{4}$

2 Berechne die herabgesetzten Preise im Kopf. Benutze q.

3 Berechne den vermehrten bzw. den verminderten Grundwert.
a) 380 € vermehrt um 5 %
b) 256 hl vermindert um 25 %
c) 70 kg vermehrt um 21 %
d) 125,80 € vermindert um 12,5 %
e) 42 800 km vermehrt um 31,7 %
f) 134 kg vermindert um 4,8 % *127 kg*

4 Wie viel Prozent Rabatt wurde bei den einzelnen Artikeln jeweils gegeben? Schätze zuerst, wo du prozentual am meisten sparst.

5 Ein Großmarkt für Elektrogeräte wirbt mit dem Werbespruch:

> Sie sparen 19 %
> Keiner bezahlt Mehrwertsteuer!

Was sagst du zu diesem Angebot? Prüfe es mit einem Beispiel.

6 a) Nach einem Rabatt von 25 %
bezahlte Andreas für einen MP3-Player
noch 150 €. Wie hoch war der Preis ohne
Rabatt?
b) Durch 3 % Skonto sparte Sarah beim
Kauf einer Jacke 2,94 €.
Wie teuer war die Jacke vorher und was
musste Sarah bezahlen?
c) Nach einer Preiserhöhung kostet ein
Drucker, der 59 € gekostet hatte, 69 €.
Um wie viel Prozent ist er teurer geworden? Rechne auf ganze Prozent genau.

7 Frau Benedetto kauft sich einen Motor-
roller für 1499 €. Bei Barzahlung erhält
sie 3 % Skonto, bei Bezahlung innerhalb
14 Tagen 2 % Rabatt.
Wie groß ist der Unterschied?

8 Mit 19 % Mehrwertsteuer und 10 %
Rabatt kostet ein Flachbildschirm 899,10 €.
a) Wie hoch ist der Preis ohne Mehrwertsteuer und Rabatt?
b) Wie ändert sich der Preis, wenn nur
3 % Skonto und kein Rabatt abgezogen
werden?

9 Sinje will sich eine Musikanlage
kaufen. Sie vergleicht zwei Angebote:
In der Musikhalle muss sie 749 € einschließlich 19 % Mehrwertsteuer bezahlen.
Sie kann 3 % Skonto abziehen. Bei Happy
music spart sie durch 3 % Skonto 23,49 €
auf den Preis mit Mehrwertsteuer.
a) Was kosten die beiden Anlagen bei
Barzahlung?
b) Um wie viel Prozent unterscheiden
sich die beiden Angebote?
c) Wie hoch ist die Mehrwertsteuer in
Euro bei beiden Angeboten?

10 Bei beiden Angeboten spart man
100 €. Gibt es dennoch einen Unterschied?

Trekkingbike
leichtes Crossrad
vollgefedert 299,– ~~199,–~~

MTB-Fully
mit Straßen-
ausstattung 449,– ~~349,–~~

Alles immer billiger! Fast geschenkt!

Wenn mehrmals hintereinander Prozent-
werte berechnet werden, muss man sich
vor zu schnellen Schlüssen hüten.

■ Ein Snowboard wird am Ende des
Winters zweimal hintereinander um 50 %
reduziert.
Florian sagt: „Dann bekommt man das
Snowboard ja jetzt geschenkt!"
Stimmt das oder hat Florian bei seiner
Rechnung etwas übersehen?

■ Nach einer Preiserhöhung um 10 % hat
ein Computerladen in einer Sonderaktion
auf alle Waren 10 % Preisnachlass gewährt.
Sabine sagt. „Da hätten sie die alten Preise
auch gleich lassen können."
Was meinst du dazu?
Erkläre an einem Beispiel.

■ Wie ändert sich der Preis, wenn
er zuerst um x % teurer und dann um
denselben Prozentsatz billiger wird?
Versuche es mit 10 %, 20 %, 30 %, …

■ Das Sportgeschäft verspricht dem
Käufer eine sensationelle Ersparnis.
Prüfe durch Rechnung und erkläre, was
mit den 100 % gemeint ist.

Fußballer aufgepasst!
109,90
abzüglich **10 %**
59,–
abzüglich **20 %**
178,50
abzüglich **30 %**
39,–
abzüglich **40 %**
Sie sparen **100 %**

■ Meine Großmutter sagt: „Heute kostet
alles 5-mal so viel wie in meiner Jugend-
zeit!" Darauf sagt der Großvater:
„Das ist ja eine Preissteigerung um 500 %!"
Stimmt das?

3 Zinsrechnung

Zur Konfirmation hat Bianca insgesamt
950 € geschenkt bekommen. Sie will das
Geld noch ein Jahr lang sparen, weil sie
sich dann einen Roller kaufen möchte.
→ Hast du eine Idee, was sie mit ihrem
Geld machen könnte?
→ Weißt du, was man bekommt, wenn
man sein Geld zu einer Bank bringt?
→ Kennst du unterschiedliche Möglich-
keiten Geld anzulegen?

Bei Banken und Sparkassen kann man Geld sparen und leihen.
Geld sparen bei der Bank heißt, dass wir für einen bestimmten Zeitraum der Bank
unser Geld zur Verfügung stellen. Dafür zahlt die Bank **Zinsen**.
Den Geldbetrag, den man der Bank überlässt, nennt man **Kapital**.
Wenn man sich Geld von der Bank leiht, muss man für dieses Kapital Zinsen bezahlen.
Die Bank legt fest, wie viel Prozent des Kapitals als Zinsen bezahlt werden müssen.
Diese Prozentangabe nennt man **Zinssatz**.
Der Zinssatz bezieht sich auf einen Zeitraum von einem Jahr.
Man nennt diese Zinsen deshalb auch **Jahreszinsen**.
Die Zinsrechnung ist eine Anwendung der Prozentrechnung.

Prozentrechnung			**Zinsrechnung**		
Grundwert	G		Kapital	K	
Prozentwert	W	$W = G \cdot p\%$	Zinsen	Z	$Z = K \cdot p\%$
Prozentsatz	p%		Zinssatz	p%	

Beispiele
a) Berechnung der Zinsen
Sarina hat bei der Bank ein Sparbuch. Zu Beginn des Jahres hat sie ein Guthaben von
800 €. Der Zinssatz für das Sparkonto beträgt 1,5 %. Am Ende des Jahres werden die
Zinsen berechnet:

Kapital $\qquad$ K $\ = 800 €$
Zinssatz $\qquad$ p% $= 1{,}5\%$

1. Lösungsmöglichkeit:
Die Prozentwertformel kann für die Berechnung der Zinsen verwendet werden.

$Z = K \cdot \dfrac{p}{100}$

$Z = 800 € \cdot \dfrac{1{,}5}{100}$

$Z = 800 € \cdot 0{,}015$

$Z = 12 €$

2. Lösungsmöglichkeit:
Anwendung des Dreisatzverfahrens

100 %	sind	800 €
1 %	sind	$\dfrac{800 €}{100}$
1,5 %	sind	$\dfrac{800 €}{100} \cdot 1{,}5$
1,5 %	sind	12 €

:100   :100
·1,5   ·1,5

Sarina erhält für ein Kapital von 800 € nach einem Jahr 12 € Zinsen.

b) Berechnung des Kapitals

Herr Maurer hat sich von der Bank Geld geliehen. Für ein Jahr muss er 170 € Zinsen bezahlen. Der Zinssatz beträgt 8,5 %. Das Geld, das er sich geliehen hat, ist das Kapital. Die Berechnung entspricht der Berechnung des Grundwerts.

Zinsen $\qquad$ Z = 170 € $\qquad$ Zinssatz $\qquad$ p % = 8,5 % = 0,085

1. Lösungsmöglichkeit:

$Z = K \cdot p\%$ $\qquad$ | : p %

$K = Z : p\%$

$K = 170\,€ : 0,085$

$K = 2000\,€$

2. Lösungsmöglichkeit:

	8,5 %	sind	170 €	
:8,5				:8,5
	1 %	sind	20 €	
· 100				· 100
	100 %	sind	20 € · 100	

Herr Maurer hat sich für ein Jahr 2000 € geliehen.

c) Berechnung des Zinssatzes

Eleni hat nach einem Jahr für 600 € Guthaben Zinsen in Höhe von 12 € bekommen. Aus diesen beiden Angaben kann man den Zinssatz berechnen.

Kapital $\qquad$ K = 600 € $\qquad$ Zinsen $\qquad$ Z = 12 €

1. Lösungsmöglichkeit:

$Z = K \cdot p\%$ $\qquad$ | : K

$p\% = \dfrac{Z}{K}$

$p\% = \dfrac{12\,€}{600\,€}$

$p\% = 0,02 = 2,0\%$

2. Lösungsmöglichkeit:

	600 €	sind	100 %	
:100				:100
	6 €	sind	1 %	
· 2				· 2
	12 €	sind	2 %	

Der Zinssatz auf diesem Konto beträgt 2,0 %.

Aufgaben

1 a) Wie viel Zinsen erhält man nach einem Jahr bei einem Zinssatz von 2,5 % für 400 €; 650 €; 275 €?
Berechne auch den neuen Kontostand mit den gutgeschriebenen Zinsen.
b) Wie viel Zinsen muss man in einem Jahr bei einem Zinssatz von 10,5 % für 756 €; 1345 €; 992,40 € bezahlen? Welcher Betrag ist insgesamt zurückzuzahlen?

2 a) Vergleiche die Zinsen, die man nach einem Jahr für 500 € erhält bei 1,5 %; 1,75 %; 2 %; $2\frac{1}{4}$ %; 2,5 %.
b) Berechne die Differenz der Zinsen, die man für 5000 € in einem Jahr zahlen muss, für die Zinssätze 8,5 % und $10\frac{3}{4}$ %.

3 Klaus, Miriam, Heike und Thomas vergleichen am Ende des Jahres ihre Zinseinnahmen. Alle hatten denselben Zinssatz von 2,5 %. Dennoch hat Klaus 5 €, Miriam 4,50 €, Heike 7,50 € und Thomas 11,38 € Zinsen bekommen.

4 Herr Paulsen hat bei drei verschiedenen Banken jeweils 5000 € angelegt. Am Ende des Jahres erhält er 212,50 €; 235 € bzw. 250 € Zinsen.

5 Am Ende des Jahres möchte Frau Nagel 2000 € zur Verfügung haben. Die Bank bietet einen Zinssatz von 2,75 % an. Welchen Betrag muss sie am Anfang des Jahres anlegen?

6 Frau Berger muss sich Geld leihen. Sie möchte aber nicht mehr als 100 € Zinsen im Jahr bezahlen. Die eine Bank hat einen Zinssatz von 8 %, die andere sogar 8,75 %.

7 Herr Beck bekommt in einem Jahr für 2500 € bei seiner Bank 50 € Zinsen. Seine Frau hat auf ihrer Bank doppelt so viel Geld angelegt, bekommt aber dreimal so viel Zinsen wie ihr Mann. Kannst du das erklären? Wie viel Zinsen würde Herr Beck bei der Bank seiner Frau bekommen?

Es gibt bei der Bank verschiedene Arten von Konten.
Jugendliche unter 18 Jahren können ein eigenes Jugendkonto einrichten.

Hallo! Dein **SuperGiro**-Konto wartet auf dich!

- eigene Geldkarte für den Geldautomat
- Kontoauszüge drucken
- Guthabenzinsen
- Überweisungen tätigen
- Online-Banking
- kostenlos bis zum 23. Lebensjahr und Mitgliedschaft im **SuperGiro**-Club!

SuperGiro Jugendkonto

Das Konto für Schüler, Studenten, Auszubildende, Wehr- und Zivildienstleistende
– kostenlos leistungsstark
– 2% Guthabenverzinsung

Grundpreis	☒ kostenlos
Buchungen	☒ kostenlos
Chipkarte mit Geldkartenfunktion und Geheimzahl	☒ kostenlos
ec-Karte (ab 18 Jahren) mit Geldkartenfunktion und Geheimzahl	☒ kostenlos
Daueraufträge einrichten, ändern, löschen	☒ kostenlos
Kontoauszug per Drucker per Post	☒ kostenlos Porto
EUROCARD	Preis auf Anfrage

Unser Team ist von Montag bis Freitag zwischen 8 und 22 Uhr am Telefon für Sie da.

Bei einem **Girokonto** wird häufig Geld eingezahlt oder abgehoben. Das Jugendgirokonto ist ein „Guthabenkonto" und kann deshalb nicht überzogen werden, das heißt, man kann nicht mehr abheben als das Guthaben.
Wenn eure Eltern zugestimmt haben, könnt ihr über das Geld frei verfügen.

- Erkundige dich bei den Banken über die aktuellen Bedingungen für ein Jugendgirokonto.
- Welche Zinssätze gelten zurzeit für Sparbücher?

Erwachsene können sich bei der Bank für einen bestimmten Zeitraum Geld leihen. Man spricht dabei von einem **Kredit**.
Mit der Bank wird der Zinssatz und die Rückzahlung vereinbart.
Die Bank leiht also das Geld im Vertrauen darauf, dass sie es mit Zinsen zurückerhält.

! Das Wort „Credo" ist lateinisch und heißt „ich vertraue".

- Warum kannst du dir bei der Bank noch kein Geld leihen?
- Erkundige dich bei der Bank nach den Bedingungen, die erfüllt werden müssen, wenn man Geld leiht.
- Warum sind die Zinssätze für Sparbücher niedriger als die Zinssätze für geliehenes Geld?
- Warum bekommt man einen höheren Zinssatz, wenn man Geld längerfristig anlegt?

8 Zwei Banken werben in der Zeitung mit Anzeigen für einen Kleinkredit.

10 000 Euro zu einem Zinssatz von nur 8,5% Rückzahlung nach 1 Jahr (einmalige Bearbeitungsgebühr 400 €)	**Sie bekommen 10 000 Euro** Zinssatz 9% Bearbeitungsgebühr 2% bezogen auf den Kreditbetrag

a) Vergleiche die beiden Angebote und erkläre den Unterschied.
b) Berechne den Betrag, den du nach einem Jahr zurückzahlen musst.

9 Frau Mahle möchte Geld leihen, um sich ein neues Auto zu kaufen.
Ihre Nachbarin hat bei der Eurobank für 15 000 € bei einer Dauer von 1 Jahr 1275 € Zinsen bezahlt.
Ihr Geschäftskollege hat sich ebenfalls für ein Jahr bei der Stadtbank 20 000 € geliehen und musste dafür 1800 € Zinsen bezahlen.
Bei ihrer Firma könnte sie 10 000 € ein Jahr lang für 875 € Zinsen leihen.
a) Vergleiche die drei Angebote.
b) Für welches Angebot soll sie sich entscheiden? Begründe deine Antwort.
c) Berechne beim günstigsten Angebot die Zinsen für 10 000 € in einem Jahr.

10 Familie Hartmann zahlt nach dem Umbau ihrer Wohnung für drei Kredite im 1. Jahr folgende Zinsen:

1000 € Zinsen für den 20 000-€-Kredit
550 € Zinsen für den 10 000-€-Kredit
900 € Zinsen für den 15 000-€-Kredit.

a) Vergleiche die Zinssätze.
b) Die Bank schlägt vor, den gesamten Kreditbetrag zu einem Zinssatz von 5,5% zu verzinsen.
c) Neben den Zinsen zahlt die Familie noch 2% der jeweiligen Kreditsumme zurück. Wie hoch ist die Gesamtbelastung im ersten Jahr?
d) Wie ändert sich die jährliche Belastung in den folgenden fünf Jahren, wenn die 2% Rückzahlung sich immer auf den ursprünglichen Kreditbetrag beziehen sollen?

4 Monatszinsen. Tageszinsen

Natalie hat 800 € auf ihrem Sparbuch.
Die Sparkasse verzinst das Geld mit 2%.
Nach einem halben Jahr möchte sie das
Konto wieder auflösen.
Weil sie nur 8 € Zinsen bekommt, glaubt
sie, dass der Zinssatz auf 1% geändert
wurde.

→ Kannst du Natalie erklären, wie die
Bank ihre Zinsen berechnet hat?

Nr. 01.123.3   Natalie ... ptstraße 10, Dingsdorf

Datum, Unterschrift	Erläuterungen	Auszahlung S = Soll	Einzahlung H = Haben	Guthaben Euro
25.05.06	Einlage		***800,00H	***800,00
25.11.06	Zinsen		*****8,00H	***808,00

Die Höhe der Zinsen, die man erhält oder an die Bank zahlen muss, richtet sich nicht
nur nach dem Zinssatz und dem Kapital, sondern auch nach der Zeitdauer. Im Allgemeinen wird der Zinssatz für die Zeitdauer von einem Jahr angegeben. Ist der zu verzinsende
Zeitraum nur ein Teil des Jahres, so werden die Zinsen auch nur für diesen Bruchteil
berechnet.
So werden z.B. für die Hälfte eines Jahres auch nur die Hälfte, für einen Monat nur
ein Zwölftel der Jahreszinsen gezahlt.
Deshalb müssen die Jahreszinsen mit einem **Zeitfaktor** multipliziert werden.

Im Bankwesen wird üblicherweise mit folgenden Werten gerechnet:
1 Jahr = 12 Monate = 360 Tage   1 Monat = 30 Tage
Der Zeitfaktor ist ein Vielfaches von $\frac{1}{12}$ bei Berechnung von Monatszinsen bzw.
$\frac{1}{360}$ bei Berechnung der Tageszinsen.

> Beim Zinsrechnen muss man auch die Zeit berücksichtigen. Die Jahreszinsen
> werden mit dem Zeitfaktor multipliziert.
>
> **Zinsen = Jahreszinsen · Zeitfaktor**
>
> $$Z = K \cdot \frac{p}{100} \cdot i \qquad\qquad Z = K \cdot \frac{p}{100} \cdot \frac{m}{12} \qquad\qquad Z = K \cdot \frac{p}{100} \cdot \frac{t}{360}$$
>
> i Bruchteil eines Jahres   m Anzahl der Monate   t Anzahl der Tage

! Die Formeln gelten nicht für einen Zeitraum, der länger als ein Jahr dauert.

Bemerkung
Bei Rechnungen mit Geldbeträgen wird in der Regel auf zwei Dezimalen gerundet.

? Warum spricht man von der „Kip-Regel"?

Beispiele
a) Berechnung der Zinsen
Dora hat 135 Tage lang 1300 € auf ihrem Sparbuch. Der Zinssatz beträgt 1,5%.

Kapital: K = 1300 € $Z = K \cdot \frac{p}{100} \cdot \frac{t}{360}$

Zinssatz: 1,5% $p\% = \frac{1,5}{100}$ $Z = 1300\,€ \cdot \frac{1,5}{100} \cdot \frac{135}{360}$

Zeit: 135 Tage $\frac{t}{360} = \frac{135}{360}$ $Z = 7,31\,€$

In 135 Tagen ergibt ein Kapital von 1300 € bei einem Zinssatz von 1,5% einen Zinsbetrag
von 7,31 €.

b) Berechnung des Kapitals

Für das Überziehen eines Kontos werden bei einem Zinssatz von 10,5% nach 5 Monaten 66,50 € berechnet.

Zinssatz: 10,5% $\quad p\% = \frac{10,5}{100}$ $\qquad Z = K \cdot \frac{p}{100} \cdot \frac{m}{12}$ $\qquad |\cdot 12 \cdot 100 \quad |:p \quad |:m$

Zinsen $\quad Z = 66,50\,€$ $\qquad K = \frac{Z \cdot 1200}{p \cdot m}$

Zeit 5 Monate $\quad \frac{m}{12} = \frac{5}{12}$ $\qquad K = \frac{66,50\,€ \cdot 1200}{10,5 \cdot 5}$

$$K = 1520\,€$$

Bei einem Zinssatz von 10,5% müssen für 1520 € in 5 Monaten 66,50 € Zinsen bezahlt werden.

c) Berechnung des Zinssatzes

Mit einem Kapital von 8200 € wurde in einem Dreivierteljahr ein Zinsertrag von 276,75 € erzielt.

Kapital $\quad K = 8200\,€$ $\qquad Z = K \cdot \frac{p}{100} \cdot i$ $\qquad |:(K \cdot i)$

Zinsen $\quad Z = 276,75\,€$ $\qquad \frac{p}{100} = \frac{Z}{K \cdot i}$

Zeit $\frac{3}{4}$ Jahr $\quad i = \frac{3}{4}$ $\qquad \frac{p}{100} = \frac{276,75\,€ \cdot 4}{8200\,€ \cdot 3} = 0,045 = 4,5\%$

Bei einem Zinssatz von 4,5% ergeben 8200 € in einem Dreivierteljahr 276,75 € Zinsen.

d) Berechnung der Zeit

Bei einem Zinssatz von 3,5% gibt ein Kapital von 4000 € nach einer bestimmten Zeit 98 € Zinsen.

Kapital $\quad K = 4000\,€$ $\qquad Z = K \cdot \frac{p}{100} \cdot \frac{t}{360}$ $\qquad |\cdot 360 \cdot 100 \quad |:K|:p$

Zinsen $\quad Z = 98\,€$ $\qquad t = \frac{Z \cdot 36\,000}{K \cdot p}$

Zinssatz: 3,5% $\quad p\% = \frac{3,5}{100}$ $\qquad t = \frac{98\,€ \cdot 36\,000}{4000\,€ \cdot 3,5} = 252$

Bei einem Zinssatz von 3,5% bringen 4000 € in 252 Tagen 98 € Zinsen.

! *Die Bank berechnet 9 Monate mit 270 Tagen.*

Aufgaben

1 Berechne die Zinsen von
a) 820 € zu 5% für 7 Monate.
b) 1325 € zu 3,5% für 295 Tage.
c) 2400 € zu 6,25% für ein halbes Jahr.

2 Welches Kapital bringt in
a) 8 Monaten 24 € Zinsen bei 6%?
b) 220 Tagen 15 € Zinsen bei 8%?

3 Bei welchem Zinssatz ergeben
a) 4300 € in 7 Monaten 150,50 € Zinsen?
b) 18 660 € in $\frac{1}{2}$ Jahr 1010,75 € Zinsen?
c) 1975 € in 80 Tagen 19,75 € Zinsen?

4 In welchem Zeitraum ergibt das Kapital
a) 6000 € Zinsen von 112,50 € bei 2,5%?
b) 589,90 € Zinsen von 32,69 € bei 9,5%?
c) 1565 € Zinsen von 67 € bei 11,25%?

5 Mit den Formeln zur Berechnung der Zinsen kann man schnell rechnen, wenn man sie nach allen Größen auflöst.
Löse die verschiedenen Formeln nach K, p, i, m bzw. t auf.

6 Berechne die fehlenden Größen.

Kapital	1500 €	750 €		3780 €
Zinssatz	$2\frac{3}{4}$%		10,5%	18%
Zinsen		10 €	9,33 €	43,47 €
Zeit	112 Tage	5 Monate	$\frac{1}{4}$ Jahr	

7 Die Eltern von Andreas und Marion haben bei ihrer Bank für jeden 1500 € zu gleichen Bedingungen angelegt. Andreas bekommt für 7 Monate 24,06 € Zinsen. Wie viel Zinsen bekommt Marion nach 310 Tagen?

Beim Zinsrechnen treten bestimmte Rechenvorgänge in immer gleicher Weise auf.

Mit einem Tabellenkalkulationsprogramm kannst du ein Rechenblatt anlegen, mit dem du die Tageszinsen für einen vorgegebenen Zeitraum berechnen kannst. Dabei musst du beachten, dass die Bank alle Monate mit 30 Tagen berechnet. Es ist sinnvoll, die Zinsen in drei Zeitabschnitten zu berechnen.

Im Beispiel muss für den April die Anzahl der Tage als Differenz zu 30 errechnet werden.

■ Erstelle selbst dieses Rechenblatt und berechne für unterschiedliche Zeiträume, Zinssätze und Geldbeträge die Zinsen. Vergleiche, indem du jeweils nur eine Eingabegröße veränderst.

F9	▼	f_x	=C9*D9*E9/360				
	A	B	C	D	E	F	G	H
1	Berechnung von Tageszinsen							
2				Tag	Monat		Tag	Monat
3	für die Zeit vom			19	4	bis	5	7
4		Kapital	1.500 €					
5		Zinssatz	11,5 %					
6				Kapital	Zinssatz	Zinsen		
7	1. Monat	von Tag	19	1.500 €	11,5 %	5,27 €		
8	volle Monate	(Anzahl)	2	1.500 €	11,5 %	28,75 €		
9	letzter Monat	bis Tag	5	1.500 €	11,5 %	2,40 €		
10					Gesamtzinsen	36,42 €		
11								
12								

■ Erwachsene können von ihrem Girokonto mehr Geld abheben als Guthaben vorhanden ist. Für dieses Überziehen des Kontos müssen sie aber hohe Zinsen bezahlen. In der Regel wird vierteljährlich abgerechnet.
Berechne die Überziehungszinsen für das Konto mit den angegebenen Kontoständen und einem Zinssatz von 11,5 %. Ermittle auch die jeweiligen Kontobewegungen.

1.7.	1356,00	Haben
20.7.	256,50	Soll
3.8.	1100,25	Haben
26.8.	1367,20	Soll
5.9.	146,90	Soll
15.9.	678,45	Haben
30.9.	112,70	Haben

8 Wenn auf einem Konto im Laufe des Jahres immer wieder Geld ein- oder ausgezahlt wird, müssen die zu verzinsenden Tage für die Berechnung der Zinsen berechnet werden.

Beispiel: Zu verzinsende Tage für den Zeitraum vom 16.2. bis zum 8.6. des Jahres. Im Februar werden 14, im März, April und Mai jeweils 30 und im Juni 8 Tage gerechnet. Es ergeben sich also 112 Zinstage.

Berechne die Zahl der Zinstage
a) vom 4. März bis zum 27. Juni.
b) vom 17. Mai bis zum 8. Oktober.
c) vom 3. Januar bis zum 1. Dezember.

9 Am 12. Mai nimmt Herr Thelen einen Kredit über 14 300 € zu 9,5 % auf. Er kann ihn am 28. Oktober zurückzahlen. Wie viel Geld hätte Herr Thelen gespart, wenn er den Kredit schon am 1. Oktober zurückgezahlt hätte?

10 Eine Rechnung beläuft sich auf 12 850 €.
Wenn sie innerhalb von 10 Tagen bezahlt wird, können 2 % Rabatt abgezogen werden. Nach Ablauf von zwei Monaten muss sie ohne Abzug bezahlt werden.
a) Was ist günstiger:
nach 10 Tagen abzüglich 2 % Rabatt zu zahlen,
oder das Geld für weitere 50 Tage zu einem Zinssatz von 6 % auf der Bank zu belassen und dann ohne Abzug zu bezahlen?
b) Bei welchem Zinssatz wäre es günstiger, auf den Rabatt von 2 % zu verzichten?

11 Am 11. Juni muss Herr Lux eine Rechnung über 2743 € bezahlen. Bei Barzahlung können 3 % Skonto abgezogen werden. Der Zinssatz für das Überziehen des Girokontos liegt bei 11 %.
Lohnt es sich, das Konto bis zum 1. Juli um 1245 € zu überziehen?

Zusammenfassung

Prozentformel	**Grundwert, Prozentwert, Prozentsatz** Bei jeweils zwei gegebenen Größen lässt sich die dritte Größe mit der Formel berechnen.	Prozentwert = Grundwert · Prozentsatz $$W = G \cdot p\% = G \cdot \frac{p}{100}$$
Promille	Sehr kleine Anteile können in **Promille** angegeben werden. Promille sind Tausendstel.	$$\frac{1}{1000} = 1 \text{ Promille} = 1‰$$
vermehrter und verminderter Grundwert	Wenn der Grundwert um einen prozentualen Anteil vermehrt oder vermindert wird, kann man mit verändertem Prozentsatz den vermehrten oder verminderten Grundwert berechnen.	$$q = 1 + \frac{p}{100}, \quad q = 1 - \frac{p}{100}$$ $$W = G \cdot q$$
Zinsrechnung	Die **Zinsrechnung** ist eine Anwendung der Prozentrechnung.	
• **Zinsen**	Für Geldbeträge, die man einer Bank für eine bestimmte Zeit überlässt oder die man sich leiht, bekommt man **Zinsen** oder muss welche bezahlen.	Jahreszinsen = Kapital · Zinssatz $$Z = K \cdot p\% = K \cdot \frac{p}{100}$$
• **Zinssatz**	Der **Zinssatz** gibt in Prozenten an, wie viel Zinsen die Bank für ein bestimmtes Kapital gibt oder verlangt. Der **Zeitraum** bezieht sich in der Regel auf **ein Jahr**.	$$p\% = \frac{Z}{K}$$
• **Kapital**	Der Geldbetrag, den man einer Bank überlässt oder den man sich leiht, nennt man **Kapital**.	$$K = \frac{Z}{p} \cdot 100 = \frac{Z}{p\%}$$
• **Zinsformel für Teile eines Jahres**	Für Teile des Jahres müssen die Jahreszinsen mit einem Zeitfaktor multipliziert werden. Die Bank rechnet das Jahr mit 360 Tagen und den Monat mit 30 Tagen. Zur Berechnung der anderen Größen muss man die Formel umstellen.	Zinsen = Jahreszinsen · Zeitfaktor $$Z = K \cdot \frac{p}{100} \cdot i \qquad \textbf{i} \text{ Bruchteil eines Jahres}$$ $$Z = K \cdot \frac{p}{100} \cdot \frac{m}{12} \qquad \textbf{m} \text{ Anzahl der Monate}$$ $$Z = K \cdot \frac{p}{100} \cdot \frac{t}{360} \qquad \textbf{t} \text{ Anzahl der Tage}$$

Üben • Anwenden • Nachdenken

Sport

Fußball immer attraktiver

Die Fußball-Bundesliga steuert auf einen Zuschauerrekord zu. In der Hinrunde dieser Saison kamen im Schnitt 34 720 Fans zu den Spielen – zwei Prozent mehr als im vergangenen Rekordjahr.

1 a) Wie viele Zuschauer kamen im Schnitt im vergangenen Rekordjahr?
b) In der Rückrunde soll der Schnitt auf 36 000 Zuschauer gesteigert werden. Um wie viel Prozent muss die Zuschauerzahl steigen?
c) Einer der Aufsteiger hatte einen Zuwachs von durchschnittlich 14 % gegenüber der vorigen Saison. Das waren 3460 Zuschauer.
Wie viele Zuschauer pro Spiel hatten sie im vergangenen Jahr in der 2. Liga?

2 Nach einem Heimspiel von Herta BSC werden 200 Zuschauer befragt, wie sie mit dem Spiel der Berliner Mannschaft zufrieden waren. 82 antworteten mit sehr zufrieden, 64 mit zufrieden, 45 mit nicht zufrieden und der Rest hatte keine Meinung. Es wurden 39 678 Zuschauer gezählt. Übertrage die Umfrageergebnisse auf die gesamten Zuschauer.
Wie viele werden vermutlich wieder kommen?

3 a) Wie ändert sich der Umfang bzw. der Flächeninhalt, wenn die Seiten eines Quadrats jeweils 10 % länger werden? Wie ist es bei 100 %?
b) Wie ändert sich die Oberfläche bzw. das Volumen, wenn die Kanten eines Würfels jeweils um 50 % verlängert werden? Wie ist es bei einer Verkürzung um 50 %?

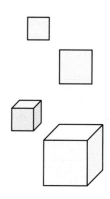

4 a) Wenn X 50 % von Y ist, wie viel Prozent sind dann Y von X? Drücke den Sachverhalt auch mit Bruchteilen aus.
b) Wenn X 10 % von Y ist, ist dann Y 90 % von X? Kannst du den Zusammenhang erklären?

Prozentsatz und Prozentpunkte ℹ

Bei der Wahl hatte Partei A ihren Stimmenanteil im Vergleich zur letzten Wahl von 40 % auf 44 %, Partei B von 4 % auf 8 % gesteigert.
Beide Parteien stellen sich nach der Wahl als Wahlsieger dar und kommentieren den Wahlausgang mit dem Satz:
„Wir haben uns um 4 % gesteigert!"

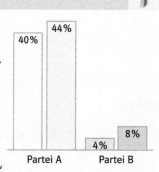

Mathematisch betrachtet haben beide Parteien je 4 % der Gesamtstimmen hinzugewonnen. Interessanter ist aber die Steigerung im Vergleich zum bisherigen Anteil. Daher hört man in den Medien oft die Unterscheidung zwischen Prozentsätzen und **Prozentpunkten**.
Beide Parteien haben 4 Prozentpunkte mehr. Partei A hat einen Zuwachs von 10 % der Stimmen, Partei B dagegen hat ihren Stimmenanteil verdoppelt, also 100 % mehr.

Eine Partei hatte bei der letzten Wahl 12 %, jetzt nur noch 9 % der Stimmen erhalten.
■ Beurteile folgende Aussagen: Die Partei
… hat einen Verlust von 3 % zu verkraften.
… hat ein Viertel ihrer Wähler verloren.
… hat deutliche Verluste hinnehmen müssen.
… hat drei Prozentpunkte verloren.
… hat 25 % Stimmen weniger erhalten.
… hatte bei der letzten Wahl 25 % Stimmen mehr.

5 In einer Sonderaktion verkauft Foto-Plus eine Digitalkamera zu 298,50 € mit 25% Rabatt. Am Vormittag gibt es nochmals 10% Sonderrabatt auf den ermäßigten Preis.
a) Herr Kuhn zieht einfach 35% ab.
b) Wie viel muss Herr Kuhn bezahlen?
c) Wie viel müsste Herr Kuhn bezahlen, wenn er zuerst den Sonderrabatt und dann den Aktionsrabatt abziehen würde?

6 Prüfe nach.

7 a) Wo wurde mehr gespart? Begründe deine Antwort.

b) „Sie sparen 30%!"

Laufschuhe
69,– €
bisher: 99,– €

Was meinst du dazu?

8 Auf dem Markt hat ein Gemüsehändler Möhren, die er für 80 € vom Biobauern gekauft hat, mit einem Gewinn von 20% verkauft. Bei den Kartoffeln, die er für 120 € eingekauft hat, hatte er einen Verlust von 10%.

9 Vergleiche die beiden Angebote. Kannst du die jeweilige Ersparnis in Prozent angeben?

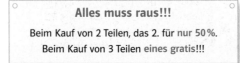

10 Im Werbeprospekt wird der Listenpreis eines Autos angegeben.
Für den Endpreis müssen Mehrwertsteuer und Rabatt berücksichtigt werden.
Entscheide dich für das beste Angebot und begründe.

A: Listenpreis + 19% Mehrwertsteuer – 23% Rabatt
B: Listenpreis – 4% Rabatt
C: Listenpreis – 23% Rabatt + 19% Mehrwertsteuer.

11 Ein Autohändler hat zwei Autos zum selben Preis von 15 000 € verkauft.
Das eine mit 10% Gewinn, das andere allerdings mit 10% Verlust.
Er denkt, dass damit alles wieder ausgeglichen ist.
Rechne nach.

12 Herr Mack ist Handelsvertreter. Er hat zwei Tankzettel aufbewahrt und vergleicht.

a) Um wie viel Prozent hat sich der Literpreis für das Benzin verändert?
b) Hat sich auch sein Verbrauch verändert? Beim ersten Mal ist er 620 km, beim zweiten Mal 490 km gefahren.

13 Eine Heizungsfirma wirbt mit tollen Heizkostenersparnissen:

bis zu 40% durch eine neue Heizanlage
bis zu 35% durch zusätzliche Wärmedämmung
bis zu 35% durch sparsames Heizen

Herr Spahr denkt kurz, dass er mehr als 100% sparen kann, aber zur Berechnung der wirklichen Ersparnis braucht er Hilfe.

14 Max und Moritz sind sich uneins: Ist es günstiger, zuerst 10% Rabatt und dann 2% Skonto oder zuerst 2% Skonto und anschließend 10% Rabatt zu erhalten? Kannst du den beiden helfen?

15 a) Was ist besser – hintereinander Steigerungen um 10 %, 20 % und 30 % oder eine einmalige Steigerung um 70 %?
b) Was ist mehr – 5-mal nacheinander eine Erhöhung um 10 % oder einmal um 60 %?

16 Für den Schulausflug wird ein Bus benötigt. Sandra und Dominik holen zwei Angebote ein:
Firma Wandervogel bietet ab 20 Teilnehmern 5 % Rabatt, ab 30 dann 10 %.
Firma Travel gibt ab 20 Teilnehmern einen Freiplatz, ab 30 dann zwei Freiplätze.
Für welches Angebot würdest du dich entscheiden? Begründe.

17 a) Was sagst du zu diesem Angebot? Wie ist die prozentuale Ersparnis?
b) Wie ändert sich der Prozentsatz bei „Nimm 5, zahl 4" oder
bei „Nimm 6, zahl 5"?

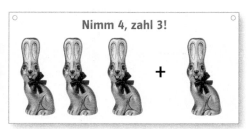

Nimm 4, zahl 3!

18 Vergleiche die beiden Kreditangebote

Bar-Kredit
5000,– €
Zinssatz: 9%
Laufzeit: 1 Jahr
keine Bearbeitungsgebühr

Spar-Kredit
5000,– €
Rückzahlung nach 12 Monaten
Zinssatz nur 8,5%
einmalige Bearbeitungsgebühr von 50 €

19 Beim Ratenkauf muss man sehr genau auf die Bedingungen achten.

Supersonderpreis!!!
Rasenmäher
zum einmaligen Sonderpreis von
349,– €
oder 72 Monatsraten zu 5,99 €

Wie viel Prozent „Zinsen" werden bei diesem Ratenkauf berechnet?

20 Katja bekommt für ihr Guthaben auf der Bank 2,5 % Zinsen. Würde der Zinssatz nur 1,5 % betragen, bekäme sie 30 € weniger Zinsen im Jahr. Kannst du angeben, wie hoch ihr Guthaben ist?

Erstaunliche Leistung

Der 100 Jahre alte Phillip Rabinowitz stellte mit 28,70 Sekunden einen neuen 100-m-Weltrekord in der Klasse Ü 100 auf.
Er blieb dabei um 7,49 Sekunden unter dem bestehenden Rekord.

■ Um wie viel Prozent wurde der Weltrekord verbessert?
■ Ist er mit 50 wohl 14,35 Sekunden schnell gelaufen?
■ Der Weltrekord bei den Männern steht bei 9,78 Sekunden.
Wie wäre die neue Bestmarke, wenn dieser mit derselben prozentualen Steigerung verbessert würde?

Patrick bringt zu Beginn eines jeden Jahres 300 € zur Bank und erhält jährlich 2,5 % Zinsen.
Am Ende des Jahres lässt er die Zinsen gutschreiben und zahlt wieder 300 € ein. So wächst nicht nur sein gespartes Kapital, sondern es wachsen auch seine Zinsen.
Die Entwicklung seines Kontostandes lässt sich gut in einer Tabelle darstellen. Dabei hilft ein Tabellenkalkulationsprogramm.

D9	▼	f_x	=C9*C$3			
	A	B	C	D	E	
1	Patricks Sparplan					
2						
3		Zinssatz	2,5 %			
4		Jährliche Rate	300,00 €			
5						
6	Datum	Einzahlung	Kontostand am 1.1.	Zinsen	Kontostand am 31.12.	
7	01.01.2006	300,00 €	300,00 €	7,50 €	307,50 €	
8	01.01.2007	300,00 €	607,50 €	15,19 €	622,69 €	
9	01.01.2008	300,00 €	922,69 €	23,07 €	945,75 €	
10	01.01.2009	300,00 €	1.245,75 €	31,14 €	1.276,90 €	

■ Erstelle selbst ein Rechenblatt zur Berechnung eines Sparplans.
■ Wie viel Geld kann Patrick im angegebenen Beispiel nach sechs Jahren abheben?
■ Wann hat Patrick erstmals mehr als 2500 € auf seinem Konto?
■ Wie viel Zinsen hat er nach zehn Jahren insgesamt bekommen?
Gib eine Formel zur Berechnung der Zinsen an.

■ Stelle die Entwicklung des Kapitals in einem geeigneten Diagramm dar.
■ Erstelle solch ein Diagramm auch für die Entwicklung der Zinsen. Was fällt dir auf?

■ Verändere in dem Programm den Zinssatz und beobachte die Veränderungen des Kontostandes.
■ Was beobachtest du, wenn du die Höhe der Einzahlungen verdoppelst?
Wie wirkt sich eine Verdopplung des Zinssatzes aus? Erkläre den Unterschied.

21 Die Kinder von Familie Topcu haben Sparbücher mit unterschiedlichen Zinssätzen.

Fatih: Stand am 1.1.   700 € zu 1,00 %
Serpil: Stand am 1.1.   650 € zu 1,75 %
Merve: Stand am 1.1.   575 € zu 2,25 %

Vergleiche die Kontostände nach einem Jahr.

22 Eine Privatbank wirbt mit dieser Anzeige:

Billiges Geld für 1 Monat!
Leihen Sie sich 5000 €
und zahlen Sie nach
1 Monat 5100 € zurück.

a) Wie viel Prozent Zinsen sind für einen Monat zu zahlen?
b) Berechne die Jahreszinsen und bestimme den dazugehörigen Zinssatz.
c) Banken müssen bei Krediten immer den Jahreszinssatz angeben.
Kannst du erklären, warum?

23 Marlene hat zu Jahresbeginn ein Guthaben von 765 €. Es wird mit 1,5 % verzinst. Sie zahlt am 13. März 250 € ein und hebt am 17. Oktober 500 € ab.
Wie hoch ist ihr Guthaben am Ende des Jahres?

24 Alfred Nobel (1833–1896), der Erfinder des Dynamits, stellte sein ganzes Vermögen für eine Stiftung zur Verfügung.
Aus den Zinsen werden jährlich 5 Nobelpreise finanziert.
Das Preisgeld betrug 2005 insgesamt 4 Mio. Euro.
a) Wie hoch müsste das Vermögen sein, wenn man von einem Zinssatz von 6,5 % ausgeht?
b) Im Jahr 1999 betrug das Vermögen 463 Millionen US-$. Die Bank zahlte 39 Millionen US-$ Zinsen.
Wie hoch war der Zinssatz?
c) Informiere dich über Alfred Nobel, über die unterschiedlichen Nobelpreise und wer sie zuletzt bekommen hat. Vielleicht bekommst du ja selbst mal einen.

Rückspiegel

1 Berechne die fehlenden Werte.

	Grundwert	Veränderung in Prozent	Veränderter Grundwert
a)	315 €	+16 %	
b)		−5 %	779 km
c)	20 km		26 km

2 Herr Stark kauft einen Fernsehapparat. Auf den Preis von 998 € kommen noch 19 % Mehrwertsteuer, es dürfen dann noch 2 % Skonto abgezogen werden.

3 Nach einem Preisaufschlag von 10 % kostete das Mountainbike 746,90 Euro.
a) Wie viel kostete das Mountainbike vor der Erhöhung?
b) Was muss bezahlt werden, wenn jetzt 10 % Rabatt gegeben werden?

4 a) Felix hat auf seinem Sparbuch 680 €. Der Zinssatz beträgt 1,5 %. Wie viel Zinsen erhält er nach 1 Jahr und wie hoch ist dann sein Kontostand?
b) Laura wurden nach 1 Jahr auf ihrem Sparbuch 9,18 € Zinsen gutgeschrieben. Wie groß war ihr Guthaben bei einem Zinssatz von 2 %?

5 Berechne die fehlenden Werte.

	Kapital	Zinssatz	Zinsen	Zeit
a)	600 €	5 %		4 Mon.
b)	1200 €		18 €	$\frac{1}{4}$ Jahr
c)		6 %	4,20 €	14 Tage
d)	2400 €	11 %	198 €	

6 Frau Abel hat eine Rechnung von 1256,50 € zu bezahlen.
Bei sofortiger Bezahlung kann sie 2 % Skonto vom Rechnungsbetrag abziehen.
Sonst muss sie innerhalb von 4 Wochen bezahlen.
Sie müsste ihr Girokonto 21 Tage lang überziehen, um gleich bezahlen zu können.
Der Zinssatz beträgt 11 %.
Wie viel Euro kann Frau Abel sparen?

1 Berechne die fehlenden Werte.

	Grundwert	Veränderung in Prozent	Veränderter Grundwert
a)	23,56 €	+10,5 %	
b)		$-3\frac{1}{4}$ %	119,97 m
c)	125,50 €		122,99 €

2 Frau Stark hat beim Kauf eines Heimtrainers durch einen Nachlass von 15 % einen Betrag von 134,85 € gespart. Was kostete der Heimtrainer ohne die 19 % Mehrwertsteuer?

3 Zweimal wurde der Preis eines Bildschirms um jeweils 10 % ermäßigt. Der aktuelle Preis beträgt 243 Euro.
a) Wie hoch war der ursprüngliche Preis?
b) Um wie viel Prozent muss der Preis wieder erhöht werden, um auf den alten Preis zu kommen?

4 a) Simone wurden am Ende des Jahres 33,25 € Zinsen gutgeschrieben. Wie groß war das Guthaben am Jahresanfang bei einem Zinssatz von 2,5 %?
b) Für 897 € bekam Marion 15,70 €, für 1245 € erhielt Jan 18,68 € Zinsen. Wer hatte den höheren Zinssatz?

5 Berechne die fehlenden Werte.

	Kapital	Zinssatz	Zinsen	Zeit
a)	564 €	4,5 %		7 Mon.
b)	678,50 €		53,39 €	$\frac{3}{4}$ Jahr
c)		$3\frac{1}{4}$ %	8,85 €	80 Tage
d)	826,75 €	10,5 %	32,07 €	

6 Frau Hahn kauft ein Auto für 22 000 €. Sie zahlt 13 000 € bar.
Den Restbetrag möchte sie 8 Monate später bezahlen.
Der Händler schlägt vor, in 8 Monaten noch 9630 € zu zahlen.
Bei der Bank bekommt Frau Hahn das Geld zu einem Zinssatz von 9,5 % geliehen.
Wie soll sie sich entscheiden?

Ein Schnitt – zwei Prismen

Wir bauen einen Quader um

Zwei, drei oder alle vier Quaderteile kannst
du zu neuen Körpern zusammensetzen.
Beachte dabei als einzige Regel:
Nur gleiche Flächen dürfen aneinander
gelegt werden.
Du wirst ziemlich viele Körper finden.
Suche nach gemeinsamen Eigenschaften.
Du kannst die Teilkörper aus Netzen her-
stellen – auch ohne zu sägen.

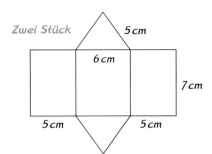

Zwei Stück   5 cm
6 cm
7 cm
5 cm   5 cm

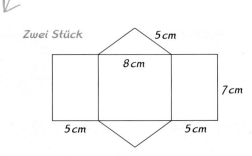

Zwei Stück   5 cm
8 cm
7 cm
5 cm   5 cm

Körper-Puzzle

Die drei abgebildeten Körper lassen
sich zu einem einzigen zusammenlegen.
Beschreibe ihn.

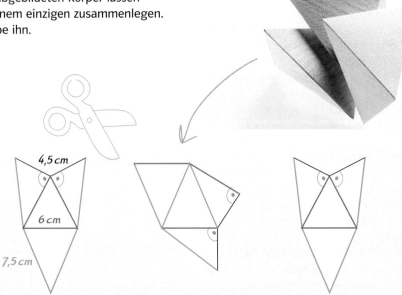

4,5 cm
6 cm
7,5 cm

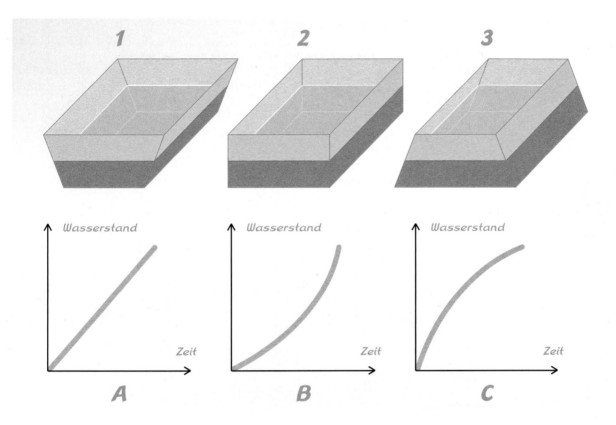

Mehr Wasser!

In allen drei Wannen steht das Wasser halb hoch, und der Wasserspiegel bildet dreimal dasselbe Rechteck. Wanne 1 und Wanne 3 haben dieselben Maße, nur sind Oben und Unten vertauscht.

- In welcher Wanne ist am meisten Wasser? Was passiert, wenn man das Wasser aus der Wanne 2 in die Wanne 3 gießt?
- Passt das Wasser aus Wanne 3 in die Wanne 1?
- Denke dir selbst einige solcher Fragen aus. Es gibt auch noch andere Wasserstände!
- Die drei Wannen werden gefüllt. In jeder Sekunde läuft die gleiche Wassermenge hinein. Welcher Graph gehört zu welcher Wanne?

In diesem Kapitel lernst du,

- wie man Volumen und Oberfläche von Quader und Würfel berechnet,
- wie man Netze und Schrägbilder von Prismen zeichnet,
- wie man Volumen und Oberfläche von Prismen berechnet,
- wie man Körper zusammensetzt und zeichnet und Volumen und Oberfläche berechnet.

1 Quader und Würfel

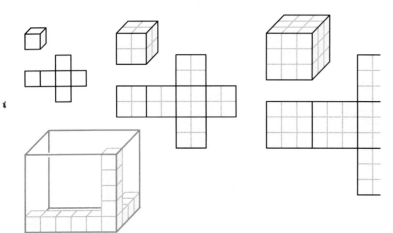

Die Kanten der kleinen Würfel sind 1 cm lang.

→ Aus wie vielen solcher Würfel sind die Würfel mit 2 cm; 3 cm; ... 10 cm Kantenlänge aufgebaut?

→ Wie viele 1-cm-Quadrate passen in die Netze der größeren Würfel? Musst du abzählen?

→ Was findest du über den blauen Quader heraus?

Das Volumen des Quaders ist das Produkt aus Länge, Breite und Höhe.
Quadernetze bestehen aus sechs Rechtecken. Je zwei davon sind gleich.
Daher ist die Oberfläche die verdoppelte Summe von drei Rechtecksflächen.
Für den Würfel ist die Rechnung einfacher, weil alle Kanten gleich lang sind.

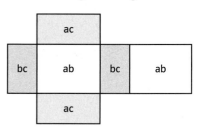

Ein **Quader** mit den Kantenlängen a, b und c hat
das **Volumen** $V = a \cdot b \cdot c$ und die **Oberfläche** $O = 2(a \cdot b + b \cdot c + a \cdot c)$.
Ein **Würfel** mit der Kantenlänge a hat
das **Volumen** $V = a^3$ und die **Oberfläche** $O = 6a^2$.

Beispiele

a) Ein Würfel mit der Kantenlänge
a = 10 cm hat das Volumen
$V = 10^3 \text{cm}^3 = 1000 \text{cm}^3$.
Seine Oberfläche beträgt
$O = 6 \cdot 10^2 \text{cm}^2$
$O = 600 \text{cm}^2$.

b) Ein Quader mit
a = 8 dm, b = 12 dm und c = 7 dm
hat das Volumen
$V = 8 \cdot 12 \cdot 7 \text{dm}^3 = 672 \text{dm}^3$.
Seine Oberfläche beträgt
$O = 2 \cdot (8 \cdot 12 + 8 \cdot 7 + 12 \cdot 7) \text{dm}^2$
$O = 472 \text{dm}^2 = 4{,}72 \text{m}^2$.

c) Jede der sechs Flächen eines Würfels
mit der Oberfläche $O = 150 \text{cm}^2$ hat den
Flächeninhalt $A = 150 : 6 \text{cm}^2 = 25 \text{cm}^2$. Die
Kantenlänge des Würfels beträgt also 5 cm.

d) Ein Quader mit
$V = 600 \text{cm}^3$, a = 20 cm und b = 5 cm
hat als dritte Kantenlänge
$c = 600 : (20 \cdot 5) \text{cm} = 6 \text{cm}$.

Aufgaben

1 Berechne das Volumen und die Oberfläche des Würfels mit der Kantenlänge a.
a) a = 4 cm
b) a = 12 cm
c) a = 15 cm
d) a = 6 dm
e) a = 4,5 cm
f) a = 0,5 m

2 Ein Quader hat die Kantenlängen a, b und c.
Berechne Volumen und Oberfläche.

	a	b	c
a)	5 cm	7 cm	9 cm
b)	12 cm	3 cm	4,5 cm
c)	0,5 dm	1,4 dm	6 dm
d)	2,5 m	5 dm	8 dm
e)	1,6 dm	1,5 cm	1,4 cm
f)	22 cm	0,22 m	2,2 dm

3 Bestimme die Kantenlänge des Würfels.
a) $O = 600 \text{ cm}^2$
b) $O = 54 \text{ cm}^2$
c) $V = 125 \text{ cm}^3$
d) $V = 216 \text{ cm}^3$

4 Wie lang ist die dritte Quaderkante?
a) $V = 672 \text{ cm}^3$;
   a = 7 cm; b = 8 cm
b) $V = 243 \text{ dm}^3$;
   a = 6 dm; c = 4,5 dm
c) $V = 168 \text{ cm}^3$;
   b = 3,5 cm; c = 4,8 cm

5 Ein Quader hat die Kanten a = 10 cm; b = 5 cm und die Oberfläche $O = 220 \text{ cm}^2$.
Für die dritte Kante c gilt dann
$2 \cdot (50 + 5 \cdot c + 10 \cdot c) = 220$
a) Berechne c aus dieser Gleichung.
b) Berechne c für
   a = 12 cm; b = 11 cm; $O = 540 \text{ cm}^2$.
c) Jetzt ist b gesucht:
   a = 11,5 cm; c = 9,0 cm; $O = 350,5 \text{ cm}^2$

6 Stell dir eine riesige Kunststofffolie ausgerollt vor:
1 km lang, 1 m breit, 1 mm dick.
Ein 1-cm-Würfel aus demselben Kunststoff wiegt etwa 0,5 g.
Könntest du die Folie tragen?
Gib vor dem Rechnen einen Tipp ab.

7 Ein Würfel hat 10 cm Kantenlänge.
a) Er wird parallel zur Grundfläche halbiert. Berechne die Gesamtoberfläche der zwei Teilquader und vergleiche sie mit der Oberfläche des Würfels.
b) Der Würfel wird durch zwei Schnitte geviertelt. Vergleiche die Gesamtoberfläche der Teilquader mit der Oberfläche des Würfels.
c) Der Würfel wird in Achtel zerlegt.
d) Der Würfel wird durch 10 Schnitte parallel zu seinen Flächen geteilt.

zu a)   zu b)   zu c)

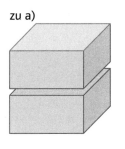 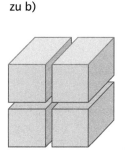 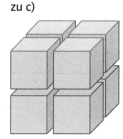

8 a) Zwei Würfel mit der Kantenlänge a werden Fläche auf Fläche aufeinander gesetzt. Gib einen Term für die Oberfläche des so entstandenen Quaders an.
b) Drei, vier, fünf Würfel mit der Kantenlänge a werden aufeinander gesetzt.
Gib Terme für die Oberfläche der Quader an.

9 a) Die Kanten des roten Würfels sind 5-mal so lang wie die des blauen Würfels. Wievielmal so groß ist seine Oberfläche? Wievielmal so groß ist sein Volumen?
b) Das Volumen eines großen Würfels ist 8-mal so groß wie das eines kleinen Würfels.
Wievielmal so lang sind seine Kanten? Wievielmal so groß ist seine Oberfläche?
c) Die Oberfläche eines großen Würfels ist 9-mal so groß wie die eines kleinen Würfels.

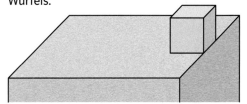

10 Viele Waren werden in annähernd quaderförmigen Packungen geliefert.

	a in cm	b in cm	c in cm
250-g-Packung Butter	9,8	7,4	3,7
500-g-Packung Salz	14,5	6,3	4,5
1-l-Packung Frischmilch	19,8	7,2	7,0
1-kg-Packung Reis	20,0	9,0	7,4
1-kg-Packung loser Zucker	15	10	8
500-g-Packung Würfelzucker	11,6	9,3	5,1
250-g-Packung Kaffee gemahlen	13,9	8,5	4,0

a) Berechne Volumen und Oberfläche. Runde sinnvoll.

b) Ist dir an der Milchpackung etwas aufgefallen? Sind die Angaben falsch?

c) Butter schwimmt. Begründe.

d) Vergleiche die Packungen für losen Zucker und Würfelzucker. Was fällt auf?

e) Die Salzpackung hat doppelten Boden und doppelten Deckel.

f) Welchen Flächeninhalt hat die Hülle des Butterstücks in Wirklichkeit?

g) Es gibt noch viele Packungen, die du selbstständig untersuchen kannst.

? *„Salz ist schwerer als Reis." Was ist mit diesem Satz gemeint?*

11 a) Welches Volumen haben die Umzugskartons?

b) Wie groß sind die Oberflächen des Kartons?

c) Welchen Flächeninhalt hat das Netz, aus dem der Karton zusammengefaltet wird?

Untersuche einen solchen Karton.

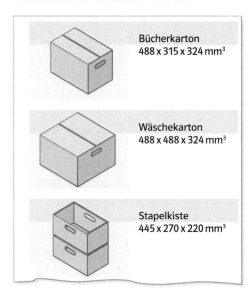

Bücherkarton
488 x 315 x 324 mm³

Wäschekarton
488 x 488 x 324 mm³

Stapelkiste
445 x 270 x 220 mm³

1000 Würfel

F6	▼	fx	=2*(B6*D6+D6*E6+B6*E6)				
	A	B	C	D	E	F	G	H

	A	B	C	D	E	F	G	H
1		Die Länge ist mindestens so groß wie die Breite.						
2		Die Breite ist mindestens so groß wie die Höhe.						
3								
4	Volumen V in cm^3	Länge a in cm	V/a in cm^2	Breite b in cm	Höhe c in cm	Oberfläche O in cm^2	a/c	4*(a+b+c)
5								
6	1000	1000	1	1	1	4002	1000	4008
7	1000	500	2	2	1	3004	500	2012
8	1000	250	4	4	1	2508	250	1020
9	1000	250	4	2	2	2008	125	1016
10	1000	200						
11	1000	125						
12								
13	1000	100						
14								
15	1000	50		20	1			
16								
17								
18								
19								
20	1000	25		20	2			
21								
22								
23								
24	1000	10		10	10			

1000 Würfel mit 1cm Kantenlänge kann man auf viele Arten zu einem Quader zusammensetzen.

■ Verena trägt die möglichen Kantenlängen in das Datenblatt ein. Sie ist nach einem System vorgegangen und ist sich sicher: Ich habe alle Möglichkeiten gefunden.

Die Lücken in der Tabelle sollst du nach diesem System ausfüllen.

■ Sina findet schnell den Quader mit der kleinsten Oberfläche.

■ Karin meint: Je länger und dünner ein Quader ist, desto größer ist seine Oberfläche.

■ Alex erwartet, dass zur größeren Oberfläche immer die größere Kantenlänge gehört.

2 Prisma. Netz und Oberfläche

→ Welche Möglichkeiten siehst du, aus den Flächen ein Prismennetz zu legen? Gleich lange Seiten sind gleich gefärbt.

→ Gibt es noch andere Flächen, die als Grundfläche und Deckfläche geeignet wären?

→ Gibt es ein Prismennetz, das die Vierecke 1 und 15 enthält?

→ Warum gibt es kein Prisma mit den Vierecken 9 und 16?

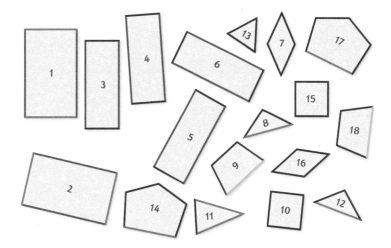

Die **Oberfläche eines Prismas** setzt sich aus der **Grundfläche**, der Deckfläche und der **Mantelfläche** zusammen.
Grundfläche und Deckfläche sind deckungsgleiche (kongruente) Vielecke.
Die Mantelfläche M besteht aus Mantelrechtecken, die in der Länge einer Seite übereinstimmen. Diese ist die Höhe h des Prismas.

Die Grundfläche G und die Deckfläche D haben den gleichen Flächeninhalt.
Für die Oberfläche O gilt $O = 2 \cdot G + M$.

Für das abgebildete Viereckssprisma wird die Mantelfläche M aus den Flächeninhalten der vier Mantelrechtecke berechnet:

$$M = M_1 + M_2 + M_3 + M_4$$
$$= a_1 \cdot h + a_2 \cdot h + a_3 \cdot h + a_4 \cdot h$$
$$= (a_1 + a_2 + a_3 + a_4) \cdot h$$
$$= u \cdot h$$

Hierbei ist u der Umfang der Grundfläche.

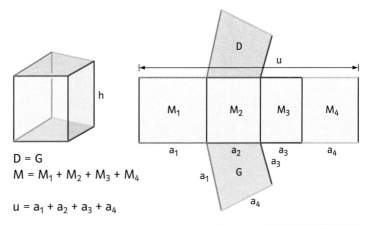

$D = G$
$M = M_1 + M_2 + M_3 + M_4$
$u = a_1 + a_2 + a_3 + a_4$

Die **Oberfläche O** eines Prismas lässt sich berechnen als Summe aus dem Doppelten der **Grundfläche G** und der **Mantelfläche M**. $O = 2 \cdot G + M$
Die **Mantelfläche M** eines Prismas lässt sich berechnen als Produkt aus dem **Umfang u** der Grundfläche und der **Körperhöhe h**. $M = u \cdot h$

Bemerkung

Prismen werden nach der Eckenzahl ihrer Grundfläche benannt. Man sagt also Dreiecksprisma, Viereckssprisma, Fünfecksprisma usw. Viereckssprismen können genauer nach der Art des Vierecks benannt werden: Rautenprisma, Trapezprisma usw.
Quader und Würfel sind besondere Prismen.

Basaltgestein bildet unregelmäßige Prismen. Die meisten sind Sechsecksprismen.

Beispiele

a) Ein Dreiecksprisma hat als Grundfläche ein rechtwinkliges Dreieck mit den Seitenlängen a = 9 cm, b = 12 cm und c = 15 cm. Seine Höhe ist 7 cm.

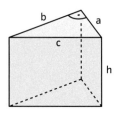

Die Grundfläche ist

$$G = \frac{1}{2} \cdot a \cdot b = \frac{1}{2} \cdot 9 \cdot 12 \, cm^2 = 54 \, cm^2$$

Die Mantelfläche ist

$$M = u \cdot h = (a + b + c) \cdot h$$
$$= (9 + 12 + 15) \cdot 7 \, cm^2 = 252 \, cm^2$$

Die Oberfläche ist

$$O = 2 \cdot G + M$$
$$= 2 \cdot 54 \, cm^2 + 252 \, cm^2 = 360 \, cm^2.$$

b) Ein Prisma hat die Oberfläche 250 cm² und die Mantelfläche 70 cm².
Daraus wird die Grundfläche berechnet:

$$O = 2 \cdot G + M$$
$$2 \cdot G = O - M$$
$$G = (O - M) : 2$$
$$= (250 \, cm^2 - 70 \, cm^2) : 2 = 90 \, cm^2$$

Aufgaben

1 Übertrage das Netz des Prismas in doppelter Größe ins Heft. Berechne die Oberfläche. Die dazu nötigen Maße entnimmst du deiner Zeichnung.

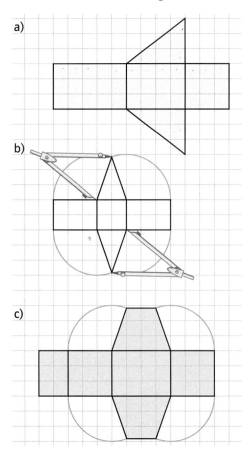

a)

b)

c)

2 Zeichne das Netz des Prismas und berechne die Oberfläche. Die fehlenden Maße entnimmst du deiner Zeichnung. Beachte: h ist die Höhe des Prismas.
a) Dreiecksprisma mit einem gleichseitigen Dreieck als Grundfläche
a = b = c = 3 cm; h = 5 cm
b) Dreiecksprisma mit einem gleichschenkligen Dreieck als Grundfläche
a = b = 6 cm; c = 3 cm; h = 4 cm
c) Dreiecksprisma mit einem rechtwinkligen Dreieck als Grundfläche
a = 3 cm; b = 4 cm; h = 5 cm; γ = 90°
d) Dreiecksprisma mit einem allgemeinen Dreieck als Grundfläche
c = 4 cm; α = 70°; β = 45°; h = 6 cm

3 Bestimme die Oberfläche des Prismas mithilfe einer Zeichnung.
Die Höhe des Prismas ist h.
a) Parallelogrammprisma
a = 6 cm; b = 4 cm; α = 40°; h = 5 cm
b) Trapezprisma mit einem symmetrischen Trapez als Grundfläche
a = 6 cm; b = d = 3 cm; c = 4 cm; h = 4 cm
c) Rautenprisma
a = 5 cm; α = 60°; h = 4 cm
d) Drachenprisma mit
a = b = 4 cm; c = d = 3 cm; h = 7 cm
e) Sechseckprisma mit einem regelmäßigen Sechseck als Grundfläche
a = 4 cm; h = 6 cm

4 Von den fünf Größen u, h, G, M und O eines Prismas sind drei gegeben. Berechne die fehlenden Größen.

	a)	b)	c)	d)	e)
u	12 cm	28 cm		20 m	
h	8 cm		7 cm		1,4 m
G	30 cm²		40 cm²	50 m²	0,4 m²
M		98 cm²	105 cm²	150 m²	
O		125 cm²			6,96 m²

5 Zeichne in doppelter Größe ab und vervollständige zum Netz eines Prismas.

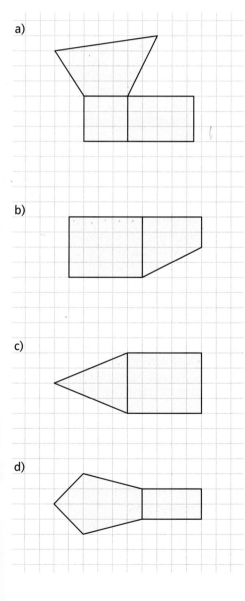

a)

b)

c)

d)

6 Berechne die Oberfläche des Prismas mit der Höhe h = 8 cm und den angegebenen Maßen (in cm) der Grundfläche.

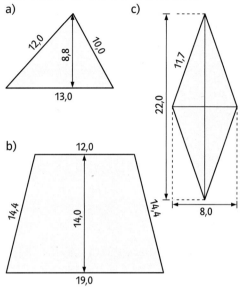

a)

b)

c)

7 Ein Quadratprisma ist 12 cm hoch. Die Seiten der Grundfläche sind 5 cm lang.
a) Halbiert man das Prisma durch einen Schnitt längs einer Diagonalen der Grundfläche, entstehen zwei Dreiecksprismen. Berechne die Oberfläche eines solchen Prismas. Die Länge der Quadratdiagonalen entnimmst du einer Zeichnung.
b) Das Quadratprisma lässt sich auch in zwei gleiche Trapezprismen zerlegen. Berechne die Oberfläche eines solchen Prismas. Benutze Maße aus einer Zeichnung.

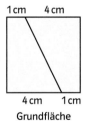

1 cm   4 cm

4 cm   1 cm
Grundfläche

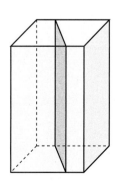

c) Wie muss man das Quadratprisma halbieren, damit beide Hälften möglichst kleine Oberflächen haben?

3 Schrägbild

Schräglage, kein Schrägbild

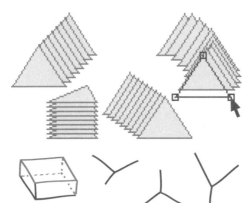

→ Zeichne solche Figuren mit einem Zeichenprogramm. Wie kommst du zu einer genauen Zeichnung?

→ Eleni zeichnet drei Quaderkanten in Rot. Lena ergänzt sichtbare Kanten blau und unsichtbare grau gestrichelt.

Schrägbilder vermitteln einen guten räumlichen Eindruck von Körpern. Es gibt viele Arten, Schrägbilder zu zeichnen. Wir vereinbaren folgende Regeln:

In einem **Schrägbild** werden Strecken, die
- parallel zur Zeichenebene verlaufen, in Länge und Richtung unverändert gezeichnet.
- senkrecht zur Zeichenebene verlaufen, unter einem Winkel von 45° und auf die Hälfte verkürzt gezeichnet.
- weder parallel noch senkrecht zur Zeichenebene verlaufen, anhand von Hilfslinien gezeichnet.

Beispiele

Ein Trapezprisma wird in zwei Lagen gezeichnet.

a) Das Prisma liegt auf einem Mantelrechteck. Grund- und Deckfläche bleiben unverändert. Die Kante BF wird um 45° geneigt und auf die Hälfte verkürzt gezeichnet.

b) Das Prisma steht auf der Grundfläche. Zwei der Mantelrechtecke bleiben unverändert. Die Punkte G und H werden mithilfe der Trapezhöhen gezeichnet.

Die Kanten der Auflageflächen in wahrer Größe sind rot gezeichnet, Hilfslinien rosa. Halbierungspunkte sind durch Kreuzchen bezeichnet.

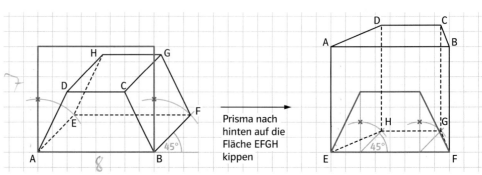

Prisma nach hinten auf die Fläche EFGH kippen

Aufgaben

1 Zeichne den Quader in drei Lagen im Schrägbild.
a) a = 6 cm; b = 5 cm; c = 4 cm
b) a = 8 cm; b = 8 cm; c = 6 cm
c) a = 8 cm; b = 2 cm; c = 2 cm

2 Übertrage die Grundfläche in doppelter Größe ins Heft.
Zeichne das Prisma auf einem Mantelrechteck liegend im Schrägbild.
Die Höhe beträgt 10 cm.

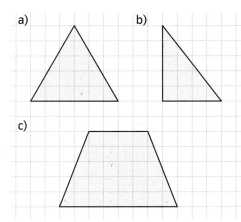

3 Zeichne das Schrägbild des Prismas mit der Grundfläche in der Zeichenebene. Die Höhe des Prismas ist immer h.
a) Prisma mit einem
gleichseitigen Dreieck als Grundfläche
a = b = c = 7 cm; h = 10 cm
b) Prisma mit einem
rechtwinklig-gleichschenkligen Dreieck
als Grundfläche
a = b = 6 cm; h = 9 cm
c) Prisma mit einem
symmetrischen Trapez als Grundfläche
a = 8 cm; b = d = 5 cm; α = β = 70°;
h = 10 cm
d) Rautenprisma mit
a = 6 cm; α = 60°; h = 8 cm
e) Prisma mit einem
allgemeinen Dreieck als Grundfläche
c = 6 cm; α = 40°; β = 65°; h = 7 cm
f) Prisma mit einem regelmäßigen
Sechseck als Grundfläche
a = 4 cm; h = 8 cm

4 Übertrage die Grundfläche in doppelter Größe ins Heft und zeichne das Schrägbild des auf der Grundfläche stehenden Prismas. Die Körperhöhe ist 10 cm.

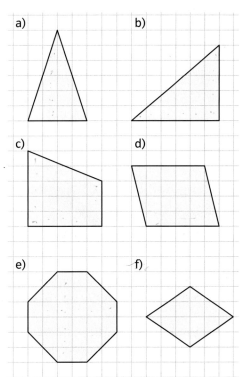

5 a) Baue aus zwei Streichholzschachteln verschiedene Prismen und zeichne ihre Schrägbilder. Die Kanten kannst du ausmessen. Du darfst aber auch für die Länge einer Schachtel 5 cm, für die Breite 3 cm und für die Höhe 1 cm ansetzen.

b) Manche Druckbuchstaben kannst du als Prismen aus zwei oder mehr Streichholzschachteln herstellen. Skizziere sie.

*Profilleisten für Fensterfalz, Bilderrahmen usw. gibt es in vielen Formen. Zeichne 10 cm lange Stücke.
Entwirf selber Formen.*

Ein Päckchen mit den Maßen a = 12 cm, b = 8 cm, c = 6 cm wird verschnürt.
Die Schnur kreuzt die Kanten senkrecht.
■ Miss die Schnurlänge am Netz im Maßstab 1 : 2 oder an drei Rechtecken.
Rechne zur Probe nach.
Rechne für den Knoten 30 cm Schnurlänge zusätzlich ein.

Experimentiere an Würfeln und Quadern mit Verschnürungen wie in den beiden Bildern unten.
■ Wie ist im Würfelnetz unten links die Schnur zu ergänzen?
■ Im Quadernetz unten rechts sind die vier blauen Hilfsstrecken gleich lang.
■ In beiden Netzen kann man die Schnur parallel verschieben.
Wie bewegt sie sich dabei an den Körpern? Wird sie länger oder kürzer?
■ Probiere auch andere Verschnürungen aus. Vergleiche die Schnurlängen.

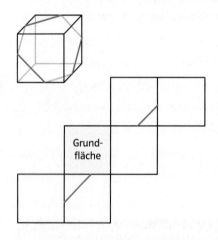

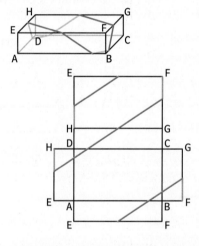

■ Zeichne zum Netz das Schrägbild.
Trage die Schnur ein.

■ Zeichne das Schrägbild mit der Verschnürung. Sie besteht aus drei Teilen.

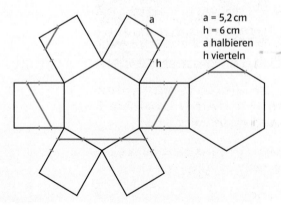

a = 5,2 cm
h = 6 cm
a halbieren
h vierteln

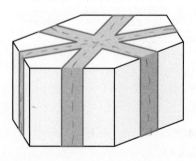

4 Prisma. Volumen

Das Volumen von Prismen ist manchmal
gar nicht so einfach zu berechnen.
→ Wenn du aber die Reihe betrachtest,
findest du die Volumina der gefärbten
Dreiecksprismen bestimmt heraus.

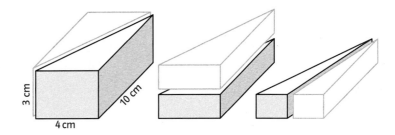

Aus der Formel $V = a \cdot b \cdot c$ für das Quadervolumen lässt sich in drei Schritten eine
Formel für das Prismenvolumen entwickeln:

- Der Quader ist ein Prisma mit der Grundfläche $G = a \cdot b$ und der Körperhöhe $h = c$.
  Statt $V = a \cdot b \cdot c$ kann man damit auch $V = G \cdot h$ schreiben.
- Ein Prisma über einem rechtwinkligen Dreieck ist die Hälfte eines Quaders.
  Sein Volumen und seine Grundfläche sind halb so groß wie Volumen und Grundfläche
  des Quaders.
- Jedes Prisma lässt sich in Prismen über rechtwinkligen Dreiecken zerlegen.

Damit kann man die Volumenformel $V = G \cdot h$ auf alle Prismen übertragen.

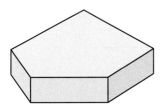 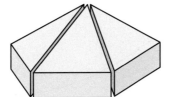 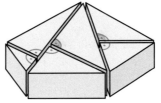

Das **Volumen eines Prismas** lässt sich als Produkt aus Grundfläche und
Körperhöhe berechnen: $V = G \cdot h$

Beispiele

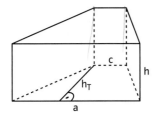

$a = 80\,cm$
$c = 20\,cm$
$h_T = 30\,cm$
$h = 35\,cm$

a) Mit der Formel $V = G \cdot h$ wird das
Volumen des Trapezprismas berechnet:

$G = \frac{1}{2}(a + c) \cdot h_T$

$\quad = \frac{1}{2}(80 + 20) \cdot 30\,cm^2 = 1500\,cm^2$

$G = 1500\,cm^2$

$V = 1500 \cdot 35\,cm^3 = 52\,500\,cm^3$

$V = 52\,500\,cm^3 = 52{,}5\,dm^3$

b) Aus dem Volumen $V = 1600\,l$ und der
Höhe $h = 80\,cm$ wird die Grundfläche G
des Aquariums berechnet.

$V = G \cdot h$

$\quad = 1600\,l = 1600\,dm^3; \ h = 80\,cm = 8\,dm$

$G = \frac{V}{h} = \frac{1600}{8}\,dm^2 = 200\,dm^2$

$G = 200\,dm^2$

Aufgaben

1 Berechne das Volumen des Prismas.
a) $G = 25\,cm^2$; $h = 12\,cm$
b) $G = 35\,dm^2$; $h = 12\,dm$
c) $G = 4{,}2\,cm^2$; $h = 3{,}6\,cm$
d) $G = 15\,m^2$; $h = 4{,}5\,dm$

2 Berechne das Volumen des 14 cm hohen Prismas mit der abgebildeten Grundfläche (Maße in cm).

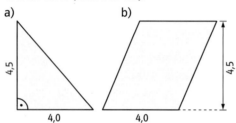

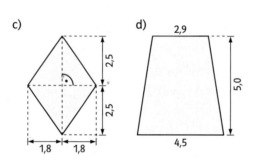

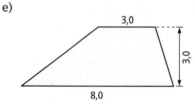

3 Berechne das Volumen des Prismas.
a) Grundfläche: Dreieck mit $c = 8\,cm$ und $h_c = 7\,cm$
Körperhöhe $h = 18\,cm$
b) Grundfläche: rechtwinkliges Dreieck mit $a = 7\,cm$, $b = 5\,cm$, $\gamma = 90°$
Körperhöhe $h = 12\,cm$
c) Grundfläche: Trapez mit $a = 12\,cm$; $c = 8\,cm$; Trapezhöhe $h_T = 6\,cm$
Körperhöhe $h = 25\,cm$
d) Grundfläche: Parallelogramm mit $a = 9\,cm$; Parallelogrammhöhe $h_a = 4{,}5\,cm$
Körperhöhe $h = 12{,}5\,cm$

4 Berechne die fehlende Größe.

	a)	b)	c)	d)
G	$40\,cm^2$	$3\,dm^2$		
h			$8{,}5\,m$	$16\,mm$
V	$360\,cm^3$	$12\,l$	$510\,m^3$	$720\,mm^3$

5 Berechne das Volumen (Maße in cm).

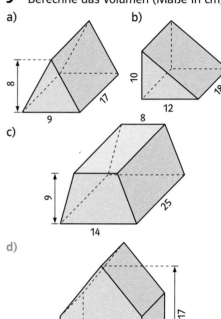

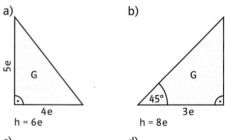

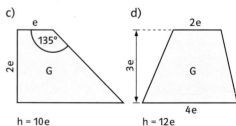

6 Drücke das Volumen V durch e aus.

a) $h = 6e$
b) $h = 8e$
c) $h = 10e$
d) $h = 12e$

7 Ein 25 m langer Graben wird aus-
gehoben. Der Querschnitt ist ein Trapez.
a) Wie viel m³ Erde enthält der Graben?
b) Durch das Auflockern erhöht sich das
Volumen um 20%.
Wie viel m³ sind abzufahren?

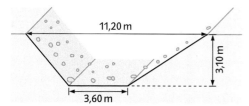

8 Bauschutt wird oft in Containern trans-
portiert. Das Bild zeigt eine Seitenansicht.
Die Breite beträgt 1,60 m.

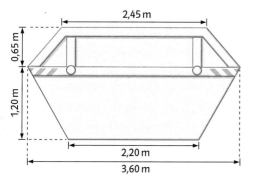

a) Wie viel m³ fasst der Container?
b) Wie viel m³ ist in einem nur auf 1,20 m
Höhe gefüllten Container enthalten?
c) 1 m³ Bauschutt wiegt etwa 1,5 t.

9 Eisenträger können unterschiedliche
Profile haben. Zwei häufig vorkommende
sind abgebildet (Maße in cm).

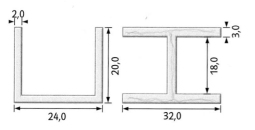

a) Berechne das Volumen von 6 m langen
Eisenträgern beider Arten.
b) 1 dm³ Eisen wiegt etwa 7,8 kg.
Wie schwer sind die Träger?

10 Ein Ort an der Ostsee soll durch einen
Deich geschützt werden. Der Querschnitt
ist abgebildet. Die Länge ist etwa 1,5 km.
Welches Volumen ist aufzuschütten?

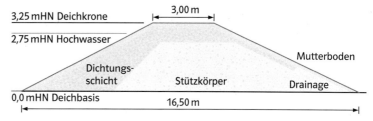

11 Die Schaufel eines Frontladers ist
3,20 m breit und hat den abgebildeten
Querschnitt.
a) Wie viel m³ Erde passt in die Schaufel?
b) Oft ist die Erde in der Schaufel über die
Oberkante weg aufgehäuft.
Schätze, wie viel m³ das zusätzlich sind.

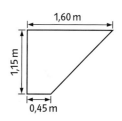

12 a) Welches Volumen hat das Gewächs-
haus? (Maße in cm)
b) Wie groß ist die verglaste Fläche?

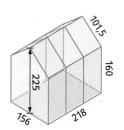

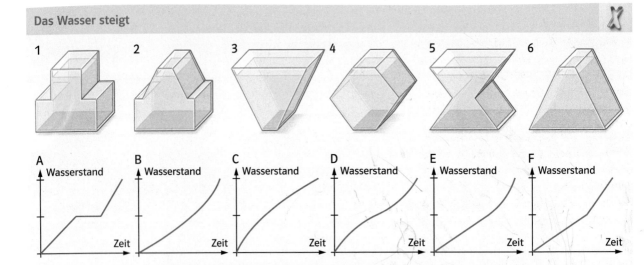

Die sechs Behälter werden mit Wasser gefüllt. Der Zufluss ist gleichmäßig, aber der Wasserstand steigt ungleichmäßig.

■ Welcher der Füllgraphen gehört zu welchem Behälter?

Aber Achtung: Für einen Behälter fehlt der Füllgraph. Wie müsste er aussehen?

„Zeit-Wasserstands-graph" ist ein zu langes Wort.
„Füllgraph" ist kürzer.

Der Behälter ist schon halb voll gelaufen. Das Wasser strömt gleichmäßig weiter.

■ Setze den Füllgraphen fort.

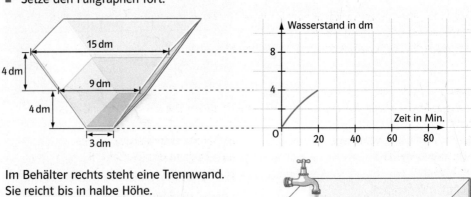

Im Behälter rechts steht eine Trennwand.
Sie reicht bis in halbe Höhe.
Das Wasser fließt gleichmäßig zu.

Der Anfang des Füllgraphen für die linke Hälfte des Behälters ist schon gezeichnet.

■ Setze diesen Füllgraphen fort und zeichne auch den Füllgraph für die rechte Hälfte ein.

■ Jetzt kannst du bestimmt selbst viele Behälter und ihre Füllgraphen zeichnen.

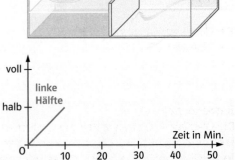

5 Zusammensetzen von Körpern

→ Welche der Körper sind Prismen, welche nicht? Welche sind keine Prismen, lassen sich aber in zwei Prismen zerlegen?

→ Alle grün gefärbten Körper bestehen aus sechs Würfeln. Skizziere noch einige weitere solche Körper. Wann haben zwei dieser Körper gleich große Oberflächen?

→ Die Reihe der braun gefärbten Körper ist nach einem bestimmten Muster aufgebaut.
Wie sieht der zehnte Körper der Reihe aus? Aus wie vielen Prismen besteht er?

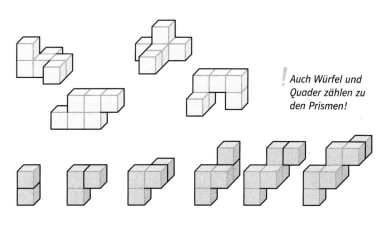

! *Auch Würfel und Quader zählen zu den Prismen!*

Die zwei Dreiecksprismen kann man zu einem Rautenprisma oder zu einem Körper zusammensetzen, der kein Prisma ist.
Das Volumen der zwei neuen Körper ist das Doppelte des Volumens eines Dreiecksprismas. Beim Berechnen der Oberfläche muss man darauf achten, dass zwei Mantelquadrate im Innern verschwinden.

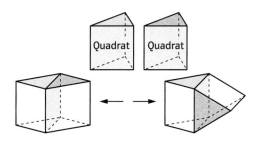

Wird ein Körper aus zwei Körpern mit den Volumen V_1 und V_2 zusammengesetzt, so hat er das Volumen **$V = V_1 + V_2$**.
Seine Oberfläche O lässt sich als Summe von Einzelflächen berechnen.

Beispiel
Der abgebildete Körper ist aus einem Würfel und einem Dreiecksprisma zusammengesetzt.

a) Berechnung des Volumens
Volumen des Würfels
$V_W = 1000\,cm^3$
Volumen des Prismas
$V_P = G \cdot h = \frac{1}{2} \cdot 100 \cdot 5\,cm^3 = 250\,cm^3$

Das Volumen des zusammengesetzten Körpers beträgt

$V = V_W + V_P = 1000\,cm^3 + 250\,cm^3$
$\quad = 1250\,cm^3$.

b) Berechnung der Oberfläche
fünf Flächen des Würfels: $5 \cdot A_W = 500\,cm^2$
eine halbe Würfelfläche: $\frac{1}{2} \cdot A_W = 50\,cm^2$
Mantelfläche des Prismas
$M = u \cdot h = 34,1 \cdot 5\,cm^2 = 170,5\,cm^2$
Deckfläche des Prismas:
$D = \frac{1}{2} \cdot 100\,cm^2 = 50\,cm^2$
Die Oberfläche des zusammengesetzten Körpers beträgt
$O = 500\,cm^2 + 50\,cm^2 + 170,5\,cm^2 + 50\,cm^2$
$\quad = 770,5\,cm^2$.

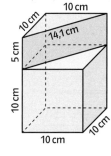

Bemerkung
Die Oberfläche O eines zusammengesetzten Körpers lässt sich oft vorteilhaft mit der Formel **$O = O_1 + O_2 - 2 \cdot A_g$** berechnen: Man addiert die Oberflächen O_1 und O_2 der zwei Teilkörper und subtrahiert das Doppelte der gemeinsamen Grenzfläche A_g.

Aufgaben

1 a) Skizziere einige Körper
- aus vier Würfeln
- aus sechs Würfeln.

b) Nimm als Kantenlänge der Würfel 1 cm an. Wie groß sind die Oberflächen der einzelnen 4-Würfel-Körper und 6-Würfel-Körper?

Kantenlänge des einzelnen Würfels: 1 cm

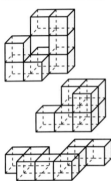

2 Auf dem Rand sind drei 8-Würfel-Körper abgebildet.

a) Skizziere noch andere solche Körper.
b) Du kannst bestimmt nicht alle 8-Würfel-Körper skizzieren. Herausfinden kannst du aber, wie viele gemeinsame Grenzflächen zwischen den Würfeln mindestens bzw. höchstens vorhanden sind.
c) Wie groß kann die Oberfläche eines 8-Würfel-Körpers höchstens sein, wie groß muss sie mindestens sein?
d) Welche Werte kann die Oberfläche eines 8-Würfel-Körpers haben?

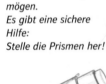

! *Viele Menschen haben ein Problem mit räumlichem Vorstellungsvermögen.*
Es gibt eine sichere Hilfe:
Stelle die Prismen her!

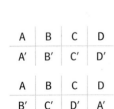

3 Die zwei Dreiecksprismen lassen sich auf verschiedene Arten zusammensetzen.

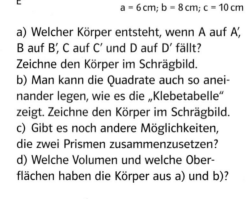

$a = 6\,cm;\ b = 8\,cm;\ c = 10\,cm$

A	B	C	D
A'	B'	C'	D'

A	B	C	D
B'	C'	D'	A'

a) Welcher Körper entsteht, wenn A auf A', B auf B', C auf C' und D auf D' fällt? Zeichne den Körper im Schrägbild.
b) Man kann die Quadrate auch so aneinander legen, wie es die „Klebetabelle" zeigt. Zeichne den Körper im Schrägbild.
c) Gibt es noch andere Möglichkeiten, die zwei Prismen zusammenzusetzen?
d) Welche Volumen und welche Oberflächen haben die Körper aus a) und b)?

Ein Werksgebäude besteht aus einer Halle und einem Anbau.
Wie groß ist die Außenfläche A?

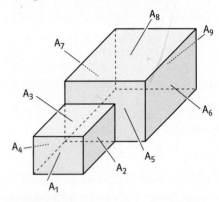

1. Schritt
Variablen für Flächeninhalte einführen
Eine Skizze hilft dabei.

2. Schritt
Formel für den gesuchten Flächeninhalt A aufstellen
$A = A_1 + A_2 + A_3 + A_4 + A_5 + A_6 + A_7 + A_8 + A_9$

3. Schritt
Nach Vereinfachungen suchen
Manche Flächeninhalte sind gleich:
$A_2 = A_4$ und $A_6 = A_7$
Manche Flächen lassen sich zu einfacheren zusammensetzen:
Die Vorderfläche des Anbaus und die freie Vorderfläche der Halle ergeben zusammen ein Rechteck. Dieses ist ebenso groß wie die rückwärtige Fläche der Halle.
$A_1 + A_5 = A_9$

4. Schritt
Formel vereinfachen
$A = A_1 + A_2 + A_3 + A_4 + A_5 + A_6 + A_7 + A_8 + A_9$
$= 2 \cdot A_9 + 2 \cdot A_2 + A_3 + 2 \cdot A_6 + A_8$

5. Schritt
gegebene Zahlen einsetzen, rechnen

6. Schritt
den Antwortsatz aufschreiben

---

4 Berechne das Volumen V und die Außenfläche A des Werksgebäudes (Maße in m).

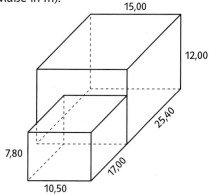

5 a) Berechne das Volumen V und die Außenfläche A des Werksgebäudes (Maße in m).

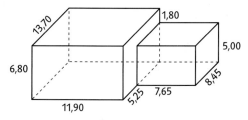

b) Im Bild oben sind die Außenmaße angegeben. Die Innenmaße sind um 0,50 m kleiner.
Berechne die Innenvolumina der Halle, des Anbaus und des gesamten Werksgebäudes.
c) Um wie viel Prozent jeweils sind die drei Innenvolumina kleiner als die Außenvolumina? Nimm als Grundwerte die Außenvolumina.
Vergleiche die Ergebnisse und erkläre sie.

6 Worin unterscheiden sich die zwei Häuser?
Welches hat das größere Volumen, welches die größere Außenfläche?
(Maße in m)

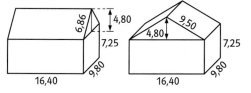

7 Wie groß sind die Oberflächen der zwei Würfeltürme?
(Die Bodenfläche des unteren Würfels gehört zur Oberfläche dazu.)

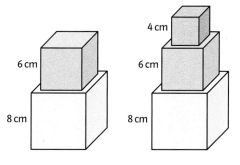

? *„Zum Glück ist der Würfel nicht weiter verrutscht. Da kann ich die Oberfläche noch ausrechnen."*

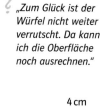

8 Firma SimpleTec baut aus gleichen Elementen verschiedene Typen von Häusern.
a) Berechne die Wandflächen, die Dachflächen und die gesamten Außenflächen.

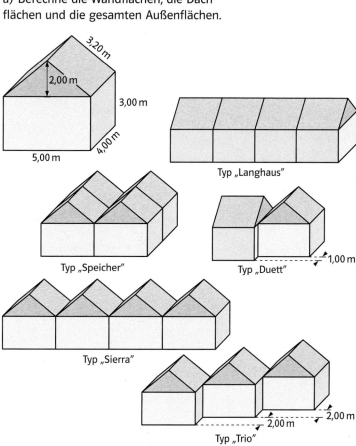

Typ „Langhaus"

Typ „Speicher"

Typ „Duett"

Typ „Sierra"

Typ „Trio"

b) SimpleTec möchte noch mehr Typen anbieten. Stelle einige Elemente aus Netzen her und probiere aus, wie sie sich zusammensetzen lassen.

Zusammenfassung

Quader und Würfel

Ein **Quader**
mit den Kantenlängen a, b und c hat
das **Volumen** $V = a \cdot b \cdot c$
und
die **Oberfläche** $O = 2(a \cdot b + b \cdot c + a \cdot c)$.

Ein **Würfel** ist ein Quader mit drei
gleichen Kantenlängen $a = b = c$.
Er hat das **Volumen** $V = a^3$
und
die **Oberfläche** $O = 6a^2$.

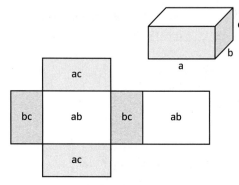

Prisma

Ein **Prisma** wird begrenzt von der **Grundfläche**, der **Deckfläche** und dem **Mantel**.
Grundfläche und Deckfläche sind
deckungsgleiche (kongruente) Dreiecke,
Vierecke oder Vielecke.
Die Mantelfläche besteht aus Rechtecken.

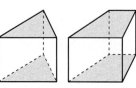

Oberfläche

Die **Oberfläche O** ist die Summe aus
dem Doppelten der **Grundfläche G** und
der **Mantelfläche M**:
$O = 2 \cdot G + M$

$D = G$
$M = M_1 + M_2 + M_3 + M_4$
$u = a_1 + a_2 + a_3 + a_4$

Die **Mantelfläche M** ist das Produkt aus
dem **Umfang u** der Grundfläche mit der
Körperhöhe h:
$M = u \cdot h$

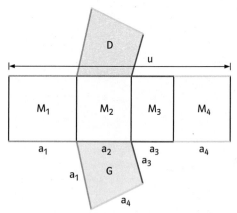

Volumen

Das **Volumen eines Prismas** lässt sich als
Produkt aus Grundfläche und Körperhöhe
berechnen:
$V = G \cdot h$

zusammensetzen von Körpern

Werden zwei Körper mit den Volumina V_1
und V_2 zusammengesetzt, so hat der zusammengesetzte Körper das Volumen
$V = V_1 + V_2$.

Die Oberfläche O eines zusammengesetzten Körpers lässt als Summe von Einzelflächen berechnen.
Die Rechnung lässt sich oft durch geschicktes Zusammenfassen vereinfachen.

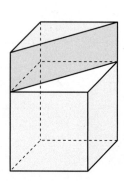

Üben • Anwenden • Nachdenken

1 Berechne die Oberfläche und das Volumen des Prismas.

a)

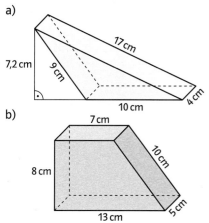

b)

2 a) Warum gilt $V_3 < V_5$ und $V_6 < V_2$? Antworte, ohne zu rechnen.

b) Ordne die sechs Prismenvolumina der Größe nach; beginne mit dem kleinsten. (alle Maße in cm)

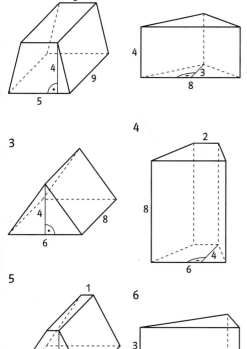

3 Berechne die nicht gegebenen Größen des Prismas.

	a)	b)	c)	d)
u	18 cm	20 dm		
h	36 cm		3,5 cm	25 cm
G	216 cm²	5,8 m²	12 cm²	
M				18 dm²
O		94 cm²		
V		8,7 m³		10 dm³

4 Die obere der zwei parallelen Seiten des Trapezes ist verschiebbar. Bestimme für einige Lagen der Seite die Oberfläche des Prismas. Die Länge der Trapezschenkel liest du aus einer Zeichnung ab. Findest du das Prisma mit kleinstem Volumen?

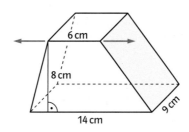

5 Die Grundfläche eines Prismas ist ein Dreieck mit $a = 8{,}5\,\text{cm}$, $b = 5\,\text{cm}$, $c = 10{,}5\,\text{cm}$ und $h_c = 4\,\text{cm}$.
Wie hoch ist das Prisma, wenn es
a) das Volumen $V = 168\,\text{cm}^3$ hat?
b) die Oberfläche $O = 234\,\text{cm}^2$ hat?

6 Ein Prisma hat als Grundfläche ein Dreieck mit der Grundlinie x und der Höhe 2x. Die Körperhöhe beträgt 10 cm.
a) Vergrößert man die Grundlinie x um 1 cm und die Dreieckshöhe 2x um 2 cm, so erhöht sich das Volumen V des Prismas um 150 cm³. Wie groß ist x?
b) Die Grundlinie wird um 1 cm vergrößert und die Dreieckshöhe wird um 2 cm verkleinert. Um wie viel verändert sich das Volumen?
c) Gilt das Ergebnis b) wirklich für jeden Wert von x?

? Hat ein zusammengesetzter Körper immer eine größere Oberfläche als die zwei Teilkörper zusammen?

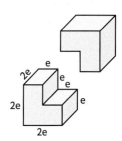

Bea, Christian, David und Jana schneiden aus Rechtecken Schachtelnetze aus. Sie suchen Schachteln mit möglichst großem Volumen.
Ihre Schachteln werden stabil, weil sie an jeder Ecke nur einmal einschneiden und die abgeknickten Quadrate an den Seitenwänden antackern.

■ Schachteln aus gleichen Rechtecken können sehr unterschiedlich aussehen, je nachdem wie groß die abgeschnittenen Quadrate sind.
Probiert das selbst aus. Rechtecke im Format DIN A4 habt ihr sofort bei der Hand. Für quadratische Bodenflächen schneidet ihr von DIN-A4-Rechtecken ein Quadrat ab.

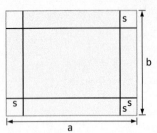

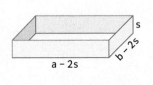

■ Die Seiten des Rechtecks sind a und b, die Schnittlänge ist s.
Schreibt für das Schachtelvolumen V einen Term auf. Berechnet V für
• a = 20 cm; b = 15 cm; s = 4 cm.
• a = 20 cm; b = 15 cm; s = 6 cm.
• a = 24 cm; b = 24 cm; s = 1 cm.
• a = 24 cm; b = 24 cm; s = 2 cm.

■ Mit einer Tabellenkalkulation könnt ihr das größte Volumen suchen, wenn die Rechtecksseiten a und b gegeben sind. Einfacher als Rechtecke sind Quadrate.

■ Mit dem Programm könnt ihr den Zusammenhang zwischen s und V auch als Graph zeichnen.

B5	▼ fx	=(24-2*A5)^2*A5	
	A	B	C
1			
2			
3	Schnittlänge		
4	s in cm	Volumen V in cm^3	
5	1	484	
6	2	800	
7	3	972	
8	4	1024	
9	5	980	
10	6	864	
11	7	700	
12	8	512	
13	9	324	
14	10	160	
15	11	44	
16	12	0	
17			
18			
19			

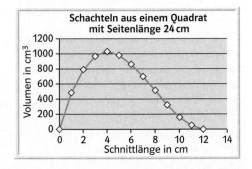

Schachteln aus einem Quadrat mit Seitenlänge 24 cm

- Das Rechenblatt rechts zeigt die Suche nach der größten Schachtel aus einem DIN-A4-Rechteck mit a = 29,7 cm; b = 21,0 cm.
Zunächst wächst s in Einerschritten.
In der Nähe des größten V-Werts wird die Suche in kleineren Schritten wiederholt.

- Mit dem Programm könnt ihr auch Graphen zeichnen.

- Sucht die größten Schachteln für Rechtecke mit
a = 24 cm; b = 15 cm.
a = 20 cm; b = 15 cm.
a = 28 cm; b = 25 cm.

- Sucht die größten Schachteln für Quadrate mit a = 27 cm; a = 18 cm; a = 20 cm.

- Ihr habt sicher bemerkt, dass die Schnittlängen für die größten Schachteln aus Rechtecken nicht immer natürliche Zahlen sind. Für die größten Schachteln aus Quadraten könnt ihr aber eine Regel finden, wie sich die Schnittlänge s aus der Seitenlänge a berechnen lässt.

- Wie wäre es mit einer Ausstellung? Alle Schachteln im Bild unten sind aus einem Rechteck mit
a = 15 cm; b = 24 cm hergestellt.

B6		▼	f_x	=(29,7-2*A6)*(21-2*A6)*A6		
	A	B		C	D	E
2						
3	Schnittlänge s in cm	Volumen V in cm^3			Schnittlänge s in cm	Volumen V in cm^3
4						
5	0	0			3,5	1112,3
6	1	526,3			3,6	1117,8
7	2	873,8			3,7	1122,136
8	3	1066,5			3,8	1125,332
9	4	1128,4			3,9	1127,412
10	5	1083,5			4	1128,4
11	6	955,8			4,1	1128,32
12	7	769,3			4,2	1127,196
13	8	548			4,3	1125,052
14	9	315,9			4,4	1121,912
15	10	97				
16	11	-84,7				
17						
18						

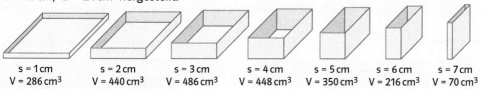

| s = 1 cm | s = 2 cm | s = 3 cm | s = 4 cm | s = 5 cm | s = 6 cm | s = 7 cm |
| V = 286 cm³ | V = 440 cm³ | V = 486 cm³ | V = 448 cm³ | V = 350 cm³ | V = 216 cm³ | V = 70 cm³ |

- Stellt euch vor, die größten Schachteln sollten innen mit teurem Blattgold beklebt werden, 1 cm² für 1 €.
Wie viel kostet die größte Schachtel mit a = 72 cm; b = 27 cm?
Wie viel kostet die größte Schachtel mit a = b = 42 cm?
Vergleicht auch die Volumina.
Was fällt auf?

Die Suche nach größten oder besten Werten nennt man in der Mathematik **Optimierung**.

7 Der Nord-Ostsee-Kanal verbindet Nordsee und Ostsee. Er kürzt den Weg um etwa 400 sm ab. (1 Seemeile = 1852 m)

Urquerschnitt und Erweiterungen

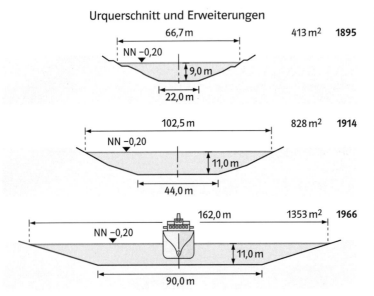

a) In der Grafik sind Längen- und Flächenmaße der Querschnitte angegeben.
Prüfe nach, ob die Angaben zueinander passen. Falls Unstimmigkeiten auftauchen, versuche sie zu erklären.
b) Der Kanal ist 98,7 km lang. Du wirst es nicht glauben, aber auch nach dem letzten Ausbau enthält der Kanal weniger als 1 km³ Wasser. Überzeuge dich selbst!
c) Bei Rendsburg überquert die Eisenbahn den Kanal. Der Bahnhof liegt auf 5 m über NN, die Trasse auf der Brücke liegt 45 m über NN hoch. Die Auffahrtrampe ist etwa 3,5 km lang. Gib die Steigung der Strecke in ‰ an.

8 Gerade Bahnschienen sind sehr lange Prismen mit einer komplizierten Grundfläche, dem so genannten Profil.

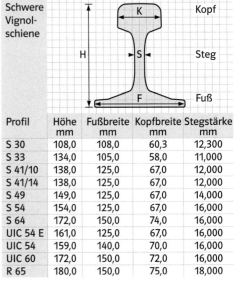

Profil	Höhe mm	Fußbreite mm	Kopfbreite mm	Stegstärke mm
S 30	108,0	108,0	60,3	12,300
S 33	134,0	105,0	58,0	11,000
S 41/10	138,0	125,0	67,0	12,000
S 41/14	138,0	125,0	67,0	12,000
S 49	149,0	125,0	67,0	14,000
S 54	154,0	125,0	67,0	16,000
S 64	172,0	150,0	74,0	16,000
UIC 54 E	161,0	125,0	67,0	16,000
UIC 54	159,0	140,0	70,0	16,000
UIC 60	172,0	150,0	72,0	16,000
R 65	180,0	150,0	75,0	18,000

a) In der Tabelle findest du Maße für das Profil S 30. Weitere Maße entnimmst du der Grafik. Bestimme genähert den Flächeninhalt des Profils.
b) Der Hersteller gibt an: 1 lfm Schiene vom Profil S 30 hat eine Masse von 30,03 kg. Kannst du diese Angabe bestätigen? (1 dm³ Stahl wiegt etwa 7,8 kg.)
c) Skizziere das Profil R 65. Seine Masse pro lfm beträgt nach Herstellerangabe 64,72 kg. Bestätige diese Aussage.
d) Gleise werden vormontiert und in Längen bis zu 300 m verlegt.
Wie schwer sind die Schienen auf einem solchen Gleisjoch mindestens?

Rückspiegel

1 Ein Quader hat die Kantenlängen
a = 16 cm; b = 9 cm; c = 7,5 cm.
Berechne sein Volumen V und seine
Oberfläche O.

2 Ein Quader hat die Kantenlängen
a = 9 cm; b = 7 cm und das Volumen
V = 315 cm³. Berechne die Kantenlänge c.

3 Zeichne die Figur in doppelter Größe.
Vervollständige sie zum Netz eines
Prismas.

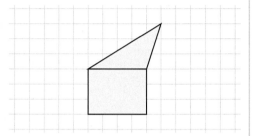

4 Die Grundfläche eines Prismas ist
ein Dreieck ABC mit a = 6 cm; b = 6 cm;
c = 5 cm. Die Höhe des Prismas ist
h = 8 cm. Zeichne das Prisma
a) auf einem Mantelrechteck liegend.
b) auf der Grundfläche stehend.

5 Ein Prisma hat als Grundfläche
ein Dreieck mit a = 15 cm; b = 13 cm;
c = 4 cm und der Höhe h_c = 12 cm.
Die Höhe des Prismas ist h = 8 cm.
Berechne das Volumen V und die Oberfläche O.

6 Berechne das
Volumen V und die
Oberfläche O des
zusammengesetzten
Körpers.

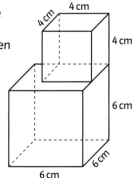

4 cm
4 cm
4 cm
4 cm
6 cm
6 cm
6 cm
6 cm

1 Alle Kantenlängen eines Quaders
werden verdoppelt. Mit welchem Faktor
vergrößert sich das Volumen? Mit welchem
Faktor vergrößert sich die Oberfläche?

2 Ein Quader hat die Kantenlängen
a = 9 cm; b = 7 cm und die Oberfläche
O = 286 cm². Berechne die Kantenlänge c.

3 Zeichne die Figur in doppelter Größe.
Vervollständige sie zum Netz eines
Prismas.

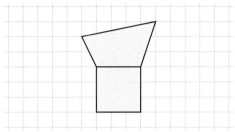

4 Die Grundfläche eines Prismas ist
ein symmetrisches Trapez mit a = 9 cm,
c = 3 cm und der Höhe h_T = 4 cm.
Die Höhe des Prismas ist h = 8 cm.
Zeichne das Prisma
a) auf einem Mantelrechteck liegend.
b) auf der Grundfläche stehend.

5 Ein Prisma hat als Grundfläche
ein Parallelogramm mit a = 12,5 cm;
b = 8,5 cm und der Höhe h_a = 6 cm.
Die Höhe des Prismas ist h = 12 cm.
Berechne das Volumen V und die Oberfläche O.

6 Berechne das Volumen V und die
Außenfläche A des Werksgebäudes.

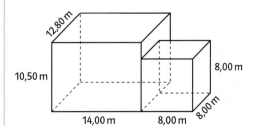

12,80 m
10,50 m
14,00 m
8,00 m
8,00 m
8,00 m

Handytarife

Das Handy gehört zu unserem Alltag und ist mittlerweile nicht mehr wegzudenken. Oftmals geben Jugendliche dafür sehr viel Geld aus.
Deshalb ist es wichtig, die Abrechnungssysteme der Mobilfunkgesellschaften kritisch zu prüfen.

Kinder und Jugendliche verwenden das Handy überwiegend, um SMS zu versenden.

Die Tabelle zeigt ein besonderes Angebot:

Tarif	Einsteiger	Normal	Profi
SMS-Paket	40 SMS	150 SMS	300 SMS
Kosten	5 €	15 €	25 €

Tarifunabhängig kostet jede weitere SMS 19 Cent.

- Welches Tarifmodell ist für durchschnittlich 70 SMS, 100 SMS oder 220 SMS pro Monat das günstigste?
- Nora hat die Anzahl der in den letzten vier Monaten versandten SMS-Nachrichten notiert: 113 SMS, 145 SMS, 169 SMS und 136 SMS. Kannst du ihr bei der Tarifwahl behilflich sein?

Hallo Max :-)

Im Tarifdschungel der vielen Anbieter behält man nur schwer den Überblick. Mobilfunkanbieter Maxicom wirbt mit den rechts abgebildeten Angeboten.

- Max versendet pro Monat ungefähr 150 SMS-Nachrichten.
- Ab welcher monatlichen SMS-Zahl wird der Tarif „Normal" günstiger?
- Besorge dir Daten von aktuellen Tarifen und vergleiche.

Maxicom-Aktuell

Tarif	Einsteiger	Normal
Grundgebühr pro Monat	4,95 €	9,95 €
Einmalige Anschlussgebühr	24,95 €	24,95 €
Freie SMS pro Monat	100	200
Empfang einer SMS	frei	frei
Versand einer SMS	0,19 €	0,19 €

Lara und Vanessa unterhalten sich über das abgebildete Tarifangebot (ohne SMS-Tarife und ohne internen Mobilfunk).

Lara: „Ich bin mir nicht schlüssig, welchen Tarif ich für mich wählen soll."
Vanessa: „Wie lange telefonierst du denn pro Monat?"
Lara: „Ich schätze mal so ungefähr eine Stunde am Wochenende, eine halbe Stunde zur Hauptzeit und eine halbe Stunde in der Nebenzeit."

• Kannst du den beiden einen Rat geben?

Neben den Tarifen „Basic" und „Quality" wird noch der Tarif „Premium" angeboten. Er beinhaltet 60 Freiminuten pro Monat (Gesprächsgebühren wie Tarif „Basic"). Allerdings beträgt die Grundgebühr 24,95 €.

• Ist dieser Tarif für Lara attraktiv? Was meinst du?

Gesprächsgebühren Festnetz (in €):

Tarif	Grundgebühr	Hauptzeit	Nebenzeit	Wochenende
Basic	9,95	0,49	0,19	0,09
Quality	19,95	0,15	0,15	0,09

Der Tabelle kannst du die Entwicklung des SMS-Versands pro Jahr in Deutschland entnehmen (Angaben in Milliarden).

Jahr	1998	1999	2000	2001	2002	2003	2004
SMS	0,6	3,6	11,4	14,4	17	19,7	20,6

• Zeichne ein geeignetes Diagramm. Weshalb ist ein Kreisdiagramm nicht geeignet?
• In Deutschland leben ca. 80 Millionen Menschen. Drei Viertel davon besitzen ein Handy. Wie viele SMS kommen ungefähr auf einen Bundesbürger pro Jahr? Vergleiche mit der Anzahl der von dir verfassten SMS-Nachrichten.

In diesem Kapitel lernst du,

• was man unter Funktionen versteht und wie man sie beschreibt,
• was proportionale und lineare Funktionen sind,
• wie die Schaubilder von proportionalen und linearen Funktionen gezeichnet werden,
• wie man mathematische Modelle zur Lösung von Alltagsproblemen verwenden kann.

1 Funktionen

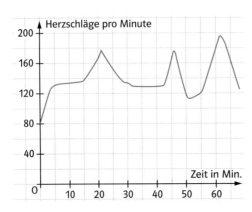

Das Diagramm zeigt die Pulsfrequenz von Svenja beim Geländelauf.

→ Lies die Pulsfrequenz nach 10; 20; 30; … Minuten möglichst genau ab.

→ Nenne mögliche Gründe, weshalb die Pulsfrequenz nicht konstant gleich bleibt.

Oft gibt es Situationen, in denen eine erste Größe eine zweite bestimmt. Beispielsweise werden bei Temperaturmessungen Zuordnungen zwischen Uhrzeit und Temperatur verwendet. Dadurch entstehen **Wertepaare**, die in einer **Wertetabelle** dargestellt werden.

Uhrzeit	6:00	9:00	12:00	15:00	18:00	21:00	24:00
Temp.	7,4	12,1	17,3	21,5	17,3	10,0	8,6

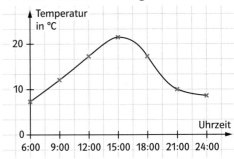

Zu jeder Uhrzeit gehört genau ein Temperaturwert. Dies bezeichnet man als **eindeutige Zuordnung** oder **Funktion.** Umgekehrt kann man von der Temperatur aber nicht auf die Uhrzeit schließen. Zu 17,3 °C gehören nämlich verschiedene Uhrzeiten. In diesem Fall liegt somit keine Funktion vor.

Unter einer **Funktion** versteht man eine **eindeutige Zuordnung,** bei der zu jeder Größe aus einem ersten Bereich (Eingabegröße) **genau eine** Größe aus einem zweiten Bereich (Ausgabegröße) gehört.

Bemerkung
Eine Funktion lässt sich in einer Tabelle und einem Schaubild oder mit einer Funktionsgleichung darstellen. Die **x-Werte** der Gleichung sind wählbar, x heißt deshalb **unabhängige Variable**. **y** bezeichnet man als **abhängige Variable.**

Beispiel
Gegeben ist die Funktionsgleichung $y = \frac{1}{2}x + 1$. Für x-Werte von −3 bis 3 werden die zugehörigen y-Werte berechnet.

x	−3	−2	−1	0	1	2	3
y	−0,5	0	0,5	1	1,5	2	2,5

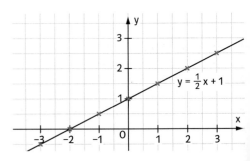

Mithilfe der berechneten Wertepaare lässt sich das Schaubild zeichnen. Man sieht, dass alle Punkte auf einer Geraden liegen.

Aufgaben

1 a) Welche Zuordnungen sind Funktionen? Begründe deine Antwort.

Eingabegröße	Ausgabegröße
gefahrene Kilometer	Benzinverbrauch
verkaufte Eintrittskarten	erzielte Einnahmen
Heizölmenge	Rechungsbetrag
Bahnkilometer	Fahrpreis
Fahrpreis	Bahnkilometer
Porto	Briefgewicht

b) Nenne Situationen im Alltag, die sich durch eine Funktion darstellen lassen. Versuche eine Funktionsgleichung aufzustellen bzw. ein Schaubild zu zeichnen.

2 Trage die zugeordneten Werte in eine Tabelle ein. Wähle ganze Zahlen von -3 bis 3. Liegt eine Funktion vor?

Eingabegröße	Ausgabegröße
Zahl	das Doppelte der Zahl
Zahl	die Summe aus der Zahl und 1
Zahl	das Dreifache der Zahl

3 Berechne die y-Werte und zeichne das Schaubild.

a) $y = 2x - 1$

x	-3	-2	-1	0	1	2	3
y	☐	☐	☐	☐	☐	☐	☐

b) $y = -1{,}5x + 2$

x	-2	-1	0	1	2	3	4
y	☐	☐	☐	☐	☐	☐	☐

c) $y = -\frac{3}{x}$

x	-4	-3	-2	-1	0	1	2
y	☐	☐	☐	☐	☐	☐	☐

4 Stelle die Wertetabelle für ganzzahlige x-Werte von -4 bis 4 auf. Zeichne das Schaubild.

a) $y = 3x - 2$ b) $y = 2{,}5x + 1$
c) $y = -2x + 0{,}5$ d) $y = -x - 1{,}5$
e) $y = \frac{1}{2}x + 2$ f) $y = -\frac{1}{4}x - 1{,}5$
g) $y = (x - 1)^2$ h) $y = 2 - x^2$

5 Welche Wertetabelle gehört zu welcher Funktionsgleichung?

x	-3	-2	-1	0	1	2	3
y	-5	-3	-1	1	3	5	7

x	-3	-2	-1	0	1	2	3
y	8	3	0	-1	0	3	8

x	-3	-2	-1	0	1	2	3
y	$-3{,}5$	-3	$-2{,}5$	-2	$-1{,}5$	-1	$-0{,}5$

$y = \frac{1}{2}x - 2$

$y = x^2 - 1$

$y = 2x + 1$

6 Wie heißt die Funktionsgleichung?

a)

x	-3	-2	-1	0	1	2	3
y	-6	-4	-2	0	2	4	6

b)

x	-3	-2	-1	0	1	2	3
y	-6	-5	-4	-3	-2	-1	0

c)

x	-3	-2	-1	0	1	2	3
y	-7	-5	-3	-1	1	3	5

d)

x	-3	-2	-1	0	1	2	3
y	-3	-1	1	3	5	7	9

7 Die unvollständigen Wertepaare gehören zur Funktionsgleichung $y = -x + 5$.
a) $(3;\ ☐)$ b) $(7;\ ☐)$
c) $(-2;\ ☐)$ d) $(☐;\ 4)$
e) $(☐;\ -3)$ f) $(☐;\ -0{,}5)$

8 Welches Schaubild gehört zu welcher Funktionsgleichung? Wähle zur Überprüfung geeignete Punkte aus.

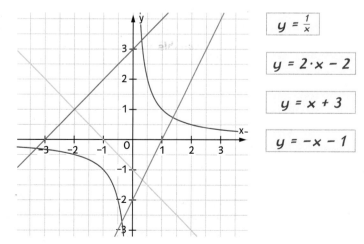

$y = \frac{1}{x}$

$y = 2 \cdot x - 2$

$y = x + 3$

$y = -x - 1$

9 Fertigt in der Gruppe jeweils zehn Kärtchen mit ausgefüllten Wertetabellen und den zugehörigen Funktionsgleichungen an. Legt die 20 Kärtchen anschließend verdeckt auf den Tisch und mischt sie durch. Nun könnt ihr damit Funktionen-Memory spielen.

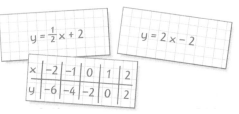

10 Prüfe rechnerisch nach, ob die Punkte A(2|3); B(1,5|4); C(−3|0) und D(−6|−4) zum Schaubild der Funktionsgleichung gehören.

a) $y = 2x + 1$ b) $y = -x + 1,5$
c) $y = x^2 - 9$ d) $y = \frac{3}{4}x + 0,5$
e) $y = -0,6x - 0,6$ f) $y = x + 3$
g) $y = x^2 - 1$ h) $y = x^2 - 2x + 3$

11 Die Werbetafel zeigt die Tarife des Parkhauses „Obere City".
a) Zeichne dazu ein Schaubild.
b) Frau Köhler parkt 3 Stunden, Herr Winter lässt sein Auto $5\frac{1}{2}$ Stunden im Parkhaus stehen.
c) Frau Weber stellt um 8.45 Uhr ihr Fahrzeug im Parkhaus ab. Beim Verlassen des Parkhauses bezahlt sie 9,50 €.
Wie spät mag es wohl sein?
d) Wann „lohnt" sich das Tagesticket?

Parkhaus Obere City 🅿
Parkgebühren:
für 1 Stunde   2,50 €
je weitere angefangene Stunde 1 €
Tagesgebühr   12 €

12 Wie heißt die zugehörige Funktionsgleichung?
a) Jeder Zahl wird ihr Doppeltes vermehrt um 3 zugeordnet.
b) Jeder Zahl wird ihre Hälfte vermindert um 5 zugeordnet.
c) Jeder Zahl wird das Produkt aus der Zahl und der um 1 vermehrten Zahl zugeordnet.

13 Gib zu den Schaubildern passende Funktionsvorschriften in Worten an.

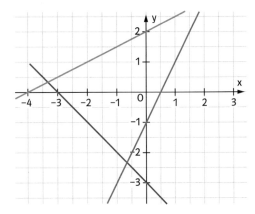

14 Der Schall breitet sich in verschiedenen Stoffen unterschiedlich schnell aus. Beschreibe die Abhängigkeit von Zeit und Weg jeweils in einer Funktionsgleichung.

in Luft: 340 m pro Sekunde
in Wasser: 1450 m pro Sekunde
in Stahl: 5050 m pro Sekunde

15 Viele Auffahrunfälle sind auf unzureichenden Sicherheitsabstand zurückzuführen. Um rechtzeitig anhalten zu können, muss der Fahrer seine Reaktionszeit und den Bremsweg seines Wagens einschätzen. Den Bremsweg s in Metern kann man näherungsweise mit der Formel $s = \frac{1}{2}\left(\frac{v}{10}\right)^2$ berechnen. Dabei gibt v die Geschwindigkeit in Kilometern pro Stunde an.
a) Zeichne ein Schaubild.
b) Bei einer Geschwindigkeit von 140 km/h sieht Frau Sommer in 200 m Entfernung ein Hindernis.
c) In der Zone 30 sieht Herr Pfeifer in 8 m Entfernung ein Kind die Straße überqueren. Herr Pfeifer fährt allerdings mit 40 km/h.

2 Proportionale Funktionen

Die Steigung einer Bahn wird durch das Verhältnis des Höhenunterschieds zur horizontalen Strecke ausgedrückt. Die Oberweißbacher Bergbahn in Thüringen überwindet auf einer horizontalen Strecke von 1000 m einen Höhenunterschied von 240 m.

Ihre Steigung ist: $\frac{240}{1000} = \frac{24}{100} = 24\,\%$.

→ Lies die Steigungen der Bahnen ab. Gib die Steigung auch in Prozent an.

→ Drücke die Abhängigkeit von Streckenlänge und Höhenunterschied jedes Mal in einer Funktionsgleichung aus.

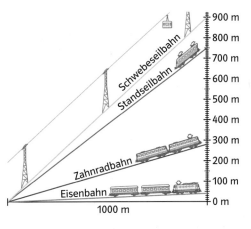

Ist ein Wertepaar einer proportionalen Zuordnung bekannt, lassen sich weitere bestimmen. Da der Quotient aus y-Wert und x-Wert eines jeden Punkts gleich ist, nennt man eine solche Funktion eine **proportionale Funktion**. Den Quotienten bezeichnet man als **Steigungsfaktor m**. Man verwendet die **Funktionsgleichung y = m · x**.

Das Schaubild der Funktion $y = 2x$ zeigt: Erhöht sich der x-Wert um 1, so vergrößert sich der y-Wert um 2.

Das Schaubild der Funktion $y = \frac{3}{4}x$ zeigt: Erhöht sich der x-Wert um 1, so vergrößert sich der y-Wert um $\frac{3}{4}$. Ebenso kann man auch 4 Einheiten nach rechts und drei Einheiten nach oben gehen.

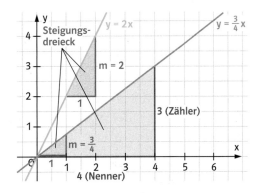

Eine Funktion mit der Gleichung **y = m · x** heißt **proportionale Funktion**. Das Schaubild zeigt eine **Gerade**, die durch den **Ursprung** des Koordinatensystems geht. Der Steigungsfaktor **m** bestimmt die **Steigung** der Geraden.

Beispiele

a) Zeichnen der Gerade

Das Schaubild der Funktion $y = \frac{3}{2}x$ lässt sich mithilfe eines Steigungsdreiecks zeichnen. Dazu geht man vom Ursprung des Koordinatensystems eine Einheit nach rechts und $\frac{3}{2}$ Einheiten nach oben. Um Brüche zu vermeiden, kann man auch 2 Einheiten nach rechts und 3 Einheiten nach oben gehen. Die Ursprungsgerade geht durch den Punkt P(2|3).

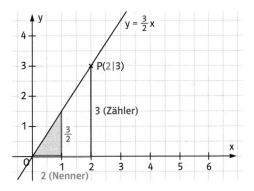

b) Bestimmen der Funktionsgleichung

Geht man vom Ursprung um zwei Einheiten nach rechts, muss man eine Einheit nach unten gehen. Daraus ergibt sich die Steigung $m = -\frac{1}{2}$.

Die Gerade hat die Gleichung $y = -\frac{1}{2}x$.

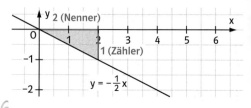

Aufgaben

1 Zeichne die Gerade einer proportionalen Funktion durch den angegebenen Punkt. Beschreibe den Verlauf der Geraden.
a) $P(2|4)$ b) $P(6|1)$ c) $P(4,5|4,5)$
d) $Q(-3|2)$ e) $Q(-1|5)$ f) $Q(-8|2)$

2 Zeichne das Steigungsdreieck samt Gerade. Gehe dazu vom Ursprung
a) um 1 nach rechts und 3 nach oben.
b) um 1 nach rechts und 2 nach unten.
c) um 3 nach rechts und 6 nach unten.
d) um 1 nach links und 4 nach unten.

3 Die Steigung m einer proportionalen Funktion legt den Verlauf der Geraden fest. Beschreibe die Lage der Geraden mit Worten. Verwende zur Eingrenzung die beiden Geraden $y = x$ bzw. $y = -x$.

Beispiel: $y = 2x$
Die Gerade verläuft durch den 1. und 3. Quadranten. Sie ist steiler als die Gerade $y = x$.

a) $y = \frac{1}{2}x$ b) $y = -\frac{1}{10}x$
c) $y = -1,5x$ d) $y = 3x$

4 Welche Gleichung gehört zu welcher Geraden?

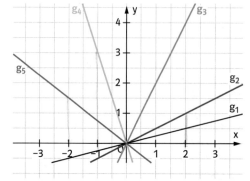

? *Zeichne die Gerade der proportionalen Funktion.*

Was fällt dir auf?
$m = -3$
$m = -2$
$m = -1$
$m = 0$
$m = 1$
$m = 2$
$m = 3$

zu Aufgabe 4:
G1: $y = 2x$
G2: $y = -0,5x$
G3: $y = -\frac{2}{3}x$
G4: $y = \frac{1}{2}x$
G5: $y = -\frac{3}{2}x$
G6: $y = \frac{1}{4}x$
G7: $y = -3x$
G8: $y = -\frac{3}{4}x$

5 Zeichne die Gerade mithilfe des Steigungsdreiecks.

Beispiel: $y = -\frac{2}{5}x$

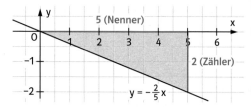

a) $y = \frac{1}{3}x$ b) $y = \frac{3}{7}x$ c) $y = \frac{4}{3}x$
d) $y = -\frac{4}{5}x$ e) $y = -\frac{1}{5}x$ f) $y = -\frac{7}{2}x$

6 Gib zu jeder Gerade die Funktionsgleichung an.

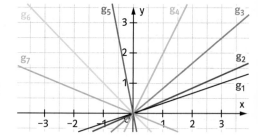

7 Eine Ursprungsgerade geht durch den Punkt P. Gib die Funktionsgleichung an.
a) $P(6|3)$ $P(3|6)$ $P(6|-3)$
b) $P(-2|4)$ $P(4|-2)$ $P(-2|-4)$

8 Liegt eine proportionale Funktion vor? Du brauchst nicht zu zeichnen.

a)

x	3	5	7	10	15
y	9	15	21	30	45

b)

x	−5	−2	0	3	7
y	−2,5	−1	0	1,5	3,5

9 Das Wertepaar gehört zu einer proportionalen Funktion.
Bestimme die Funktionsgleichung.
a) $(2\,|\,7)$ b) $(-5\,|\,-7{,}5)$ c) $(8{,}4\,|\,2{,}8)$

10 a) Die Ursprungsgerade g_1 geht durch drei der 24 markierten Punkte.
Wie heißt die Funktionsgleichung von g_1?
Nenne weitere Gitterpunkte von g_1.
b) Finde weitere Ursprungsgeraden, die durch mindestens drei Punkte verlaufen.
c) Welche Ursprungsgerade geht durch vier Punkte?
d) Bestimme die Funktionsgleichungen sämtlicher Ursprungsgeraden, die durch zwei der 24 Punkte verlaufen.

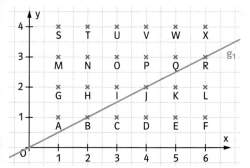

11 In die beiden quaderförmigen Behälter fließt in gleicher Zeit gleich viel Wasser. Die Höhe beider Behälter ist gleich. Welcher Graph gehört zu welchem Gefäß? Bestimme die jeweilige Funktionsgleichung. Mache eine Aussage über die Grundflächen der beiden Quader.

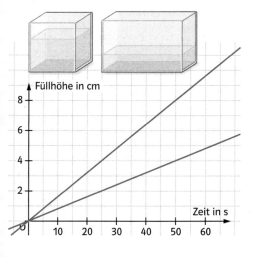

12 a) Ordne die Gleichungen nach der Eigenschaft:
„Die zugehörige Gerade ist steiler als".
$y = 0{,}2\,x$ $y = 1{,}2\,x$ $y = x$
$y = 5\,x$ $y = \frac{1}{3}\,x$ $y = \frac{4}{3}\,x$

b) Ordne die Gleichungen nach der Eigenschaft:
„Die zugehörige Gerade hat eine geringere Steigung als".
$y = -\frac{2}{3}\,x$ $y = -2{,}5\,x$ $y = -0{,}5\,x$
$y = -\frac{5}{4}\,x$ $y = -x$ $y = -3\,x$

13 Vergleiche den Verlauf der beiden Geraden, ohne zu zeichnen.
a) $y_1 = \frac{1}{3}\,x$ $y_2 = \frac{1}{4}\,x$
b) $y_1 = -4\,x$ $y_2 = -6\,x$
c) $y_1 = -\frac{1}{4}\,x$ $y_2 = -\frac{1}{5}\,x$
d) $y_1 = \frac{2}{3}\,x$ $y_2 = 0{,}6\,x$
e) $y_1 = \frac{9}{10}\,x$ $y_2 = \frac{10}{9}\,x$

14 Welche Punkte liegen auf welcher Geraden?
A $(2\,|\,3)$ $\qquad$ $y = \frac{1}{2}\,x$
B $(-2\,|\,-1)$ $\qquad$ $y = -x$
C $(5\,|\,0{,}5)$ $\qquad$ $y = 1{,}5\,x$
D $(-2\,|\,4)$ $\qquad$ $y = 0{,}1\,x$
E $(-4{,}5\,|\,4{,}5)$ $\qquad$ $y = \frac{2}{3}\,x$
F $(-3\,|\,-2)$ $\qquad$ $y = -2\,x$

15 Beide Punkte liegen auf einer Ursprungsgeraden.
a) S $(2\,|\,-3)$ $\qquad$ T $(-4\,|\,\square)$
b) S $(-2\,|\,-4)$ $\qquad$ T $(1\,|\,\square)$
c) S $(-3\,|\,1)$ $\qquad$ T $(1{,}5\,|\,\square)$
d) S $(4\,|\,-1)$ $\qquad$ T $(6\,|\,\square)$
e) S $(1\,|\,3)$ $\qquad$ T $(\square\,|\,4{,}5)$
f) S $(-7\,|\,-3)$ $\qquad$ T $(\square\,|\,4{,}5)$

16 Berechne die fehlende Koordinate der beiden Punkte einer Ursprungsgeraden.
a) A $(4\,|\,6)$ $\qquad$ B $(\square\,|\,9)$
b) C $(5\,|\,3)$ $\qquad$ D $(2{,}5\,|\,\square)$
c) E $(1\,|\,9)$ $\qquad$ F $(\square\,|\,13{,}5)$
d) G $(\square\,|\,7{,}5)$ $\qquad$ H $(-2\,|\,-3)$
e) I $(8\,|\,-10)$ $\qquad$ K $(-6\,|\,\square)$
f) L $(6\,|\,\square)$ $\qquad$ M $(-4{,}5\,|\,7{,}5)$

Mehr oder weniger als 100 % Gefälle?

3 Lineare Funktionen

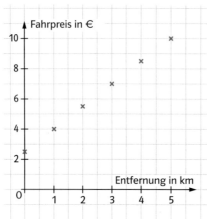

Dem Schaubild kann man den Fahrpreis einer Taxifahrt im Nahverkehr entnehmen.
→ Gib für jede Entfernung an, wie viel bezahlt werden muss.
→ Weshalb verläuft die Gerade durch die Punkte nicht auch durch den Ursprung?

Der Graph der Funktion mit der Gleichung $y = \frac{1}{2}x + 2$ entsteht durch Verschieben der Geraden $y = \frac{1}{2}x$ in y-Richtung. Das zeigen die Wertetabellen der beiden Funktionen.

Für $y = \frac{1}{2}x$ erhält man:

x	−2	−1	0	1	2	3	4
y	−1	−0,5	0	0,5	1	1,5	2

Für $y = \frac{1}{2}x + 2$ erhält man:

x	−2	−1	0	1	2	3	4
y	1	1,5	2	2,5	3	3,5	4

Hier erkennt man, dass jeder Punkt der Geraden $y = \frac{1}{2}x$ um 2 Einheiten in y-Richtung verschoben wurde.
Beide Geraden haben dieselbe Steigung $m = \frac{1}{2}$, sie verlaufen parallel.
Der Graph von $y = \frac{1}{2}x + 2$ geht nicht durch den Ursprung.
Die Funktion ist nicht proportional.

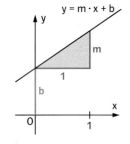

Eine Funktion mit der Gleichung $y = m \cdot x + b$ heißt **lineare Funktion**.
Ihr Graph ist eine Gerade mit der **Steigung m**. Die Gerade schneidet die y-Achse im Punkt $P(0\,|\,b)$. Man bezeichnet b als **y-Achsenabschnitt** der Geraden.

Bemerkung
Mit dem y-Achsenabschnitt $b = 0$ ergeben sich proportionale Funktionen.

Beispiele
a) Der Graph der Funktion $y = 3x - 2$ kann mithilfe des y-Achsenabschnitts $b = -2$ und der Steigung $m = 3$ gezeichnet werden.

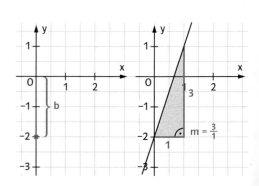

b) Aus dem Schaubild lassen sich
die Werte für die Steigung m und den
y-Achsenabschnitt b ablesen.
b = 1 $m = \frac{3}{4}$
Zur Gerade gehört damit die Funktionsgleichung $y = \frac{3}{4}x + 1$.

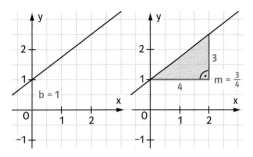

Aufgaben

1 Entscheide, ob eine lineare oder sogar
eine proportionale Funktion vorliegt.
Begründe deine Antwort.

Eingabegröße	Ausgabegröße
Kraftstoffmenge	Kraftstoffpreis
Wärmezufuhr	Wassertemperatur
Bahnkilometer	Fahrpreis
Länge einer Kerze	Brenndauer
Arbeitsstunden	Handwerkerrechnung

2 Zeichne die Gerade.
Verwende den y-Achsenabschnitt und
ein Steigungsdreieck.
a) $y = 2x + 1$ b) $y = 2x - 1$
c) $y = -2x + 1$ d) $y = -2x - 1$
e) $y = \frac{1}{4}x - 1$ f) $y = \frac{2}{3}x + 2$
g) $y = \frac{3}{4}x + 2,5$ h) $y = \frac{4}{5}x - 3,5$

3 Bestimme die Funktionsgleichungen.
Was fällt dir an den Geradengleichungen
auf?
Vergleiche sämtliche y-Werte für x = 1,5
und für x = 3.

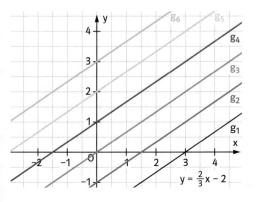

$y = \frac{2}{3}x - 2$

4 Alle Geraden gehen durch den Punkt
P(0|1). Wie heißen die Gleichungen?
Was fällt dir an den Geradengleichungen
auf?

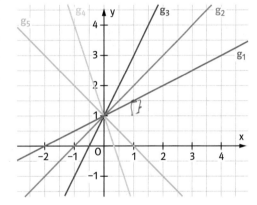

5 Welche Gerade gehört zu welcher
Gleichung?
G1: $y = \frac{1}{2}x - 1$ G2: $y = 2x + 1$
G3: $y = x + 1$ G4: $y = -\frac{1}{2}x + 1$
G5: $y = -2x + 2$ G6: $y = -x - 1$

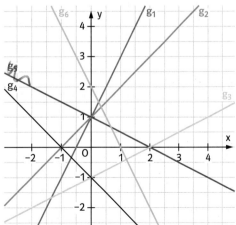

6 a) Bestimme die Gleichung der Geraden g.

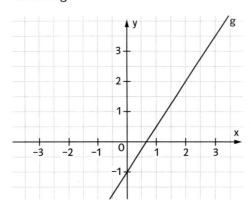

b) Zeichne zwei weitere, zu g parallele Geraden ins Schaubild und gib deren Gleichungen an.

c) Zeichne zwei weitere Geraden ein, die die y-Achse im selben Punkt schneiden wie die Gerade g. Bestimme deren Funktionsgleichung.

7 Die Gerade geht durch den Punkt T und hat den y-Achsenabschnitt b. Bestimme die Funktionsgleichung.
a) $T(3|2)$; $b = 1$ b) $T(-3|-1)$; $b = 2$
c) $T(4|-7)$; $b = 1$ d) $T(-2|0)$; $b = -3$

8 Wie heißen die Funktionsgleichungen?

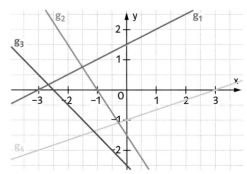

9 Wenn bestimmte Punkte einer Geraden bekannt sind, kann man die zugehörige Funktionsgleichung sogar im Kopf bestimmen.
a) $P(0|1)$ b) $P(0|1)$ c) $P(0|2)$
   $Q(1|2)$ $Q(1|4)$ $Q(1|-2)$
d) $P(0|-3)$ e) $P(0|2)$ f) $P(0|2)$
   $Q(1|3)$ $Q(-2|3)$ $Q(-3|-4)$

10 Bestimme die Funktionsgleichung mithilfe einer Zeichnung.
Die Gerade verläuft parallel zu
a) $y = 1{,}5x + 1$ und geht durch $P(2|6)$.
b) $y = -0{,}5x - 1$ und geht durch $P(4|-6)$.
c) $y = \frac{3}{4}x - 2$ und geht durch $P(-4|0)$.

Lebende Geraden

Im Schulhof könnt ihr „lebende Geraden" bilden. Auf dem Foto seht ihr die Gerade $y = x - 1$.

■ Wie müssen sich alle Schülerinnen und Schüler bewegen, dass die Gerade $y = x + 3$ entsteht? Wie entsteht die Gerade $y = x - 4$?

■ Wie müssen sich die Schülerinnen und Schüler bewegen, damit die Gerade $y = 2x - 1$ entsteht? Wie erhält man die Gerade $y = -0{,}5x - 1$?

■ Wie müssen sich die Schülerinnen und Schüler aufstellen, sodass eine Gerade mit der Steigung $m = 0$ dargestellt wird?

11 Welche der neun Geraden vom Rand verlaufen parallel, welche gehen durch denselben Punkt der y-Achse?

12 Zeichne die Gerade durch die Punkte A und B. Bestimme die Funktionsgleichung.
a) A(4|2)   B(−1|8)
b) A(−1|5)   B(0|8)
c) A(4|−2)   B(−2|−5)
d) A(6|0)   B(−3|−3)
e) A(4|−6)   B(−2|−1,5)
f) A(5|−2,5)   B(0|1,5)

13 Gib Gleichungen von Geraden an, die durch
a) den 1., 2. und 3. Quadranten gehen.
b) den 1., 2. und 4. Quadranten gehen.
c) den 2. und 4. Quadranten gehen.
d) den 2., 3. und 4 Quadranten gehen.

14 Welchen Quadranten durchläuft die Gerade nicht? Notiere deine Überlegungen. Zeichnen ist eher hinderlich.
a) y = 4x + 3   b) y = −x − 5
c) y = 1,5x − 2,5   d) y = −0,25x + 5,5
e) y = 0,001x − 0,01   f) y = −100x + 0,001

15 a) Die Gerade g geht durch zwei der 25 markierten Punkte. Wie heißt die zugehörige Funktionsgleichung?
b) Nenne Gleichungen von Geraden, die durch drei markierte bzw. vier markierte Punkte gehen.
c) Gibt es eine Gerade, die durch fünf markierte Punkte geht und keine Ursprungsgerade ist? Gib ihre Gleichung an.
d) Nenne die Gleichung einer Geraden, die durch keinen der markierten Punkte geht.

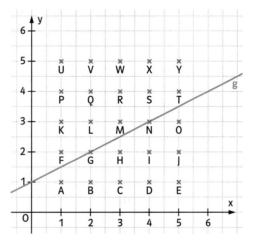

zu Aufgabe 11:
G1: $y = \frac{3}{4}x - 2$
G2: $y = \frac{3}{5}x - 2$
G3: $y = 1 + \frac{5}{3}x$
G4: $y = -\frac{5}{3}x + 1,5$
G5: $y = 0,75x - 0,5$
G6: $y = \frac{5}{3}x - 0,5$
G7: $y = -\frac{3}{4}x - 2$
G8: $y = -\frac{5}{3}x + 1$
G9: $y = -\frac{3}{5}x + 1,5$

Zwei Punkte sind genug

Zwei vorgegebene Punkte einer Geraden genügen, um die Steigung und damit auch die zugehörige Gleichung zu bestimmen.

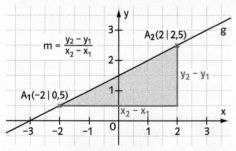

Beispiel:
Die Gerade g geht durch die Punkte $A_2(2|2,5)$ und $A_1(−2|0,5)$.

Für die Steigung m gilt damit:
$$m = \frac{y_2 - y_1}{x_2 - x_1}$$
$$m = \frac{2,5 - 0,5}{2 - (-2)} \qquad m = \frac{2}{4} = \frac{1}{2}$$

■ Die Gerade geht durch die beiden Punkte. Bestimme die Steigung.
g: A(3|3); B(−1|−5)
h: C(−2|5); D(4|−4)
i: M(6|2,5); N(−3|−3,5)
j: S(7|−3); T(0|1)
■ Die Gerade g geht durch die Punkte A(3|6) und B(−2|−6). Die Gerade h geht durch P(−3|6) und Q(2|−4). Bestimme die Steigungen. Was fällt dir auf?
■ Liegen die Punkte P(6|1); Q(1|−1,5) und R(−8|−6) auf einer Geraden?
■ Die Gerade g verläuft durch A(−18|1) und B(24|22). Die Gerade h geht durch P(−10|−5) und Q(30|13). Sind die beiden Geraden g und h parallel? Eine zeichnerische Lösung macht große Mühe.

Ein großer Teil der Bevölkerung leidet an Übergewicht. Nicht zuletzt deshalb wurden eine Reihe von Berechnungsmodellen entwickelt, mithilfe derer eine Aussage über das Körpergewicht im Zusammenhang mit der Körpergröße gemacht werden kann.

Der **Broca-Index** gibt an, wie das **Normalgewicht** berechnet wird. Man benutzt die „Faustformel":
Normalgewicht in kg = Körpergröße in cm – 100
■ Erstelle für die zugehörige Funktionsgleichung
y = x – 100 ein geeignetes Schaubild.

Das **Idealgewicht** errechnet sich so: „Normalgewicht minus 10 Prozent". Die lineare Funktion mit y = (x – 100) · 0,9, also y = 0,9 x – 90 ermöglicht genauere Bestimmungen.
■ Wie schwer sollte ein 1,90 m großer Mann mit Idealgewicht sein? Wie groß sollte ein 85 kg schwerer Mann mit Idealgewicht sein? Wie groß müsste ein 150 kg schwerer Mensch sein? Hier lässt dich das Schaubild im Stich.
■ Warum ergibt diese Berechnungsmethode für Kinder keinen Sinn?

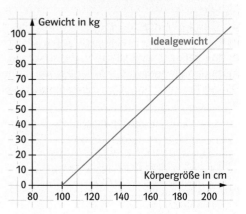

Der **Body-Mass-Index** (BMI) ist ein Maß für die Körperform. Man bestimmt dazu das Verhältnis von Körpergewicht (in kg) zum Quadrat der Körpergröße (in m^2).

Beispiel: Der BMI bei einem Körpergewicht von 65 kg und einer Körpergröße von 1,70 m berechnet sich so:

$$BMI = \frac{65\,kg}{1,70\,m \cdot 1,70\,m} = 22,49\,\frac{kg}{m^2}$$

■ Wie groß ist eine 70 kg schwere Frau mit Untergewicht? Ein Mann ist 1,80 m groß und hat Übergewicht.

Insbesondere für Sportler ist der Body-Mass-Index von Bedeutung.
Eine zu starke Reduzierung des eigenen Körpergewichts ist nicht ungefährlich. Deshalb wurde für die Skispringer ein BMI von mindestens 20 eingeführt. (Die Springer werden dabei mit Schuhen und Ski gewogen.)
■ Berechne den BMI folgender Skispringer:

    Jörg Ritzerfeld: 1,72 m/56 kg
    Georg Späth: 1,89 m/70 kg
    Janne Ahonen: 1,83 m/66 kg
    Sigurd Pettersen: 1,80 m/60 kg

■ Berechne zum Vergleich den BMI anderer Sportler:

    Yokozuna Akebono (Sumo-Ringer):   2,03 m/236 kg
    Shaquille O'Neal (Basketballer):   2,16 m/143 kg

Einteilung von Über-, Unter- und Normalgewicht bei Erwachsenen

Gewicht	BMI in $\frac{kg}{m^2}$
Untergewicht	< 18,5
Normalgewicht	18,5 – 24,9
Übergewicht	> 25

4 Modellieren mit Funktionen

Lara möchte sich einen gebrauchten Roller im Wert von etwa 1500 € anschaffen. Dazu hat sie bereits 500 € gespart. In den Sommerferien kann sie einen Ferienjob annehmen. Für jede Arbeitsstunde bekommt Lara 9 € ausbezahlt. Die tägliche Arbeitszeit beträgt acht Stunden.
→ Reichen drei Arbeitswochen aus?
→ Lara überlegt, ob sie am Tag sieben Stunden arbeiten soll.

Mithilfe der linearen Funktionen lassen sich bestimmte Fragestellungen und Probleme des Alltags bearbeiten und lösen. Eine exakte Beantwortung der Fragen ist jedoch oftmals schwierig und auch nicht nötig. Vereinfachungen helfen, die reale Situation in einen mathematischen Zusammenhang zu übersetzen. Die gefundene mathematische Lösung muss dann jedoch in der Alltagssituation auf ein sinnvolles Ergebnis überprüft werden. Diesen Kreislauf nennt man **mathematisches Modellieren.**

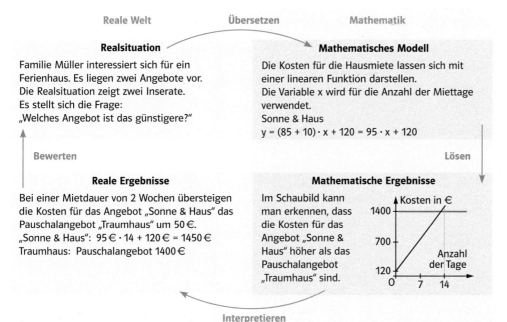

Eine Bewertung kann etwa so aussehen: Sollte Familie Müller das Angebot „Sonne & Haus" mehr zusagen, ist sie vielleicht bereit, die Mehrkosten von 50 € zu tragen.

Das **mathematische Modellieren** läuft in Stufen ab.
1. **Übersetzen** der Realsituation in ein mathematisches Modell
2. **Lösen:** Ermitteln der mathematischen Ergebnisse
3. **Interpretieren** der Lösung in der Realsituation
4. **Bewerten** des realen Ergebnisses

Beispiel

Eine Computerfirma erstellt ein Angebot für einen Wartungsvertrag. Der Firmeninhaber hofft, für 3000 € den Zuschlag zu bekommen. Die Stundensätze betragen 70 € für einen Techniker und 40 € für eine Hilfskraft. Für Materialkosten werden 500 € kalkuliert. Die Fahrtkostenpauschale beträgt 250 €.

1. Realsituation
Wie viele Stunden dürfen Techniker und Hilfskraft längstens arbeiten?
2. Mathematisches Modell
Fahrtkosten + Material:
250 € + 500 € = 750 €
Techniker: 70 € pro Stunde
Helfer: 40 € pro Stunde
Lösungsansatz über eine Gleichung. Die Variable x bezeichnet die Arbeitsstunden.
3. Mathematische Ergebnisse
$3000 = 250 + 500 + x \cdot (70 + 40)$
$x = 20,5$ (gerundet)
4. Reale Ergebnisse
Techniker und Hilfskraft dürfen jeweils längstens 20 Stunden arbeiten.

Aufgaben

1 Tobias misst die Länge einer brennenden zylindrischen Kerze. Um 9:00 Uhr misst sie 14 cm, um 12:00 Uhr hat sie noch eine Länge von 9,5 cm.
a) Wie lang war die Kerze um 8:00 Uhr, wie lang wird sie um 17:00 Uhr sein?
b) Die Kerze wurde um 7:00 Uhr angezündet. Welche Länge hatte sie ursprünglich?
c) Wann ist die Kerze abgebrannt? Beachte dabei das Brennverhalten kurz bevor die Kerze abgebrannt ist.
d) Eine dünnere Kerze brennt doppelt so schnell ab. Sie wurde zum gleichen Zeitpunkt angezündet und war um 10:00 Uhr noch 10 cm lang.

2 Familie Schwan hat im Urlaub 80 digitale Fotos geschossen und möchte diese nun auf Papier ausdrucken lassen. Welchen Rat würdest du geben?

3 Eine Telefongesellschaft bietet folgenden Tarif:

  monatliche Grundgebühr: 19,95 €
  Kosten für 1 Minute: 9 ct

Eine Tarifänderung schlägt vor, die Grundgebühr entfallen zu lassen.
a) Mache einen Vorschlag, der für die Telefongesellschaft keine finanziellen Nachteile bringt. Gehe von einer durchschnittlichen täglichen Gesprächsdauer von 30 Minuten aus.
b) Wie muss sich der Tarif pro Minute ändern, wenn die tägliche Telefonnutzung um 50 % höher liegt?

4 Die Tabelle zeigt die Preise eines Telefonanbieters. (Abrechnung monatlich; Minutentakt; Preis pro Stunde)

bis 5 Stunden	4,50 €
ab 5 Stunden	3,60 €
ab 10 Stunden	3,00 €
ab 50 Stunden	2,40 €

a) Anna sagt zu Julia: „Das ist aber ein komischer Tarif. Da telefoniere ich lieber zehn Stunden lang als neun Stunden." Was meinst du zu dieser Aussage? Was ist billiger – ein Telefonat über 50 oder über 45 Stunden?
b) Skizziere einen Graphen.

Meisterfoto

Format	Ab 1 Stück	Ab 30 Stück	Ab 100 Stück
9 x 13 cm	€ 0,17	€ 0,15	€ 0,09
10 x 15 cm	€ 0,19	€ 0,17	€ 0,12
13 x 18 cm	€ 0,35	€ 0,30	€ 0,19

Fotoservice Preisübersicht

Format	Preis	ab 25 Stück
9 x 13	0,22 €	0,15 €
10 x 15	0,26 €	0,22 €
13 x 18	0,42 €	0,33 €

5 Das Fahren mit der BahnCard ist in vielen Fällen preislich interessant. Die BahnCard 25 kostet einmal jährlich 51,50 € und ermäßigt jeden Fahrpreis im Fernverkehr um 25 %. Die BahnCard 50 kostet einmalig 206 € und halbiert jeden Preis. Die BahnCard 100 kostet pro Jahr 3300 €.

Strecke	Normalpreis
Bremen – Göttingen	48 €
Köln – Hamburg	66 €
Frankfurt – Berlin	95 €

a) Tina fährt alle zwei Monate die Strecke Bremen – Göttingen und zurück. Was kannst du empfehlen?
b) Noah fährt ebenso oft die Strecke Köln – Hamburg. Was schlägst du vor?
c) Herr Schmid fährt dreimal im Monat die Strecke Frankfurt–Berlin.

6 Eine Autovermietung wirbt mit diesem Angebot.

PKW Mittelklasse	
Miete für einen Tag (ohne Kilometerbegrenzung)	69,– €
Miete für einen Monat (pro gefahrenem km 0,03 €)	399,– €

a) Frau Specht hatte einen Unfall und kann für ungefähr eine Woche ihr eigenes Auto nicht benutzen.
b) Herr Seidel ist als Vertreter in ganz Norddeutschland tätig. Er braucht den Mietwagen für die Dauer von 3 Wochen.

7 Die Besucherzahlen des Freizeitparks „Dreamworld" haben in den letzten Jahren pro Jahr um etwa die gleiche Zahl zugenommen.

Jahr 2000	840 000 Besucher
Jahr 2005	1 070 000 Besucher

a) Wie sehen demnach die Besucherzahlen für die Jahre 2006–2008 aus?
b) Für das Jahr 2008 ist eine Erweiterung des Freizeitparks geplant. Der jährliche Zuwachs soll sich dadurch verdoppeln.

Taxitarife

Taxifahren ist nicht billig. Die Tabelle ermöglicht eine Übersicht über die Tarife der Stadt Stuttgart.

Grundtarif		2,40 €	2,40 €
Arbeitstarif		4 Uhr – 22 Uhr	22 Uhr – 4 Uhr
bis 4 km	je km	1,70 €	1,90 €
ab 4 km	je km	1,50 €	1,70 €
Zeittarif	je Stunde	30,00 €	30,00 €

Beispiel:
Für eine 15-km-Fahrt nach 22 Uhr ergibt sich folgende Berechnung:

Grundtarif		2,40 €
Arbeitstarif	$15 \cdot 1{,}70$ €	25,50 €
Zeittarif (12 Minuten Wartezeit)	30 € $\cdot \frac{12}{60}$	6,00 €
Summe		33,90 €

■ Frau Berg fährt am Nachmittag zu ihrer Freundin, die 12 km entfernt wohnt. Gegen Mitternacht fährt sie wieder zurück. Auf der Hinfahrt entstehen zehn Minuten Wartezeit, auf der Rückfahrt nur zwei Minuten. Was zahlt Frau Berg insgesamt? Um wie viel Prozent unterscheidet sich der Preis der Nachtfahrt von der Fahrt am Tage?
■ Für die Fahrt tagsüber vom Flughafen zur Hanns-Martin-Schleyer-Halle bezahlt Betty 36,90 €. Für Wartezeiten waren 9 € zu entrichten.
Was kostet die Fahrt nach 22 Uhr, wenn nur die Hälfte der Wartezeit anfällt?
■ Erstelle eine Funktionsgleichung für eine Fahrt zwischen 22 Uhr und 4 Uhr, die kürzer als 4 km ist.
Vergiss die Wartezeit nicht. Welches Problem entsteht?

Zusammenfassung

Funktion

Eine **Funktion** ist eine Zuordnung, bei der zu jeder Größe eines ersten Bereichs (Eingabegröße) **genau eine** Größe eines zweiten Bereichs (Ausgabegröße) gehört.

Eine Funktion lässt sich über eine **Werte-tabelle**, die aus Wertepaaren besteht, ein Schaubild oder eine **Funktionsgleichung** darstellen.

Funktionsgleichung $y = -0,5x + 1,5$
Wertetabelle

x	-3	-2	-1	0	1	2	3
y	3	2,5	2	1,5	1	0,5	0

Schaubild

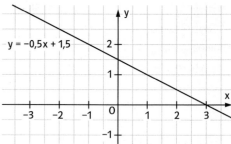

proportionale Funktion

Eine Funktion mit der Gleichung $y = m \cdot x$ heißt **proportionale Funktion**.
Das Schaubild ist eine Gerade, die durch den **Ursprung** des Koordinatensystems verläuft. Die **Steigung m** bestimmt den Verlauf der Geraden.

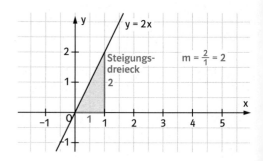

lineare Funktion

Eine Funktion mit der Gleichung $y = m \cdot x + b$ heißt **lineare Funktion**.
Das Schaubild ist eine Gerade mit der **Steigung m**. Die Gerade schneidet die y-Achse im Punkt $P(0 \mid b)$.
Der **Wert b** bezeichnet den **y-Achsen-abschnitt** der Geraden.

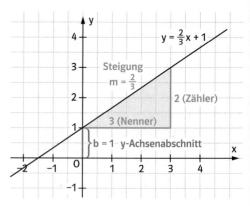

Modellieren

Beim Modellieren wird eine Problem-situation aus der realen Welt in ein mathematisches Modell übersetzt. Mithilfe der Lösung werden mathematische Ergebnisse formuliert, die wiederum interpretiert werden können und zu realen Ergebnissen führen.
Abschließend erfolgt eine Bewertung des Ergebnisses in der realen Situation.

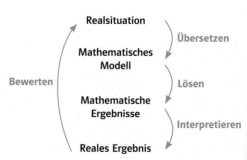

Üben • Anwenden • Nachdenken

1 Welche Zuordnungen sind proportionale, welche sind lineare Funktionen? Welche der Zuordnungen ist keine Funktion?

Eingabegröße	Ausgabegröße
Benzinmenge	Benzinpreis
Zeit	zurückgelegte Strecke
Luftdruck	Uhrzeit
Uhrzeit	Luftdruck
Strommenge	Strompreis
gefahrene km	Taxigebühr
Zeit	Höhe der Gondel

2 Zeichne das Schaubild.
a) $y = 2x + 1,5$ b) $y = 1,5x$
c) $y = -1,5x - 2$ d) $y = -2x$
e) $y = -2x - 1,5$ f) $y = -1,5x + 2$

3 Ergänze die fehlenden Werte der Funktion. Wie heißt die zugehörige Gleichung?

a)

x	-2	-1	0	1	2	☐	☐
y	0	1	2	3	☐	☐	☐

b) +2

x	1	2	3	4	0	-☐	-☐
y	3	5	7	☐	☐	☐	☐

c)

x	3	2	1	0	-1	-2	☐
y	7	2	-1	-2	☐	☐	☐

4 Prüfe durch Einsetzen, ob die Punkte zum Graphen der Funktion gehören.

	A(6|1)	B(0|2,5)	C(1|4)	D(10|3)
$y = \frac{1}{2}x - 2$	☐	☐	☐	☐
$y = 3 + x^2$	☐	☐	☐	☐
$y = \frac{4}{10-x}$	☐	☐	☐	☐
$y = \frac{x-5}{x-2}$	☐	☐	☐	☐

5 Gib an, in welchem Quadranten sich die Geraden schneiden. Wenn du überlegst, kannst du auf eine Zeichnung verzichten.
a) g: $y = 2x + 1$ h: $y = 0,5x + 5$
b) g: $y = 0,4x + 3$ h: $y = -3x - 2$
c) g: $y = -\frac{1}{2}x - 8$ h: $y = \frac{3}{2}x - 4$

6 Bestimme die Funktionsgleichungen.

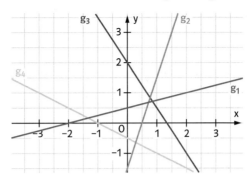

7 Bestimme die Schnittpunkte mit der x- Achse und mit der y-Achse.
a) $y = -x + 4$ b) $y = -\frac{1}{2}x + 5$
c) $y = 1,5x + 3$ d) $y = \frac{1}{4}x - 2$

8 Welcher der Punkte liegt auf welcher Geraden?
P(-1|-9)   (1) $y = x - 5$
Q(6,5|1,5)   (2) $y = -2x + 1$
R(-10|0)   (3) $y = 3x - 6$
S(2,5|-4)   (4) $y = -\frac{2}{5}x - 4$

9 Zeichne eine Gerade auf ein weißes Blatt Papier.
Lege anschließend ein Koordinatensystem an, sodass die Gerade folgende Funktionsgleichung hat.
a) $y = x$ b) $y = 2x$
c) $y = x + 1$ d) $y = -0,5x - 2$

10 Zeichne die Schaubilder der angegebenen Funktionsgleichungen in ein Koordinatensystem. Was stellst du fest?

$y = \frac{1}{2}x$
$y = 3x$
$y = -\frac{5}{3}x$
$y = -\frac{1}{3}x$
$y = -2x$
$y = \frac{3}{5}x$

11 Ein Erwachsener und zwei Kinder wollen mit einem Boot einen Fluss überqueren. Das Boot kann höchstens zwei Kinder oder einen Erwachsenen tragen.
a) Wie oft muss das Boot mindestens über den Fluss gerudert werden, bis alle drei Personen auf der anderen Seite sind?
b) Wie viele Flussüberquerungen braucht man mindestens, wenn 5 Erwachsene und 2 Kinder auf die andere Seite wollen?

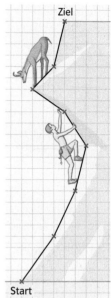

Klettermax geht die Wand hoch.
Bestimme die Steigungen der Kletterabschnitte.

Strom, Gas und Wasser werden von Energieversorgungsunternehmen zu unterschiedlichsten Tarifen angeboten.

Anbieter	Grundgebühr	Kosten pro kWh
EWR	38,28 €	15,44 ct
GreenStrom	79,20 €	14,80 ct
Happy-Energy	64,08 €	15,25 ct
BergspitzStrom	100,80 €	14,35 ct

■ Familie Sommer hat einen Stromverbrauch von ca. 6000 kWh pro Jahr. Frau Bonnetti lebt alleine und verbraucht ca. 1500 kWh.
Welchen Rat würdest du geben?

F3		▼ f_x	=B3+B6*B4			
	A	B	C	D	E	F	G
1	Strom-Tarifrechner						
2							
3	Grundgebühr	65,00 €		Rechnungsbetrag:		830,00 €	
4	Preis pro kWh	0,17 €					
5							
6	Verbrauch in kWh	4500					
7							

■ Mit einem Tabellenkalkulationsprogramm kannst du dir einen Tarifrechner erstellen und durch gezieltes Probieren rasch den günstigsten Tarif ermitteln.
■ Erstelle ein geeignetes Schaubild. Welche Schwierigkeiten treten auf?

Die Anschaffungskosten einer Solarstromanlage belaufen sich auf 12 500 €.
Pro Monat werden ungefähr 150 kWh ins öffentliche Stromnetz eingespeist und mit 57,4 ct pro kWh vergütet.
■ Nach welcher Zeit hat sich die Anschaffung der Solarstromanlage bezahlt gemacht?

12 Auf welchen Geraden liegen die Eckpunkte der Figur? Gib die zugehörigen Funktionsgleichungen an.

a)
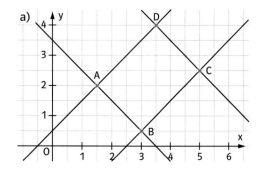

b)
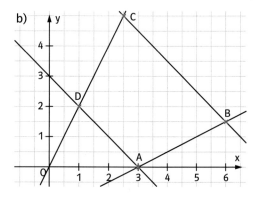

13 Auf welchen Geraden liegen die Eckpunkte des Dreiecks? Miss die Innenwinkel des Dreiecks. Der Punkt B wandert auf der Geraden AB so, dass der Winkel β ein stumpfer Winkel wird. Bestimme eine der möglichen Funktionsgleichungen der veränderten Geraden BC.

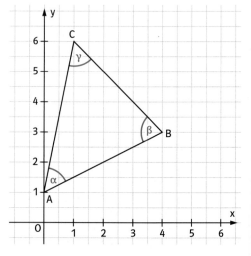

Rückspiegel

1 Erstelle eine Wertetabelle und zeichne das Schaubild der Funktion.

a) $y = 2,5x$ b) $y = -2x - 1$

c) $y = 0,4x + 1,5$ d) $y = -\frac{3}{5}x + 0,8$

2 Ist die Funktion proportional, linear oder keines von beiden? Begründe.

a) $y = -\frac{2}{3}x - 4$ b) $y = 3x$

c) $y = 2$ d) $y = x^2 - 5x$

3 Bestimme die Funktionsgleichung.

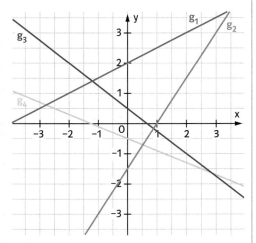

4 Zeichne das Schaubild.

a) $y = \frac{4}{5}x + 2$

b) $y = -\frac{7}{4}x - 0,5$

5 Beide Punkte gehören zum Schaubild einer proportionalen Funktion.
Bestimme die fehlende Koordinate.

a) $P(2|1,5)$ b) $V(-2|4)$ c) $S(2|0,5)$

   $Q(4|\square)$ $W(-1,5|\square)$ $T(5|\square)$

6 Gib die Gleichung einer linearen Funktion an, die den 3. Quadranten nicht trifft.

7 Bambusarten wachsen sehr schnell, nämlich bis zu 40 cm täglich.

a) Welche Höhe hat eine ursprünglich 2 m hohe Pflanze nach 5 Tagen erreicht?

b) Stelle eine Funktionsgleichung auf.

c) Zeichne ein geeignetes Schaubild und lies ab, nach welcher Zeit die Pflanze die Höhe von 10 m überschreitet.

1 Erstelle eine Wertetabelle und zeichne das Schaubild der Funktion.

a) $y = -\frac{3}{2}x$ b) $y = -\frac{2}{3}x - 1,5$

c) $y = x^2 - 2,5$ d) $y = 4 - \frac{x}{2}$

2 Wie heißt die zugehörige Funktionsgleichung?

x	−3	−2	−1	0	1	2	3
y	−6,5	−4	−1,5	1	3,5	6	8,5

3 Bestimme die Funktionsgleichung.

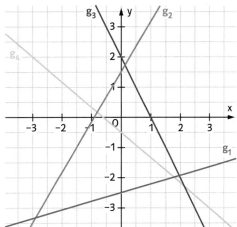

4 Die Gerade geht durch den Punkt $P(2|-1)$ und hat die Steigung $m = -1,5$. Zeichne die Gerade ins Koordinatensystem. Wie heißt die Funktionsgleichung?

5 Beide Punkte gehören zum Schaubild einer linearen Funktion.
Bestimme die Gleichung der Geraden.

a) $P(0|1)$ b) $V(3|0)$ c) $S(6|1)$

   $Q(3|4)$ $W(-3|6)$ $T(-4|-4)$

6 Ein zylinderförmiges Wasserfass ist bis zur Höhe von 15 cm gefüllt.

a) Durch einen gleichmäßigen Wasserzufluss steigt das Wasser in 3 Stunden um 75 cm. Erstelle eine Funktionsgleichung.

b) Das Fass war anfangs zu 12,5 % gefüllt. Nach welcher Zeit läuft das Fass bei konstantem Wasserzufluss über?

Größer, kleiner, gleich

Rechtecke auf dem Schulhof

Eine Knotenschnur besteht aus 24 gleich langen Teilen. Mit ihr können Rechtecke gebildet werden.
Wie viele Möglichkeiten gibt es?

Länge	Breite
11 Teile	?

Stellt eine Gleichung auf, die den Zusammenhang zwischen Länge und Breite bei insgesamt 24 Teilen beschreibt.

Welche symmetrischen Trapeze mit $b = c = d$ lassen sich aus der dargestellten Knotenschnur bilden?

Wenn ihr euch einfach an den Händen fasst, geht es auch ohne Schnur.

Verändert auch die Anzahl der Knoten bzw. der Schülerinnen und Schüler.

Was kostet der Führerschein?

Maik plant, im nächsten Jahr den Führerschein für Kleinkrafträder zu machen. Er informiert sich über die zu erwartenden Kosten.
Die Fahrschule „Wagner" bietet folgende Konditionen an:
Grundgebühr: 150 €
Preis pro Fahrstunde: 25 €
Vom Gesetzgeber werden dabei mindestens 12 Fahrstunden vorgeschrieben.

Eine andere Fahrschule wirbt mit einer Anzeige in der Tageszeitung.

Maik möchte sich einen Überblick verschaffen. Dabei eignen sich eine Wertetabelle und ein Schaubild, um den Zusammenhang zwischen der Anzahl der Fahrstunden und den Kosten darzustellen.

Für welche Fahrschule soll sich Maik entscheiden? Begründe.

Erkundigt euch selbst nach aktuellen Preisen beim Erwerb des Führerscheins für Kleinkrafträder und vergleicht.

Anzahl der Stunden	0	10	...	
Kosten „Wagner" in €	...			
Kosten „Müller" in €	...			

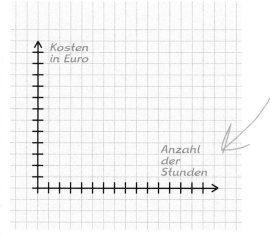

In diesem Kapitel lernst du,

- wie man mit Gleichungen arbeitet, die zwei Variablen enthalten,
- was ein lineares Gleichungssystem ist,
- wie man Gleichungssysteme löst,
- wie viele Lösungen ein Gleichungssystem haben kann.

1 Lineare Gleichungen mit zwei Variablen

Aus einem 40 cm langen Draht lassen sich ohne Rest gleichschenklige Dreiecke biegen.
Die Maßzahlen der Seitenlängen sollen natürliche Zahlen sein.
→ Nenne verschiedene Möglichkeiten.

Die Gleichung $2x + y = 8$ enthält **zwei Variablen**. Ihre Lösungen sind **Zahlenpaare** (x ; y). Durch Probieren erhält man: $(0 ; 8)$; $(1 ; 6)$; $(2 ; 4)$; $(3 ; 2)$; $(4 ; 0)$; $(5 ; -2)$;....
Die Zahlenpaare lassen sich auch in einer Wertetabelle darstellen.

! *(4 ; 2) ≠ (2 ; 4)*

x	0	1	2	3	4	5 ...
y	8	6	4	2	0	−2 ...

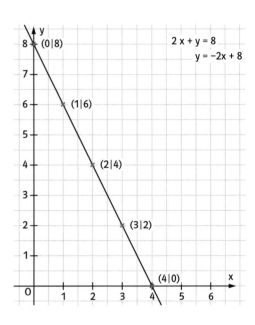

Die beiden Werte hängen voneinander ab. Legt man für eine der Variablen einen Wert fest, kann man daraus den zugehörigen Wert der anderen bestimmen.
Dazu formt man die Gleichung $2x + y = 8$ nach y um und erhält $y = -2x + 8$. Alle Lösungen können als Punkte im Koordinatensystem dargestellt werden. Zum Zahlenpaar (1 ; 6) gehört der Punkt P (1|6).
Alle Punkte liegen auf einer Geraden, dem Graphen einer linearen Funktion.

Eine Gleichung der Form $ax + by = c$ heißt **lineare Gleichung** mit den **zwei Variablen** x und y. Hierbei stehen a, b und c für gegebene Zahlen.
Lösungen dieser Gleichung sind **Zahlenpaare (x ; y)**, welche die Gleichung erfüllen.
Die zugehörigen Punkte im Koordinatensystem liegen auf einer Geraden.

Beispiel
Die Differenz zweier Zahlen beträgt 3.

Gleichung: $x - y = 3$
  $y = x - 3$

Lösungen: $(0 ; -3)$; $(2,5 ; -0,5)$; $(3 ; 0)$; $(3,5 ; 0,5)$; ...

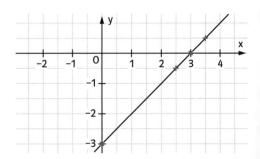

Wertetabelle:

x	0	2,5	3	3,5	...
y	−3	−0,5	0	0,5	...

Aufgaben

1 Es gibt mehrere Lösungen.
a) 24 Schüler werden in Zweier- und Dreiergruppen eingeteilt.
b) Dora muss beim Einkaufen 52 € bezahlen.
Sie bezahlt mit 10-Euro-Scheinen und 2-Euro-Stücken.
c) Auf einer Waage sollen mit 3-kg- und 5-kg-Gewichten 68 kg zusammengestellt werden.

2 Stelle eine Gleichung mit zwei Variablen auf und löse das Rätsel.
a) Die Summe zweier Zahlen beträgt 9.
b) Die Summe aus einer Zahl und dem Dreifachen einer zweiten Zahl beträgt 10.
c) Die Differenz aus dem Dreifachen einer Zahl und dem Doppelten einer anderen Zahl beträgt 7.
d) Das 5-Fache einer Zahl, vermehrt um die Hälfte einer zweiten Zahl, ergibt 134.

3 Gib drei Lösungen für die Gleichung an. Rechne im Kopf.
a) $3x + 4y = 12$
b) $2x - 3y + 4 = 0$
c) $y = 2x + 5$
d) $-x + 3 = y + 2$
e) $x - 2y = 1$
f) $-2x - 1 = -y$

4 Zur zeichnerischen Darstellung benötigst du mindestens zwei Zahlenpaare. Mit einem dritten Zahlenpaar kannst du prüfen.
a) $x + y = 7$
b) $2x + y = 9$
c) $x - 2y = 3$
d) $3x - y = 3$
e) $2x + 3y = 5$
f) $5x - 3y = 2$

5 Stelle die Gleichung um in die Form $y = mx + b$ und zeichne das Schaubild.
a) $y - 2x = 5$
b) $y - x = 3$
c) $y + 3x = 6$
d) $y + 2x = 2,5$
e) $y - 4 = x$
f) $y + 3 = \frac{1}{2}x$
g) $x - y = 5$
h) $2x - y = 3$

6 Ergänze die Zahlenpaare so, dass sie Lösung der Gleichung $y = -4x + 3$ sind.
a) $(1 ; \square)$
b) $(0 ; \square)$
c) $(-2 ; \square)$
d) $(\square ; 4)$
e) $(\square ; -10)$
f) $(1,5 ; \square)$

7 Prüfe zeichnerisch und rechnerisch, welche Zahlenpaare welche Gleichung erfüllen.

$2x - 3y + 3 = 0$	$(4 ; 2)$
$3x - y = 3$	$(2 ; -2)$
$x + y = 0$	$(1,5 ; 1,5)$
$2y + x = 8$	$(-3 ; -1)$

8 Stelle eine Gleichung auf und gib mindestens zwei Lösungen an.
a) Der Umfang eines Parallelogramms beträgt 28 cm.
b) Der Umfang eines symmetrischen Trapezes beträgt 30 cm. Die Grundseite ist doppelt so lang wie die Deckseite.
c) Der Umfang eines Drachens beträgt 30 cm.

9 Stelle eine Gleichung für die Summe der Kantenlängen auf und gib drei verschiedene Lösungen an.

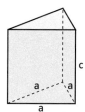 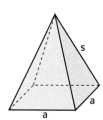

a) Die Kantensumme eines Prismas mit einem gleichseitigen Dreieck als Grundfläche beträgt 60 cm.
b) Die Summe aller Kantenlängen einer quadratischen Pyramide beträgt 40 cm.
c) Aus einem Draht von 1 m Länge soll das Kantenmodell einer quadratischen Säule hergestellt werden.

10 Ordne die Texte den Schaubildern zu.
A Die Summe zweier positiver Zahlen beträgt 8.
B Addiert man zwei Zahlen, erhält man 8.
C Werden zwei natürliche Zahlen addiert, so erhält man 8.
D Werden zwei ganze Zahlen addiert, so erhält man 8.

11 In der Schuldisco werden 124 € in 1-Euro- und 2-Euro-Münzen eingenommen. Es waren 79 Münzen. Probiere.

? *Setze die Augenzahlen für □ ein und suche Zahlenpaare (x ; y), die die Gleichung erfüllen.* □·x + □·y = 30

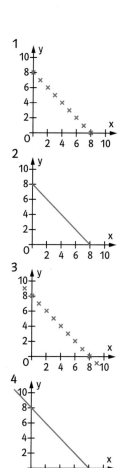

2 Lineare Gleichungssysteme

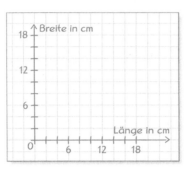

→ Welche Rechtecke mit ganzzahligen Seitenlängen lassen sich aus einem 36 cm langen Draht biegen? Stelle die jeweils zusammengehörigen Seitenlängen als Punkte im Schaubild dar.

→ Überlege dir nun Rechtecke, die doppelt so lang wie breit sind. Es entstehen wieder Punkte.

→ Gibt es ein Rechteck, welches beide Bedingungen erfüllt?

Zwei lineare Gleichungen mit zwei Variablen bilden ein **lineares Gleichungssystem**. Beim Lösen eines Gleichungssystems muss man Zahlenpaare (x ; y) finden, die beide Gleichungen erfüllen.

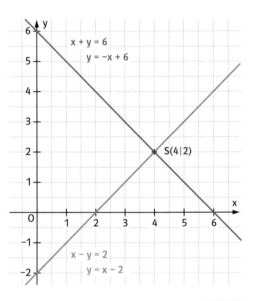

(1) $x + y = 6$

x	0	1	2	3	4	5
y	6	5	4	3	2	1

(2) $x - y = 2$

x	0	1	2	3	4	5
y	-2	-1	0	1	2	3

Das Zahlenpaar (4 ; 2) ist Lösung des linearen Gleichungssystems. Im Schaubild findet man die Lösung als **Koordinaten des Schnittpunktes** der beiden zugehörigen Geraden.

Ein **lineares Gleichungssystem** besteht aus zwei Gleichungen mit jeweils zwei Variablen. Die Koordinaten des Schnittpunktes S (x | y) der Geraden im Schaubild erfüllen beide Gleichungen und sind somit **Lösung dieses Gleichungssystems**.

Beispiel

In einem Stall leben Hasen und Hühner. Es sind insgesamt 9 Tiere mit 24 Füßen. Wie viele Hasen und Hühner sind es jeweils?

Anzahl der Hasen: x; Anzahl der Hühner: y

(1) $x + y = 9$ Gleichung für die Anzahl der Tiere

(2) $4x + 2y = 24$ Gleichung für die Anzahl der Beine

Die beiden Geraden schneiden sich im Punkt S (3 | 6).

Im Stall leben drei Hasen und sechs Hühner.

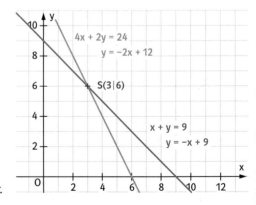

Die Anzahl der Lösungen eines linearen Gleichungssystems kann man an der Lage der zugehörigen Geraden im Koordinatensystem ablesen. Es gibt drei Fälle.

1. Fall	2. Fall	3. Fall
Das Gleichungssystem hat **genau eine Lösung**. (1) $x + 2y = 4$ (2) $x - y = 1$	Das Gleichungssystem hat **keine Lösung**. (1) $-3x + 2y = 1$ (2) $3x - 2y = 2$	Das Gleichungssystem hat **unendlich viele Lösungen**. (1) $x - y = -1$ (2) $2x - 2y = -2$

Durch Umformen erhält man die Funktionsgleichung der Form $y = mx + b$.

(1') $y = -\frac{1}{2}x + 2$ (2') $y = x - 1$	(1') $y = \frac{3}{2}x + \frac{1}{2}$ (2') $y = \frac{3}{2}x - 1$	(1') $y = x + 1$ (2') $y = x + 1$

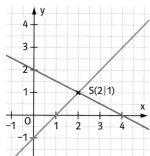 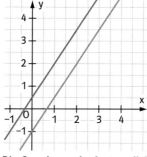 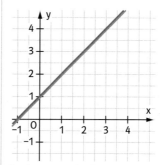

Die Geraden **schneiden sich in einem Punkt**.	Die Geraden **verlaufen parallel**. Sie haben keinen gemeinsamen Punkt.	Zu den zwei Gleichungen gehört **dieselbe Gerade**.
$L = \{(2 ; 1)\}$	$L = \{ \}$	**Die Koordinaten aller Punkte der Gerade erfüllen beide Gleichungen**.

Ein lineares Gleichungssystem mit zwei Variablen hat entweder genau **eine** Lösung, **keine** Lösung oder **unendlich viele** Lösungen.

Beispiel

(1) $y = 2x - 3$

(2) $y = mx + b$

Wenn man für m und b verschiedene Zahlen einsetzt, kann das Gleichungssystem unterschiedlich viele Lösungen besitzen. Für $m = -1$ und $b = 1{,}5$ ergibt sich: $y = -x + 1{,}5$. Die Geraden schneiden sich im Punkt $S (1{,}5 | 0)$. Es gibt genau eine Lösung, da die Geraden verschiedene Steigungen haben. Für $m = 2$ und $b = 1$ ergibt sich: $y = 2x + 1$. Die Geraden verlaufen parallel, da sie die gleiche Steigung besitzen. Es gibt keine Lösung. Für $m = 2$ und $b = -3$ erhält man: $y = 2x - 3$. Zu den Gleichungen gehört dieselbe Gerade. Es gibt unendlich viele Lösungen.

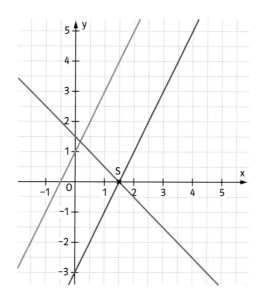

Peter liest die Lösung
(3 ; 2) ab.
Was sagst du?

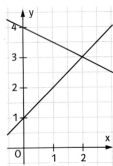

Aufgaben

1 Stelle das Gleichungssystem zeichnerisch dar und gib die Koordinaten des Schnittpunkts der beiden Geraden an. Setze zur Kontrolle die Koordinaten der Schnittpunkte in beide Gleichungen ein und prüfe, ob sie diese erfüllen.

a) $y = 2x - 3$
   $y = -3x + 7$

b) $y = x + 1$
   $y = -\frac{1}{2}x + 4$

c) $y = -2x + 1$
   $y = -2x + 5$

d) $y = -3x - 2$
   $y = x + 6$

e) $y = -\frac{1}{4}x - 2$
   $y = -\frac{7}{4}x - 5$

f) $y = \frac{4}{3}x + 3$
   $y = \frac{1}{3}x$

g) $y = \frac{1}{2}x + 1$
   $y = -x - \frac{1}{2}$

h) $y = 3x - 3$
   $y = -3x$

2 Stelle beide Gleichungen in die Form $y = mx + b$ um und löse das Gleichungssystem zeichnerisch.

a) $2y - x = 4$
   $2y + 3x = 12$

b) $y + 4x = 0$
   $y - 2x - 6 = 0$

c) $3x - y = -1$
   $x + y = -3$

d) $2x + 24 = 6y$
   $2x + 9 = 3y$

e) $3y + x = 3$
   $y - x = 5$

f) $4y + 2x = 8$
   $6y + 7x = 36$

3 Überlege gut, wie du die Koordinatenachsen einteilst. Löse zeichnerisch.

a) (1) $y = 50x - 300$
   (2) $y = -100x + 900$

b) (1) $y = -0,02x + 1$
   (2) $y = 0,02x + 5$

4 Die drei Geraden schneiden sich in drei Punkten und bilden so ein Dreieck ABC. Lies aus der Zeichnung die Koordinaten der drei Eckpunkte des Dreiecks ab.

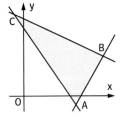

a) $y = \frac{1}{2}x$
   $y = -\frac{1}{2}x + 8$
   $y = \frac{5}{2}x - 4$

b) $y = x - 1$
   $y = -\frac{1}{2}x + 2$
   $y = \frac{1}{2}x + 4$

5 In welchem Quadranten liegt der Schnittpunkt? Gelingt dir die Antwort im Kopf ohne Zeichnung?

a) $y = x$
   $y = -x + 3$

b) $y = x$
   $y = -x - 3$

c) $y = -x$
   $y = x + 3$

d) $y = -x$
   $y = x - 3$

6 Die Koordinaten des Schnittpunkts haben jeweils eine Nachkommaziffer. Zeichne besonders sorgfältig.

a) $y = \frac{1}{3}x + 4$
   $y = 2x - 2$

b) $y = \frac{1}{5}x - 4$
   $y = -3x + 4$

c) $y = -\frac{1}{2}x + 3$
   $y = \frac{1}{3}x + 5$

d) $y = -x - 3$
   $y = \frac{3}{2}x + 3$

7 Luise fotografiert mit einer Kleinbildkamera, Max mit der Digitalkamera seines Vaters. Sie vergleichen die Kosten.

Kleinbildkamera	Digitalkamera
Film und Entwicklung 3,00 €	CD, Bearbeitung 2,00 €
Preis pro Bild 0,05 €	Preis pro Bild 0,15 €

a) Ermittle die jeweiligen Kosten bei einer Anzahl von 6 bzw. 20 Bildern.
b) Stelle die beiden Zusammenhänge in einem gemeinsamen Koordinatensystem dar und bestimme die Anzahl der Bilder, bei der die Kosten gleich sind.

8 Markus ist mit seinen Eltern im Urlaub. Sie möchten Fahrräder ausleihen und finden zwei Angebote.
A: 10 € Grundgebühr und 3 € pro Tag
B: 5 € pro Tag
Was würdest du raten?

9 Zur Reparatur eines Daches liegen zwei Angebote vor.
A: Gerüstbau 125 €, je Arbeitsstunde 25 €
B: Gerüstbau kostenlos, je Arbeitsstunde 30 €
Beide Firmen veranschlagen 4 Arbeitstage.

10 Bei einer Grundgebühr von 100 € kann eine Hebebühne für 12 € pro Stunde ausgeliehen werden. Vergleiche die Kosten mit einem zweiten Verleiher, der 60 € Grundgebühr und 20 € je Stunde verlangt.

3 Lösen durch Gleichsetzen

Löse das Gleichungssystem zeichnerisch.

(1) $y = \frac{3}{4}x - 1$ (2) $y = \frac{3}{5}x + 1$

→ Wie genau kannst du die Lösung ablesen?

→ Welche Probleme bekommst du bei der zeichnerischen Lösung des Gleichungssystems aus
(1) $y = -x + 199$ und (2) $y = x - 1$?

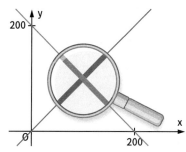

Die Lösungen von Gleichungssystemen lassen sich zeichnerisch nicht immer exakt bestimmen. Mit **rechnerischen Lösungsverfahren** ist dies aber möglich. Ziel ist es, aus zwei Gleichungen mit zwei Variablen eine Gleichung mit einer Variablen zu machen.

(1)	$2y = 6x - 4$	$\|:2$	Beide Gleichungen werden nach y aufgelöst.
(2)	$y - 2x = 8$	$\|+2x$	
(1')	$y = 3x - 2$		Die beiden Terme der rechten Seite werden gleichgesetzt.
(2')	$y = 2x + 8$		
	$3x - 2 = 2x + 8$	$\|-2x + 2$	Man erhält eine Gleichung mit einer Variablen, die sich lösen lässt.
	$x = 10$		
	$y = 3 \cdot 10 - 2$		Durch Einsetzen des Wertes für x kann man den Wert für y berechnen.
	$y = 28$		

Das Gleichungssystem hat als Lösung das Zahlenpaar $x = 10$; $y = 28$, kurz $L = \{(10 ; 28)\}$.

Gleichsetzungsverfahren
Man löst beide Gleichungen des Gleichungssystems nach derselben Variablen auf. Durch Gleichsetzen der Terme erhält man eine Gleichung mit einer Variablen.

> **!** *Weil beim Lösen des Gleichungssystems Terme **gleichgesetzt** werden, spricht man vom Gleichsetzungsverfahren.*

Bemerkung
Häufig bietet es sich an, die beiden Gleichungen nach demselben Vielfachen einer Variablen aufzulösen.

Beispiele

a)
(1) $y = 4x - 2$
(2) $y - 3x = 5$ $\|+3x$
Hier ist eine Gleichung bereits nach y aufgelöst.
(1') $y = 4x - 2$
(2') $y = 3x + 5$
Gleichsetzen von (1) und (2'):
     $4x - 2 = 3x + 5$ $\|-3x + 2$
         $x = 7$
Man kann in beide Gleichungen einsetzen:
Einsetzen von $x = 7$ in (1) liefert
         $y = 4 \cdot 7 - 2$
         $y = 26$
         $L = \{(7 ; 26)\}$

b)
(1) $3x + 4y = 32$ $\|-4y$
(2) $3x + 7y = 47$ $\|-7y$
Hier ist das Auflösen beider Gleichungen nach 3x besonders vorteilhaft.
(1') $3x = 32 - 4y$
(2') $3x = 47 - 7y$
Gleichsetzen von (1') und (2'):
     $32 - 4y = 47 - 7y$ $\|+7y - 32$
         $3y = 15$ $\|:3$
         $y = 5$
Einsetzen von $y = 5$ in (1'):
         $3x = 32 - 4 \cdot 5$
         $x = 4$
         $L = \{(4 ; 5)\}$

> **!** *Für die Probe müssen beide Gleichungen erfüllt sein.*

? *Heike sagt:*
„Das Gleichungssystem
$x + y = 3$
$x + 2y = 5$
hat die Lösung x = 1."
Was hat Heike nicht
bedacht?

Aufgaben

1 Gleichungssysteme lassen sich auch mit Balkenwaagen veranschaulichen.

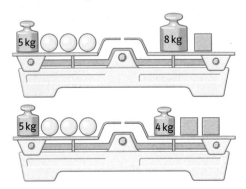

Wie viel wiegt ein Würfel?

2 Löse das Gleichungssystem rechnerisch.

a) $y = 3x - 4$
   $y = 2x + 1$

b) $x = y + 5$
   $x = 2y + 3$

c) $5x + 4 = 2y$
   $6x - 1 = 2y$

d) $y = 4x + 2$
   $5x - 1 = y$

e) $5y = 2x - 1$
   $4x + 3 = 5y$

f) $12y + 12 = 6x$
   $6x = 25y - 1$

3 Löse nach einer Variablen auf und rechne.

a) $x + 2y = 3$
   $x + 3y = 4$

b) $2x + y = 5$
   $5x + y = 11$

c) $12x - y - 15 = 0$
   $8x - y + 1 = 0$

d) $2y - 3x = 9$
   $3x + y = 18$

4 Wenn du geschickt umformst, gelingt dir eine schnelle Lösung.

a) $3x - 2y = 3$
   $3x - y = 5$

b) $2x + 4y = 2$
   $3x + 4y = 5$

c) $2x - 5y = 7$
   $3y = 2x + 3$

d) $5x + 3y = 30$
   $4x = 3y - 3$

e) $5x = y + 6$
   $5x - 12 = 2y$

f) $5x + 2y = 3$
   $3x - 2y = 11$

5 Löse im Kopf.

a) $y = x$
   $y = -x$

b) $y = x$
   $y = -x + 2$

c) $y = x + 2$
   $y = 2x + 2$

d) $y = x - 5$
   $y = -x + 5$

Erkläre dein Vorgehen. Kannst du dir auch das Schaubild vorstellen?

6 Beschreibe zunächst, wie du beim Umformen vorgehen willst, um schnell zur Lösung zu kommen.

a) $x + 5y = 13$
   $2x + 6y = 18$

b) $7x + y = 37$
   $3x + 2y = 30$

c) $2x + 3y = 4$
   $4x - 4y = 28$

d) $4x = 6y + 2$
   $5y = 2x - 7$

e) $3x + 4y - 5 = 2x + 3y - 1$
   $6x - 2y + 2 = 4x - 3y + 5$

7 Gleichungsvariablen müssen nicht immer x und y heißen.

a) $a = 2b + 4$
   $a = b + 5$

b) $21 + 6n = 3m$
   $12m - 36 = 6n$

c) $s = 5 + t$
   $s = 2t + 1$

d) $5p + 5q = 10$
   $3p + 5q = 14$

e) $2a + 2b = 0$
   $5a - 27 = 4b$

f) $7z + 5p = 9$
   $10p - 5z = -20$

8 Hier musst du die Gleichungen erst umformen.

a) $2x + 3y - 4 = 3x + 6y - 5$
   $5x + 2y + 7 = 4x - 5y + 12$

b) $x + 5y + 2 = 6x + 4y - 12$
   $6x + 3y - 4 = 2x + 2y + 9$

c) $2(x + 3) + 4y = 3(x - 2) + 7y$
   $5x - 2(y + 3) = 4x + 8(y - 2,5)$

9 a) Finde zu den Gleichungen

$$y = 2x - 4 \qquad y + x = 5 \qquad 2y - x = 6$$

jeweils eine zweite Gleichung, so dass das Gleichungssystem mit dem Gleichsetzungsverfahren vorteilhaft gelöst werden kann. Gib die Gleichungssysteme deinem Nachbarn zum Lösen.

b) Ergänze $y = 2x + 1$ durch eine weitere Gleichung zu einem Gleichungssystem mit der Lösung $x = 1$ und $y = 3$.
Vergleicht eure Gleichungen.
Das Schaubild hilft dir auch beim Finden verschiedener Lösungen.

10 Bestimme die Koordinaten des Schnittpunkts der beiden Geraden auf dem Rand durch Rechnung exakt und vergleiche deine Lösung mit dem Schaubild. Zeichne selbst.

zu Aufgabe 10:

11 Wie viele Lösungen hat das Gleichungssystem?

a) $x + y = 2$ (1) $2x + 2y = 5$ (2)
b) $3x + 4y = 5$ (1) $9x + 12y = 15$ (2)
c) $x + y + 1 = 0$ (1) $x - y + 1 = 0$ (2)

Erkläre die Anzahl der Lösungen mithilfe eines Schaubildes. Was fällt dir bei der Rechnung auf?

12 Ergänze $y = 2x - 3$ durch eine zweite Gleichung zu einem Gleichungssystem,
a) das keine Lösung hat.
b) das unendlich viele Lösungen hat.
c) Warum gibt es nicht genau zwei Lösungen?

13 Löse das Gleichungssystem.

a) $5x + 2y = 20$ b) $7x + 3y = 64$
$3x - y = 1$ $6y - 8x = 40$
c) $11x - 6y = 39$ d) $40 - 5x = 6y$
$2y + 17 = 5x$ $4y + x = 8$
e) $5x + 28 = 3y$ f) $3(x - 3y) = 27$
$12y - 4x = 80$ $3(y - 4) = 4(x - 3)$

14 Wenn du bei einem Gleichungssystem beide Gleichungen nach y auflöst, kannst du die Gleichungen als lineare Funktionen auffassen.
Erkläre den Zusammenhang zwischen grafischer und rechnerischer Lösung von linearen Gleichungssystemen.

15 Ermittle die Gleichungen der beiden Geraden, lies die Koordinaten des Schnittpunkts ab und bestimme sie anschließend exakt durch Rechnung.

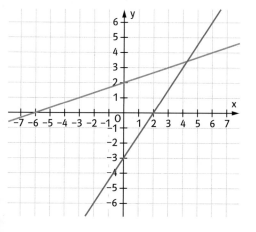

Lösen durch Einsetzen

Bei manchen Gleichungssystemen ist ein weiteres Verfahren noch vorteilhafter. Überlege zunächst selbst, wie du vorgehen würdest.
(1) $5x + y - 281x + 5 = 20$
(2) $y = 281x$

Um aus zwei Gleichungen mit zwei Variablen eine Gleichung mit einer Variablen zu erhalten, kann man auch in die andere Gleichung **einsetzen**.

(1) $3x + 2y = 19$
(2) $y = x - 3$

Einsetzen von $x - 3$ in (1):
$$3x + 2(x - 3) = 19$$
$$3x + 2x - 6 = 19 \qquad |+6$$
$$5x = 25 \qquad |:5$$
$$x = 5$$

Einsetzen von $x = 5$ in (2):
$$y = 5 - 3$$
$$y = 2 \qquad L = \{(5 ; 2)\}$$

Weil man das Gleichungssystem dadurch löst, dass man in eine Gleichung **einsetzt**, nennt man das Verfahren **Einsetzungsverfahren**.

■ Löse mit dem Einsetzungsverfahren.

(1) $5x + y = 8$ (1) $x + 2y = 49$
(2) $y = 3x$ (2) $x = 5y$

(1) $3x + y = 11$ (1) $x - 2y = 7$
(2) $x + 1 = y$ (2) $5y + 4 = x$

■ Löse mit dem Einsetzungs- und dem Gleichsetzungsverfahren und vergleiche. Kannst du die Unterschiede und die Gemeinsamkeiten beschreiben?

(1) $5x + y = 7$ (1) $x + 3y = 5$
(2) $2x + y = 4$ (2) $x - 2y = 10$

(1) $3x - 2y = 2$ (1) $4x + 3y = 15$
(2) $5x + 2y = 14$ (2) $4x - 2y = 10$

(1) $x - 3y = 9$ (1) $5x + 3y = 1$
(2) $2x = 3y - 3$ (2) $x + 3y = 11$

(1) $4x + 2y = 16$ (1) $4x + 3y = 11$
(2) $4y = 5x - 7$ (2) $6y + 28 = 2x$

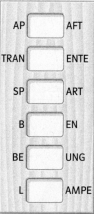

Suche selbst weitere Beispiele.

4 Lösen durch Addieren

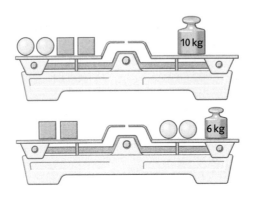

Addiere die beiden rechten Terme und die beiden linken Terme der Gleichungen.

(1) $2x + 2y = 10$

(2) $2x = 2y + 6$

→ Kannst du jetzt lösen?

Stelle dir vor, dass du bei den beiden Waagen die beiden linken Waagschalen und die beiden rechten Waagschalen jeweils auf einer Waagschale zusammenlegst.

→ Vergleiche deinen rechnerischen Lösungsvorgang mit diesem Vorgehen.

Wenn in einem Gleichungssystem in einer Gleichung eine Variable den Koeffizient 3 und in der zweiten Gleichung den Koeffizient −3 hat, kann man das Gleichungssystem lösen, nachdem man die beiden Gleichungen addiert hat.

Durch Addieren wird aus zwei Gleichungen mit zwei Variablen eine Gleichung mit einer Variablen.	(1)	$4x + 3y = 15$
		$+\quad +\quad +$
	(2)	$\underline{3x - 3y = 6}$
		$7x = 21\quad |:7$
Diese Gleichung hat die Lösung $x = 3$.		$x = 3$
Durch Einsetzen in eine der beiden Ausgangsgleichungen erhält man $y = 1$.	$x = 3$ in (1):	$4 \cdot 3 + 3y = 15$
		$y = 1$

Das Gleichungssystem hat als Lösung das Zahlenpaar $x = 3$; $y = 1$, kurz $L = \{(3 ; 1)\}$.

> **Additionsverfahren**
>
> Man formt beide Gleichungen so um, dass beim Addieren beider Gleichungen eine Variable wegfällt.
>
> So entsteht eine Gleichung mit einer Variablen.

Beispiele

? Löse schnell durch Addieren oder Subtrahieren.
(1) $x + y = 5$
(2) $x - y = 1$

a) Durch Umformen soll beim Addieren die Variable x wegfallen. Beim Vervielfachen beider Gleichungen sucht man daher ein gemeinsames Vielfaches der Koeffizienten von x.

(1) $2x + 3y = 9\qquad |\cdot 3$

(2) $\underline{3x - 4y = 5}\qquad |\cdot(-2)$

(1′) $6x + 9y = 27$

(2′) $\underline{-6x + 8y = -10}$

Gleichungen (1′) und (2′) addieren:

$17y = 17\qquad |:17$

$y = 1$

Einsetzen in (1):

$2x + 3 \cdot 1 = 9\qquad |-3$

$2x = 6\qquad |:2$

$x = 3;\ L = \{(3 ; 1)\}$

b) Bei manchen Gleichungssystemen ist es einfacher zu subtrahieren. Dieses Vorgehen wird auch als Subtraktionsverfahren bezeichnet.

Hier fällt die Variable y weg und man bekommt eine Gleichung für x.

(1) $15x + 3y = 57$

(2) $7x + 3y = 33$

Gleichung (1) und (2) subtrahieren:

$8x = 24\qquad |:8$

$x = 3$

Einsetzen in (1):

$15 \cdot 3 + 3y = 57\qquad |-45$

$3y = 12\qquad |:3$

$y = 4$

$L = \{(3 ; 4)\}$

Aufgaben

1 Wie schwer ist ein Würfel?

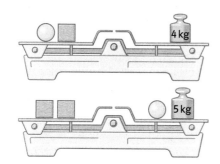

2 Löse das Gleichungssystem.

a) $3x + y = 18$
   $2x - y = 7$

b) $4x + 3y = 2$
   $5x - 3y = 16$

c) $12x - 5y = 6$
   $2x + 5y = 36$

d) $14x - 7y = 7$
   $7y + 3x = 27$

e) $4x + 3y = 14$
   $5y = 4x - 30$

f) $-28 = 6y + 5x$
   $5x + 3y = -19$

3 Bei diesen Gleichungssystemen genügt es, eine der beiden Gleichungen geschickt zu multiplizieren.

a) $3x + y = 5$
   $2x - 2y = 6$

b) $5x - 3y = 16$
   $6x + y = 33$

c) $4x + 3y = 35$
   $-2x - 5y = -21$

d) $4x - 3y = 1$
   $5x + 6y = 50$

e) $3x + y = 12$
   $7x - 5y = 6$

f) $2x - 3y = 13$
   $9y + 4x = 11$

4 Vervielfache beide Gleichungen geschickt und löse das Gleichungssystem.

a) $5x + 2y = 16$
   $8x - 3y = 7$

b) $5x + 4y = 29$
   $-2x + 15y = 5$

c) $3x - 2y = -22$
   $7x + 6y = 2$

d) $11x + 3y = 21$
   $2x - 4y = 22$

e) $4x + 3y = 23$
   $5y - 6x = 13$

f) $3y - 10x = 22$
   $15x - 4y = -31$

5 a) Beschreibe die Vorteile des Additionsverfahrens.

b) Gib drei verschiedene lineare Gleichungssysteme an, die man vorteilhaft mit dem Additionsverfahren lösen kann.

c) Finde Gleichungssysteme mit der Lösung $x = 2$ und $y = 1$, die geschickt mit dem Additionsverfahren gelöst werden können.

Gleichungskette

Löse diese Gleichungssysteme nacheinander.

1. $x + y = 1$
   $x + 2y = 1$

2. $x + 2y = 1$
   $2x + 3y = 1$

3. $2x + 3y = 1$
   $3x + 5y = 1$

4. $3x + 5y = 1$
   $5x + 8y = 1$

5. $5x + 8y = 1$
   $8x + 13y = 1$
   $\dots$

■ Hast du das Baumuster für die Gleichungssysteme erkannt? Erkläre die Gesetzmäßigkeit.

■ Schreibe die nächsten drei Gleichungssysteme auf. Wenn du die Lösungen ohne Rechnung angeben kannst, mache zur Kontrolle eine Probe.

zu Aufgabe 2:

> *Ordne vor dem Addieren!*
> $\dots x \dots y = \dots$
> $\dots x \dots y = \dots$

6 Löse das Gleichungssystem. Begründe, warum du ein bestimmtes Verfahren bevorzugst.

a) $8x + 3y - 47 = 0$
   $4x - 2y - 6 = 0$

b) $14x - 5y + 3 = 2$
   $4x + 15y - 26 = 23$

c) $5x - 2y + 36 = 4y$
   $3y - 63 + 15x = 10x$

d) $45 - 4x + 6y = 5y$
   $4x - 3y + 8 = 3x$

zu Aufgabe 3:

> $\dots + \bigcirc \cdot y = \dots$
> $\dots - \cdot y = \dots \quad / \cdot \bigcirc$

7 Löse die linearen Gleichungssysteme. Was fällt dir auf?

a) $2x = 4y + 4$
   $2x = 4y + 5$

b) $2x = 4y + 4$
   $4y = 2x - 4$

Überprüfe deine Ergebnisse durch eine zeichnerische Lösung.

Kann man die Besonderheit schon am Gleichungssystem erkennen?

8 An der Kasse im Zoo zahlen zwei Erwachsene und zwei Kinder zusammen 28 €. Ein Erwachsener und drei Kinder müssen 22 € bezahlen.

a) Nun kommen drei Erwachsene mit vier Kindern.

b) Wie viel Eintritt müsste deine gesamte Familie bezahlen?

Zusammenfassung

lineares Gleichungssystem	Zwei lineare Gleichungen mit jeweils zwei Variablen bilden zusammen ein **lineares Gleichungssystem**.	(1) $x - 2y = 2$ (2) $x + y = 5$

grafisches Lösungsverfahren

Die Lösungen der linearen Gleichungen lassen sich als Geraden darstellen. Die Koordinaten des Schnittpunkts der beiden Geraden erfüllen beide Gleichungen und sind somit die **Lösung des Gleichungssystems**.

Ein Gleichungssystem hat

- **genau eine Lösung**, wenn sich die zugehörigen Geraden **in einem Punkt schneiden**.
- **keine Lösung**, wenn die Geraden parallel verlaufen.
- **unendlich viele Lösungen**, wenn zu den zwei Gleichungen **dieselben Geraden** gehören.

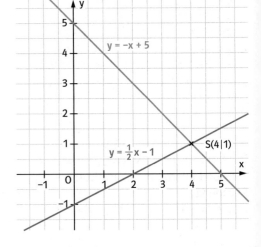

$y = -x + 5$

$y = \frac{1}{2}x - 1$

S(4|1)

rechnerische Lösungsverfahren

Jedes Zahlenpaar, das beide Gleichungen erfüllt, ist eine Lösung des linearen Gleichungssystems.

$L = \{(4 ; 1)\}$

Gleichsetzungsverfahren

Man löst beide Gleichungen nach derselben Variablen auf. Durch Gleichsetzen der Terme erhält man eine Gleichung mit einer Variablen. Man löst diese Gleichung und setzt die Lösung in eine der Gleichungen ein, um die Lösung für die zweite Variable zu bekommen.

$$(1) \quad y = 2x - 1$$
$$(2) \quad y = -x + 5$$
$$(1) = (2): \ 2x - 1 = -x + 5$$
$$x = 2$$

Einsetzen in (1) ergibt
$$y = 3$$
$$L = \{(2 ; 3)\}$$

Additionsverfahren

Man formt beide Gleichungen so um, dass beim Addieren oder **Subtrahieren** beider Gleichungen eine Variable wegfällt. So entsteht eine Gleichung mit einer Variablen.

$$(1) \ 3x + 5y = 10$$
$$(2) \ 4x - 5y = 4$$
$$(1) + (2): \ 7x \quad = 14$$
$$x = 2$$
$$y = 0{,}8$$
$$L = \{(2 ; 0{,}8)\}$$

Üben • Anwenden • Nachdenken

1 Löse das Gleichungssystem. Überlege dir vorher, welches Verfahren am besten geeignet ist.

a) $y = 2x + 1$
$y = -x + 10$

b) $2x - y = 4$
$3x + y = 1$

c) $y = 3x - 15$
$2y = x + 10$

d) $3y + x = -1$
$y = x + 3$

e) $y + 3x = 7$
$x = y - 3$

f) $2x - 3 = y$
$3x + 2 = 2y$

g) $13x - 2y = 20$
$2x + y = 7$

h) $2x + 1 = 3y$
$4x - 5y = 0$

i) $2x + 3y = 0$
$x = 4y - 11$

k) $3x + 4y = 21$
$2x + 2y = 13$

2 Löse das Gleichungssystem zeichnerisch und überprüfe deine Lösung durch Rechnung.

a) $y = 2x - 4$
$y = -3x + 6$

b) $y = \frac{1}{2}x - 2$
$y = -2x + 3$

c) $y = -\frac{3}{2}x + 3$
$y = \frac{1}{2}x - 5$

d) $y = -\frac{2}{5}x - \frac{4}{5}$
$y = -\frac{5}{2}x + 5,5$

e) $y + 2x + 6 = 0$
$y - x + 3 = 0$

f) $2x - y = 7$
$5x + 2y = 10$

3 Löse rechnerisch. Forme geschickt um.

a) $\frac{1}{2}x - 2 = \frac{1}{4}y$
$\frac{1}{3}x + 6 = 2y$

b) $\frac{1}{3}x + 3y = 29$
$3x - \frac{1}{5}y = -11$

c) $3y + 5x + 57 - 7x = 3x - 11y - 23$
$4y + 9x - y - 20 = 5x - 11 - 8x$

d) $10 + (4x - 3) + (y + 9) = 2x + (3y - 16) + 19$
$6x + 2 + (2y - 20) = (18x - 3) + (18 - y) - 3$

e) $9(x - y + 1) = 0$
$10x + y = 4(x + y) + 3$

4 Stelle durch Zeichnung und Rechnung fest, ob das Gleichungssystem eine, keine oder unendlich viele Lösungen hat.

a) $y = 3x - 4$
$y = 3x + 1$

b) $y = \frac{1}{2}x - 3$
$y = -\frac{1}{2}x + 3$

c) $2x + 3y = 9$
$y = -\frac{2}{3}x + 3$

d) $y = \frac{2}{5}x + 4$
$y = -\frac{2}{5}x + 4$

e) $2y = 3x - 5$
$y = \frac{3}{2}x + 1$

f) $8x - 6y + 12 = 0$
$-3y + 6 + 4x = 0$

g) $2x + 3y - 4 = 3x + 4y - 5$
$2y - 5x - 2 = -2x + 5y - 5$

5 Arbeite besonders sorgfältig.

a) $3(14 - 5x) - 2y = y + 3$
$2(9 - 2x) - y = y + 4$

b) $34 - 4(x + y) = 10 - x - y$
$41 - 8(y - x) = 5 - x - y$

c) $3(4x - y) - 2(3x - 1) = -13$
$-2(3y - x) - 5(x - 2y) = 10$

d) $(x + 5)(y + 2) = xy + 130$
$(x + 3)(y - 2) = xy + 14$

e) $(2x - 1)(3y - 5) = (2x - 3)(3y - 1)$
$3(5x - 2) = 2(5y - 4) + 2$

f) $(x + 3)(y - 4) + 3 = x(y - 2)$
$(2x + 5)(y - 1) + 10 = 2y(x + 3) - 6$

6 Achte auf die Brüche.

a) $\frac{x}{3} + \frac{y}{5} = 260$
$5x - 3y = 150$

b) $\frac{2x}{7} - \frac{3y}{5} = 5$
$\frac{x}{5} + \frac{2y}{25} = 1$

c) $x - y = 37$
$\frac{x - 1}{y} = 3$

d) $x + y = 45$
$\frac{x}{y} = \frac{2}{3}$

7 Was muss man für ☐ einsetzen, damit die beiden Gleichungen ein Gleichungssystem ohne Lösung bilden?

a) $y = ☐x + 5$
$y = 2x - 5$

b) $2y = ☐x - 3$
$y = 2x - 5$

8 Eine lineare Gleichung lautet $3x - y = 6$.
Bestimme jeweils eine zweite Gleichung, damit die folgende Aussage wahr ist.

a) Es gibt keine Lösung.

b) Es gibt unendlich viele Lösungen.

c) Die Lösung lautet $L = \{(2 ; 0)\}$.

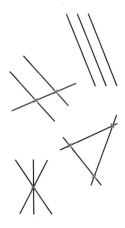

9 Drei verschiedene Geraden können keinen, einen, zwei oder drei Schnittpunkte haben. Zeichne und stelle fest, welcher der vier Fälle vorliegt.
Bestätige dein Ergebnis durch Rechnung, indem du die drei möglichen Gleichungssysteme untersuchst.

a) $y = 2x - 2$
$y = -x + 4$
$y = \frac{1}{2}x + 1$

b) $y = \frac{1}{2}x + 3$
$y = \frac{1}{2}x - 2$
$y = \frac{1}{2}x$

c) $y = -\frac{2}{3}x + 8$
$y = \frac{3}{5}x + \frac{2}{5}$
$y = \frac{5}{2}x - \frac{3}{2}$

d) $2y = 3x + 4$
$3y = -\frac{3}{2}x + 12$
$4y = 6x - 8$

e) Berechne bei den Dreiecken Umfang und Flächeninhalt. Miss die notwendigen Größen.

10 Entnimm der Zeichnung die Gleichungen der parallelen Geraden.
Übertrage die Schaubilder in dein Heft und lies die Schnittpunktkoordinaten auf eine Nachkommaziffer genau ab.

$y = \frac{1}{5}x + 5$

$y = -\frac{1}{5}x + 5$

$y = -5x + 5$ $y = -x + 5$

Überprüfe durch Rechnung.

11 Kleine Ursache – große Wirkung
Löse beide Gleichungssysteme rechnerisch.

$123x - 124y = 61$
$248x - 250y = 123$

$123,01x - 124y = 61$
$248x - 250y = 123$

Vergleiche die Ergebnisse.
In welchen Quadranten liegen die Schnittpunkte?

Noch mehr Variable

Es gibt auch lineare Gleichungssysteme mit drei Gleichungen und drei Variablen.

Beispiel:
(1) $2x + 3y + z = 1$
(2) $\quad\; 2y + 3z = 13$
(3) $\qquad\;\; 2z = 6$ $\qquad$ | : 2

aus (3) erhält man:
$z = 3$
$z = 3$ eingesetzt in (2): $2y + 3 \cdot 3 = 13$
$y = 2$
$y = 2$ und $z = 3$ eingesetzt in (1):
$2x + 3 \cdot 2 + 3 = 11$
$x = 1$
$L = \{(1 \,;\, 2 \,;\, 3)\}$

■ Löse nun selbst einige Gleichungssysteme mit drei Variablen.

$2x + 3y + 4z = 9$
$x + 2y = 10$
$3x = 12$

$x + y + z = 24$
$x - y + z = 8$
$x + y - z = 2$

■ Finde drei natürliche Zahlen, bei denen sich die Summen 8, 10 und 12 ergeben, wenn man je zwei der drei Zahlen addiert. Vielleicht findest du die Lösung durch Raten. Bestätige deine Vermutung durch das entsprechende Gleichungssystem.

12 Bilde aus den vorgegebenen Gleichungen je zwei Gleichungssysteme mit einer Lösung, mit keiner Lösung und mit unendlich vielen Lösungen.
Zeichne und rechne.

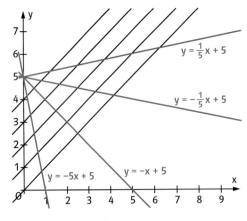

$y = -\frac{1}{2}x + 5$
$y = \frac{1}{2}x + 5$
$y = -5x + 2$
$2x + 4y - 20 = 0$
$y = \frac{1}{5}x - 3$
$4x - 2y - 10 = 0$
$2x - y = 0$
$y = -2x - 5$
$x - y - 5 = 0$
$2y = x + 10$
$5x - 2 = y$
$5y - 2 = x$

13 Erfinde einen Text, der zu dem Gleichungssystem passt.
Löse das Gleichungssystem rechnerisch und überprüfe die Lösung an deinem Text.
a) $x - y = 5$ b) $3x + 4y = 36$
   $x + y = 5$ $x + y = 10$

14 Konstruiere das Dreieck.
a) Eine Seite ist 10 cm lang. Die beiden anderen Seiten sind zusammen 12 cm lang, eine davon ist 5 cm länger als die andere.
b) Der Umfang des Dreiecks beträgt 18 cm. Die längste Seite ist 7 cm lang. Die beiden anderen unterscheiden sich um 1 cm in der Länge.

15 Legt man vier kongruente gleichschenklige Dreiecke zu einem großen Dreieck zusammen, so hat dies 46 cm Umfang. Legt man sie zu einem Parallelogramm zusammen, ist der Umfang 38 cm. Wie lang sind die Seiten des Dreiecks?

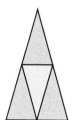

16 In einem Basketballspiel der NBA hat Dirk Nowitzki in einem Spiel 43 Punkte erzielt. Neun Punkte davon waren Freiwürfe. Freiwürfe zählen einen Punkt, aus dem Spiel heraus gibt es zwei oder drei Punkte, das ist von der Wurfentfernung abhängig. Wie viele Dreier hatte Nowitzki in diesem Spiel, wenn er die Feldpunkte mit 15 Würfen erreicht hat?

17 Sarah arbeitet am Wochenende in einem Cafe als Kellnerin. Sie arbeitet täglich sechs Stunden. Der Cafebesitzer macht ihr zwei verschiedene Angebote. Entweder erhält sie 8 € pro Stunde und 5 % vom Umsatz oder 5 € pro Stunde und 8 % vom Umsatz. Beurteile die beiden Angebote. Was muss Sarah bei ihrer Entscheidung berücksichtigen?

Geradengleichung aus zwei Punkten

Mithilfe der Koordinaten von zwei Punkten einer Geraden kann man deren Gleichung bestimmen.
Wenn man die Koordinaten der Punkte P_1 und P_2 in die Geradengleichung $y = mx + b$ einsetzt, erhält man ein lineares Gleichungssystem mit den Variablen m und b.

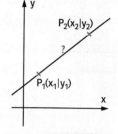

Beispiel: $P_1(2|2)$ und $P_2(4|3)$
$P_1(2|2)$ ergibt: (1) $2 = 2m + b$
$P_2(4|3)$ ergibt: (2) $3 = 4m + b$
Man erhält $m = \frac{1}{2}$ und $b = 1$.
Damit ergibt sich die Gleichung der Geraden: $y = \frac{1}{2}x + 1$.

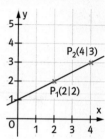

■ Finde die Gleichung der Geraden, die durch P_1 und P_2 verläuft.
$P_1(1|2)$ und $P_2(5|6)$
$P_1(3|4)$ und $P_2(6|1)$

2-Punkte-Form der Geradengleichung
Mithilfe der Koordinaten von zwei Punkten P_1 und P_2 einer Geraden kann man zunächst die Steigung m berechnen. Dazu bildet man den Quotienten aus den Differenzen der entsprechenden x- und y-Koordinaten der Punkte:
$m = \frac{y_2 - y_1}{x_2 - x_1}$
Durch Einsetzen der Koordinaten von P_1 oder P_2 in die Geradengleichung $y = mx + b$ wird dann in einem zweiten Schritt der Achsenabschnitt b berechnet.

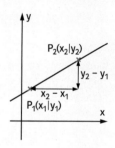

Beispiel: $P_1(3|4)$ und $P_2(5|8)$
$m = \frac{8-4}{5-3} = \frac{4}{2} = 2$
Mit P_1 ergibt sich nach Einsetzen der Koordinaten in die Geradengleichung:
$4 = 2 \cdot 3 + b$
Man erhält $b = -2$ und damit die Gleichung der Geraden: $y = 2x - 2$

■ Bestimme mit der 2-Punkte-Form die Gleichung der Geraden durch P_1 und P_2.
$P_1(1|2)$ und $P_2(5|4)$
$P_1(2|4)$ und $P_2(4|2)$

Um den Nutzen einer Produktion festzustellen, muss man die Kosten mit den
Erlösen (Einnahmen) vergleichen.
Wenn die Kosten auf Dauer die Einnahmen übersteigen, geht die Firma
bankrott.
Den Punkt, ab dem die Einnahmen die
Kosten übersteigen, nennt man Nutzenschwelle oder „Break-even-Point".
In dem Schaubild ist der Sachverhalt
veranschaulicht.

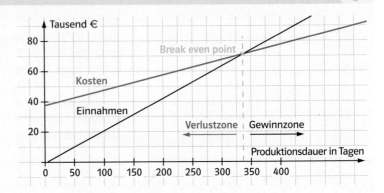

Zur Herstellung von Maschinenteilen
werden fixe Kosten von 300 € berechnet.
Pro Teil kommen 1,50 € variable Kosten
dazu.
Beim Verkauf bringt jedes Teil 3,50 €.
■ Stelle den Sachverhalt in einem Schau-
bild dar.
■ Lies aus dem Schaubild ab, bei welcher
Stückzahl die Nutzenschwelle liegt.
■ Wie groß ist der Verlust bei 125, wie
groß ist der Gewinn bei 250 verkauften
Teilen?
■ Auf welchen Betrag müsste man den
festen Kostenanteil senken, um schon bei
100 verkauften Teilen die Nutzenschwelle
zu erreichen?
■ Wie ändert sich der „break-even-point",
wenn die festen Kosten 400 € betragen?
■ Löse die Aufgaben auch rechnerisch.

Eine Firma holt zwei Angebote von verschiedenen Herstellern für Mikrochips ein.

Hersteller A

Versandkostenanteil:
10 € pro Lieferung
10 € für jeweils 10 Chips

Hersteller B

Mindestbestellmenge:
40 Chips
keine Versandkosten
40 Chips kosten 30 €
je 10 weitere 20 € mehr

■ Stelle den Sachverhalt grafisch dar.
■ Bei welchem Hersteller sollte die Firma
100 Chips bestellen?
■ Für welche Bestellmenge ist welcher
Hersteller am günstigsten?

Eine Autozeitschrift hat folgende monatliche Kosten für das Diesel- und Benzin-
modell eines PKW veröffentlicht:

	Festkosten	Kraftstoffkosten/km
Benzin	190,95 €	0,12 €
Diesel	230,90 €	0,08 €

■ Stelle Gleichungen für die Berechnung
der monatlichen Gesamtkosten in Abhängigkeit von der Anzahl der gefahrenen
Kilometer auf.
■ Vergleiche die Kosten bei 5000 km,
10 000 km und 20 000 km Fahrleistung im
Jahr.
■ Stelle die unterschiedlichen Kosten in
einem gemeinsamen Schaubild dar.
Was kannst du alles ablesen?
■ Wann ist der Kauf eines Dieselfahrzeugs
günstiger? Was muss man dabei noch berücksichtigen?
Hol dir die nötigen Informationen bei
einem Autohändler.

Rückspiegel

1 Löse das Gleichungssystem. Zeichne.

a) $y = -3x + 7$ b) $y = -\frac{1}{2}x + 4$
$\ y = -\frac{1}{3}x - 1$ $\ y = x - 2$

2 Forme die Gleichungen um und löse das Gleichungssystem zeichnerisch.

a) $y + \frac{1}{2}x = 5$ b) $3y - 9x = 9$
$\ y + 1 = x$ $\ x - 2y = 4$

3 Löse das Gleichungssystem rechnerisch. Wähle ein geeignetes Verfahren.

a) $y = -x + 5$ b) $2x - 3y = 4$
$\ y = 2x - 1$ $\ 4x + 3y = 2$

4 Löse das Gleichungssystem. Rechne.

a) $2x + 1 = 6y$ b) $4x + 5y = 31$
$\ x - 2y = 1$ $\ 22 = 4x + 2y$
c) $4(x + 2) = 3(y + 2)$
$\ 5(x + 5) = 4(y + 5)$

5 Die Gerade g geht durch die Punkte $P(0|2)$ und $Q(1|3)$, die Gerade h durch $R(0|5)$ und $S(1|4,5)$.
Bestimme die Funktionsgleichungen der beiden Geraden und berechne die Koordinaten ihres Schnittpunkts.

6 Stelle das Gleichungssystem grafisch dar und gib an, ob es eine oder keine Lösung hat.

a) $y = \frac{2}{3}x - 3$ b) $y = \frac{3}{4}x - 1$
$\ y = \frac{2}{3}x + 3$ $\ y = \frac{4}{3}x - 1$

7 Im Museum zahlen drei Erwachsene und zwei Kinder 19 € Eintritt. Ein Erwachsener mit drei Kindern zahlt 11 €.
Was müssen zwei Erwachsene und zwei Kinder bezahlen?

8 Familie Mann will sich ein Wohnmobil leihen. Sie bekommt zwei Angebote:

A: Grundgebühr 120 € und
für jeden Tag der Nutzung 25 €.
B: Grundgebühr 100 € und
für jeden Tag der Nutzung 30 €.
Was muss die Familie berücksichtigen und wofür soll sie sich dann entscheiden?

1 Löse das Gleichungssystem. Zeichne.

a) $y = \frac{4}{3}x - 2$ b) $y = -\frac{3}{4}x + 3$
$\ y = -\frac{2}{3}x + 4$ $\ y = \frac{5}{4}x - 1$

2 Forme die Gleichungen um und löse das Gleichungssystem zeichnerisch.

a) $y - \frac{1}{2}x - 1 = 0$ b) $2x + 5y = -4$
$\ 2y + 6x - 16 = 0$ $\ 5x + 2y = 11$

3 Löse das Gleichungssystem rechnerisch. Wähle ein geeignetes Verfahren.

a) $6y = 5x + 17$ b) $2x + 3y - 12 = 0$
$\ 4 - 8x = 6y$ $\ 6x - 3y + 12 = 0$

4 Löse das Gleichungssystem. Rechne.

a) $4x + 5y = 2$ b) $5x + 8y = 248$
$\ 7x + 5y = 11$ $\ 8x + 5y = 272$
c) $3(x + 7) - 2(y + 7) = 0$
$\ 4(x + 21) - 3(y + 20) = 0$

5 Die Punkte $P(0|2)$ und $Q(3|3)$ liegen auf der Geraden g, die Punkte $R(0|4)$ und $S(4|0)$ auf der Geraden h.
Wie heißen die Funktionsgleichungen der beiden Geraden? Bestimme zeichnerisch und rechnerisch ihren Schnittpunkt.

6 Prüfe durch Rechnung, wie viele Lösungen das Gleichungssystem hat.
Begründe mithilfe des Schaubildes.

a) $3x - y = 4$ b) $2x + 5y - 5 = 0$
$\ 2y + 8 = 6x$ $\ 5y + 2x + 5 = 0$

7 Für einen Blumenstrauß mit 3 Rosen und 5 Tulpen zahlt Mara 8,50 €. Ihr Bruder zahlt für 5 Rosen und 3 Tulpen 9,90 €.
Wie viel Euro kosten 8 Rosen und 7 Tulpen?

8 Familie Munz liegen zwei Angebote für die Stromversorgung vor.

Tarif A: Grundgebühr 45,50 €
 Kosten pro kWh 16,5 ct
Tarif B: Grundgebühr 75,25 €
 Kosten pro kWh 15,5 ct
Für welchen Tarif soll sich Familie Munz entscheiden?
Welche Bedingungen sollen bei der Entscheidung berücksichtigt werden?

Der Natur auf der Spur

Wanderheuschrecke
Gewicht: ca. 2 g
Nahrung/Tag: etwa 2 g

1 Knoten (kn) =
$1 \frac{Seemeile}{Stunde} \left(\frac{sm}{h} \right) =$
$1,85 \frac{km}{h}$

Wandernde Vielfraße

Afrikanische Wanderheuschrecken sind rund um die Sahara beheimatet. Bei günstigen Bedingungen (feuchter, warmer, sandiger Boden zur Eiablage und genügend Grünfutter für Jungtiere) vermehren sie sich explosionsartig und bilden Schwärme von bis zu 80 Millionen Tieren je km².

■ Schätzt die Zahl der Heuschrecken auf dem Bild. Vergleicht euer Vorgehen und eure Ergebnisse.

■ Ein kleiner Schwarm frisst täglich eine Tonne Grünfutter. Das ist so viel wie zehn Elefanten benötigen. Wie viele Tiere umfasst dieser Schwarm? Findet ähnliche Vergleiche für einen großen Schwarm von 40 Milliarden Tieren.

■ Es gibt Zeiträume, in denen sich die Tiere explosionsartig oder aber kaum vermehren. Findet diese Zeiträume mithilfe des Schaubildes und nennt Gründe dafür.

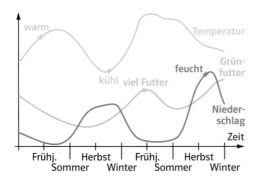

Der Viktoriasee

Der Viktoriasee liegt im Länderdreieck zwischen Tansania, Uganda und Kenia. Er ist der größte See Afrikas.

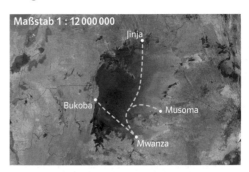

Maßstab 1 : 12 000 000

■ Ermittelt anhand der Satellitenaufnahme die Größe des Sees. Vergleicht mit der Größe der Deutschlands.

■ Wie lange dauert wohl die Fahrt einer Fähre über den See, wenn diese im Schnitt 11 kn zurücklegt?

Wasser – ein kostbares Gut

Die Gesamtwassermenge des Viktoriasees wird auf ca. 2750 Milliarden Kubikmeter geschätzt; das sind etwa 2,4 % der gesamten Trinkwasservorräte der Erde.

■ Wie viel Liter Trinkwasser stehen theoretisch jedem derzeit lebenden Menschen nur aus dem Viktoriasee zur Verfügung?

■ Wie viel Trinkwasser gibt es überhaupt auf der Erde?

Natürliche Fabriken

Bäume produzieren durch Photosynthese lebensnotwendigen Sauerstoff. Ein hundertjähriger Baum mit etwa einer Million Blättern setzt pro Jahr etwa 4500 kg Sauerstoff frei. Das sind 3,15 Millionen Liter. Dafür benötigt er etwa 75 000 Tonnen Kohlendioxid.

■ Ein Mensch atmet in seinem Leben durchschnittlich ca. 5 000 000 m³ Luft ein, 21 % davon ist Sauerstoff. Wie viele hundertjährige Bäume braucht er zum Leben?

In Baumschulen werden Setzlinge „auf Lücke" gepflanzt.

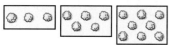

1 Reihe   2 Reihen   3 Reihen   4 Reihen   ...

■ Ermittelt die Anzahl der Setzlinge in Abhängigkeit von der Anzahl der Reihen. Eine Tabelle verschafft Ordnung und hilft.
■ Stellt einen geeigneten Term auf, bei dem r für die Reihenzahl und s für die Setzlinge steht.
■ Wie viele Setzlinge befinden sich in 10; 100; 1000; ... Reihen?

Optimale Baumeister

Bienen, Wespen, Hummeln und Hornissen bauen aus Wachs Waben, die aus sechseckigen Zellen bestehen. Nur Bienen bauen ihre Waben doppelseitig; dadurch sparen sie den Boden einer Wabenseite. Eine Arbeiterinnenzelle der Bienen hat eine Diagonale von etwa 5,4 mm und eine Tiefe von 12 mm.

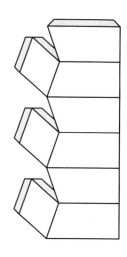

■ Übertragt mehrmals das nebenstehende Netz fünfmal so groß auf ein Blatt Papier und setzt eure Zellen anschließend zu einer kleinen Bienenwabe zusammen.
■ Aus wie vielen Zellen besteht eine Wabe von der Größe eines Schulheftes? Schätzt zunächst und beschreibt dann eure Vorgehensweise.
■ Mit dem Schwänzeltanz beschreiben Sammelbienen den Ort einer Nahrungsquelle, die weiter als 100 m entfernt ist. Erklärt die Zeichnung.
Wie ändert sich wohl der Tanz, wenn sich der Futterplatz in entgegengesetzter Richtung zur Sonne befindet?

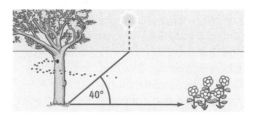

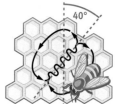

■ Recherchiert: Wie sieht der Wabenbau bei Wespen, Hummeln, Hornissen aus?

... und jetzt auf in die Natur!

Plant gemeinsam mit eurer Klassenlehrerin oder eurem Klassenlehrer einen Unterrichtsgang oder einen eintägigen Klassenausflug, bei dem ihr einen Imker besucht und ein kleines Stück gemeinsam durch einen Wald oder einen Park geht. Vielleicht liegt ja auch ein See in der Nähe.
Zur Planung erstellt ihr für jede Station, also Imker, Wald, See usw. einen Fragenkatalog mit den Fragen, die bei der Bearbeitung dieser Seite aufgekommen sind. Diese werden dann während des Ausflugs beantwortet. Im Wald ist der Förster ein Experte, im Park gibt es vielleicht einen Gärtner, der ansprechbar ist. Wer könnte euch zu einem See Auskunft geben? Findet es gemeinsam heraus, vereinbart Termine und legt fest, wie ihr eure Ergebnisse festhaltet: mit Papier und Bleistift, Fotos, einem Video, ...
Und dann kommt die Präsentation!

Die Jagd auf das Gelbe Trikot

Übrigens:
Heute gehen bei der Tour de France fast 200 Fahrer in über 20 Teams mit jeweils 9 Fahrern an den Start.

1 Zoll = 2,54 cm

Kleine Tourgeschichte

Im Jahre 1903 fand die erste „Tour de France" statt. Damals machten sich 60 wagemutige Radrennfahrer in nur sechs Etappen auf eine 2428 km lange, abenteuerliche Reise quer durch Frankreich. Die erste Etappe führte über zahlreiche Schotterpisten und dauerte bis in die Nacht hinein. Der Franzose Maurice Garin erreichte Paris mit einem Gesamtvorsprung von fast drei Stunden und einer Durchschnittsgeschwindigkeit von 25,679 $\frac{km}{h}$. 1997 wurde Jan Ullrich mit einem Vorsprung von 9:09 min auf den Franzosen Richard Virenque erster deutscher Toursieger. Rekordhalter Lance Armstrong aus den USA gewann 2005 mit 4:40 min Vorsprung vor dem Italiener Ivan Basso zum siebten Mal hintereinander die Tour.

Jahr	Strecke	Etappen	Siegerzeit
1997	3945 km	21	100 h 30:35 min
2005	3639 km	21	86 h 15:02 min

■ Berechnet für die drei Sieger die Gesamtzeit sowie die durchschnittliche Geschwindigkeit und durchschnittliche Etappenlänge. Vergleicht die Ergebnisse miteinander.
■ Wie schnell waren die Zweitplatzierten?
■ Erstellt ein passendes Zeit-Weg-Diagramm für alle Gewinner.
■ Wie schnell fahrt ihr im Vergleich?

Leicht und stabil

1880 erfand ein Radbauer die Form des sogenannten Diamantrahmens. Während normale Rahmen heute aus Stahl oder Aluminium bestehen, werden Rennradrahmen aus leichtem Carbon hergestellt, das enorme Kräfte aushält. Die Radprofis verwenden in der Regel 28-Zoll-Laufräder mit Metall- bzw. aerodynamischen Carbonspeichen.

■ Gebt die ungefähre Länge der Speichen konventioneller Laufräder an.
■ Schätzt: Wie lang sind die Rohre des Rennradrahmens insgesamt?
■ Eine gute Werbeidee? Wie groß wäre die Werbefläche eines Rennrades, wenn die vom Rahmen eingeschlossene Fläche beklebt würde?

Übrigens:
*Seinen Namen erhielt der Diamantrahmen durch eine falsche Übersetzung von „Diamond", was auch Raute bedeutet und die Rahmenform beschreibt. Er besteht aus einem **Dreieck** und einem **Trapez**.*

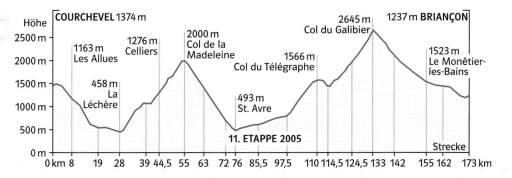

Höhe

2500 m

2000 m

1500 m

1000 m

500 m

0 m

0 km 8   19   28   39 44,5 55 63   72 76 85,5 97,5   110 114,5 124,5 133 142   155 162   173 km

COURCHEVEL 1374 m

1163 m
Les Allues

458 m
La
Léchère

1276 m
Celliers

2000 m
Col de la
Madeleine

493 m
St. Avre

1566 m
Col du Télégraphe

2645 m
Col du Galibier

1237 m BRIANÇON

1523 m
Le Monêtier-
les-Bains

11. ETAPPE 2005

Strecke

Steile Berge

Die Tour de France besitzt neben vielen flachen Strecken auch schwere Bergetappen im Hochgebirge. Eine davon war 2005 die 173 km lange 11. Alpen-Etappe von Courchevel nach Briançon. Der Kasache Alexander Winokurow gewann an diesem Tag nach rasanter Abfahrt vom 2645 m hohen Col du Galibier vor dem Kolumbianer Santiago Botero.

■ Schreibt eine Reportage zur Fahrt über den Col du Galibier vom Start bis ins Ziel. Beachtet dabei das Streckenprofil.
■ Zeichnet einen Graphen, der die Inhalte eurer Reportage wiedergibt. Vergleicht ihn mit dem Streckenprofil.
■ Berechnet die durchschnittliche Steigung an den beiden größten Bergen.
■ Warum nennt man die Tour de France auch die „Tour der Leiden"?

Grüne Punktejäger

Während der beste Fahrer in der Gesamtwertung das Gelbe Trikot erhält, kämpfen spurtstarke Fahrer um das begehrte grüne Sprinttrikot. Die Punkte dafür berechnen sich aus der Zielplatzierung sowie aus Punkten bei Zwischensprints (ZS).

Punktevergabe im Ziel (ab Platz 1):
Flachetappen:
35; 30; 26; 24; 22; 20; 19; 18; 17; …
bis 1 Punkt
Mittlere Bergetappen:
25; 22; 20; 18; 16; 15; 14; 13; … bis 1 Punkt
Schwere Bergetappen:
20; 17; 15; 13; 12; 10; 9; … bis 1 Punkt
Einzelzeitfahren:
15; 12; 10; 8; 6; 5; … bis 1 Punkt
Punkte bei Zwischensprints (ab Platz 1):
6; 4 und 2 Punkte

■ Wie viele Fahrer erhalten jeweils Punkte?
■ Welche maximale Sprintpunktzahl war 2005 möglich?
■ Wie könnte der Gewinner seine Punkte erhalten haben? Findet mehrere Wege.
■ Wie viel Pozent der maximalen Punktezahl haben die ersten vier Fahrer erreicht?

Grünes Trikot 2005:
1. *Thor Hushovd*
   (NOR) 194 P.
2. *Stuart O'Grady*
   (AUS) 182 P.
3. *Robbie McEwen*
   (AUS) 178 P.
4. *A. Winokurow*
   (KAZ) 158 P.

Tour de France 2005:
*9 Flachetappen
(mit jeweils 3 ZS),
6 Mittlere Bergetappen (mit jeweils 2 ZS),
3 Schwere Bergetappen (mit jeweils 2 ZS),
2 Einzelzeitfahren
(ohne ZS),
1 Mannschaftszeitfahren (ohne Punkte)*

… und jetzt Startschuss!

Macht mit eurer Klasse doch mal eine Fahrradtour. Messt eure Etappendaten: Strecke, Geschwindigkeit, Pulsfrequenz … Wer wird Etappen-, wer Gesamtsieger? Ihr könnt auch weitere Untersuchungen und Experimente durchführen: Wie funktioniert eure Gangschaltung? Besitzt jemand ein Rad mit Kettenblattschaltung? Wie viele Umdrehungen benötigt ihr bei verschiedenen Gangeinstellungen für bestimmte Strecken? Also, los gehts!

Nomaden der Meere

(1) Aufsicht

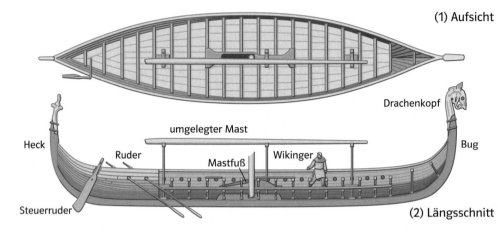

Drachenkopf

umgelegter Mast

Heck

Ruder

Mastfuß

Wikinger

Bug

Steuerruder

(2) Längsschnitt

*Rekonstruktion eines
Wikingerschiffes*

Schiffsbeispiel:
„Skuder"
*30 m Länge,
5 m Breite,
30–40 Mann Besat-
zung,
12 kn durchschnittliche
Segel- und Ruder-
geschwindigkeit*

1 Knoten (kn) =

$1 \frac{Seemeile}{Stunde} (\frac{sm}{h}) =$

$1,85 \frac{km}{h}$

Weitgereiste Händler

Der Name Wikinger leitet sich vermutlich vom altnordischen „víkingr" ab, was „Rauben" oder „Seeräuber" bedeutet. Doch die Seemänner aus Skandinavien waren nicht nur Plünderer, sie waren auch geschickte Händler. Wikinger waren mit ihren schnellen, flachen Drachenbooten auf den Meeren und Flüssen in ganz Europa bis nach Asien unterwegs.

■ Atlasarbeit: Wie lang war der Seeweg, den die Wikinger vom heutigen Oslo bis nach Istanbul zurücklegen mussten?

■ Wie lange waren die Männer dafür im Skuder etwa unterwegs? Bedenkt, dass sie auch Pausen und Zwischenstopps zur Proviantaufnahme machen mussten.

■ Wie viel Trinkwasser verbrauchten die Männer wohl auf so einer Fahrt? Wovon hängt die Berechnung ab?

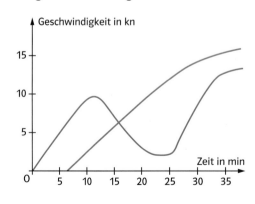

Entdeckungsfahrten im Drachenboot

Neben Händlern und Kriegern waren Wikinger auch Entdecker. Mit ihren hochseetauglichen Drachenbooten stießen sie weit nach Westen in unbekannte Regionen des Nordatlantiks vor. So besiedelten sie nach Island und Grönland um 1000 n. Chr. sogar die Küste Nordamerikas lange Zeit vor Christoph Kolumbus.

Schätzt die nötigen Maße und berechnet näherungsweise.

■ Betrachtet die oben abgebildete Konstruktion: Wie viel Platz hatten die Wikinger bei diesem Bootstyp etwa an Deck?

■ Wie viel Segelstoff musste vernäht werden?

■ Könnt ihr anhand der Zeichnungen und dem Foto erklären, wie viel Wasser verdrängt wurde? Begründet.

Im Geschwindigkeitsrausch

Die „Nordmänner" bauten verschiedene Bootstypen: Große, träge Kriegsschiffe und kleine, wendige Handelsschiffe, die sie auch auf Flüssen navigieren konnten. Als Antrieb diente ein rechteckiges Segel unterstützt von Rudern.

■ Welcher Graph des Diagramms gehört zu welchem Bootstyp? Erläutert.

■ Schreibt eine passende Geschichte.

■ Warum war die maximale Geschwindigkeit eines Wikingerschiffes begrenzt?

Schöner Schein

Zum Schutz vor der skandinavischen Kälte stellten Wikinger feste Kleidung aus gewebten Stoffen, Leder und Pelz her. Aber sie trugen auch Schmuck aus Gold, Silber, Bronze oder bunten Glasperlen. Viele Schmuckstücke wurden mit wiederverwendbaren Ton- oder Steingussformen in Massenproduktion hergestellt. Ein Bronzeschmied aus Jütland (im heutigen Dänemark) überließ z. B. seinen Kunden die Wahl zwischen dem Hammer als Zeichen des nordischen Gottes Thor oder zwei unterschiedlichen Kreuzen, was den späten Einfluss des Christentums auf die Wikinger verdeutlicht.

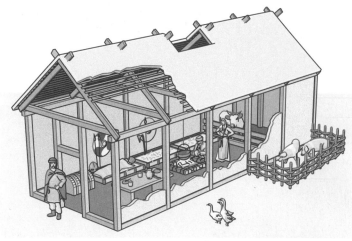

Langhaus der Wikinger

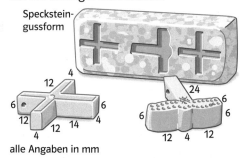

Speckstein-gussform

alle Angaben in mm

> **Bronze** ist eine Legierung aus mindestens 60 % Kupfer und bis zu 40 % Zinn. Sie besitzt eine Dichte von 8,8 g/cm³. Ihr Schmelzpunkt liegt bei ca. 990 °C.

■ Wie schwer sind die zwei Anhänger?
■ Wie viel Gramm Kupfer enthalten sie mindestens?
■ Wie teuer waren die Schmuckstücke im Verhältnis zueinander?

Leben auf dem Lande

Die Wikinger waren auch ein sesshaftes Bauernvolk. Sie lebten auf großen Höfen, bauten Getreide an und hielten Tiere. Die Langhäuser bestanden aus Holz oder Stein. Die Wikingerfrauen waren die Besitzerinnen von Land und Gut. Waren die Männer auf großer Fahrt, kümmerten sich ihre Frauen um Kinder und Hof.

Wikingerfamilie

■ Zeichnet den Grundriss dieses Langhauses in geeignetem Maßstab.
■ Berechnet die Außenfläche und das Volumen des Gebäudes.
■ Wie ändern sich die Werte, wenn sich die Raumhöhe um 0,5 m verringert oder erhöht? Es gibt mehrere Möglichkeiten.
■ Zeichnet ein Schrägbild zur Konstrukion des Holzgrundgerüstes.
■ Wie lang sind alle Balken zusammen?

> **Übrigens:**
> Wikinger waren sehr fortschrittlich: Sie bügelten. Dafür spannten sie ihre Kleidungsstücke auf flache Bretter und glätteten sie mit Glaskugeln.

... und jetzt Leinen los!

Feiert doch mal einen richtigen Wikingertag mit eurer Klasse. Wikinger liebten Sport und Spiele: Sie veranstalteten Wettrennen, vertrieben sich an Bord ihrer Schiffe die Langweile mit Geschicklichkeitsspielen und trainierten ihren Verstand mit Schach oder Würfelspielen. Dazu wurde immer gut gegessen und getrunken. Entwickelt für den Tag eigene Wettkampfspiele. Sucht Rezepte im Internet. Die Einladungen könnt ihr in Runenschrift, der Schrift der Wikinger, verfassen. Allerdings kannten die Nordmänner damals noch kein Papier und ritzten ihre Geschichten in Holz, Knochen oder Felsen. Trotzdem konnten viele Wikinger diese Geschichten nicht lesen: Sie waren Analphabeten!

Alles in allem

In den letzten beiden Jahren sind dir im Mathematikunterricht manche Themen immer wieder begegnet. Viele Ideen und Herangehensweisen konntest du wieder aufgreifen und weiterentwickeln. Auch in den nächsten Jahren werden dich einige dieser Leitideen wie rote Fäden durch die Mathematik begleiten:

Daten und Zufall – Um bestimmte Fragen beantworten zu können, werden Daten gesammelt, erfasst, übersichtlich dargestellt und ausgewertet.

Zahl – An Zahlen denken viele Menschen als Erstes, wenn sie Mathematik hören. Zählen und Rechnen mit natürlichen Zahlen, aber auch der Umgang mit Brüchen, Dezimalbrüchen … sind unter dieser Leitidee zusammengefasst.

Messen – Geld, Zeit, Gewicht, Länge, Volumen – vieles wird gemessen und verglichen. Dafür werden Maßeinheiten festgelegt und mit den gemessenen Größen gerechnet. Manche Berechnungen werden immer nach dem gleichen Schema durchgeführt, für solche Berechnungen stellt man Formeln auf.

Raum und Form – Bestimmte Figuren, Muster und Formen begegnen uns überall: Vierecke, Kreise, Würfel, Prismen … Wir untersuchen und beschreiben ihre Eigenschaften und Besonderheiten und lernen, womit wir rechnen können.

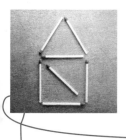

Modellieren – Alltägliche Erscheinungen müssen wir manchmal erst in die Sprache der Mathematik übersetzen, um sie untersuchen zu können und Fragen dazu zu beantworten. Die Mathematik dient uns als Werkzeug, Antworten zu finden, die wir dann aber wieder in die Alltagssprache übersetzen und überprüfen müssen, ob unsere Antwort auch alltagstauglich ist.

Funktionaler Zusammenhang – Oft gibt es im Alltag Abhängigkeiten zwischen Größen wie Uhrzeit und Wasserstand. Für die Beschreibung solcher Zusammenhänge verwendet man Funktionen, um Aussagen über nicht gemessene Werte machen zu können und um ähnliche Situationen vergleichen zu können.

Auf den nächsten Seiten findest du Aufgaben zu allen Bereichen, die du in den letzten beiden Jahren kennen gelernt hast. Dabei kannst du testen, wie schnell du den roten Faden siehst und an welchen Stellen er schnell reißt.
(Die Lösungen stehen im Anhang.)

1 a) Berechne.

$(3x - 2)^2 = \boxed{}$

b) Ergänze.

$(\boxed{} - \boxed{})^2 = 49x^2 - 42xy\ \boxed{}$

c) Gib drei verschiedene Lösungen mit ganzzahligen Koeffizienten an.

$(\boxed{} + \boxed{})^2 = \boxed{} + 48xy + \boxed{}$

2 a) Welcher der Terme ist eine Umformung von $(3x - 4)(3x + 4) - 2(x - 5)^2$?

(A) $7x^2 - 20x + 66$ (B) $7x^2 + 20x - 66$

(C) $-7x^2 + 20x + 66$ (D) $9x^2 - 20x - 66$

b) Ergänze.

$(3 - \boxed{})(\boxed{} + y) = 3\ \boxed{}\ 2y^2$

c) Vervollständige.

$(5a\ \boxed{})^2 = \boxed{}\ 70ab\ \boxed{}$

3 a) Welcher Term ist äquivalent zu $2x - x(2x - 1)$?

(A) $2x^2 - 3x$ (C) $-2x^2 + 3x$

(B) $-3x^2 - 2x$ (D) $3x^2 - 2x$

b) Anna, Lina und Sofie vergleichen ihre Hausaufgaben.

Anna: $2x - 4(x + 1) = 2x - 4x - 1$
Lina: $2x - 4(x + 1) = 2x - 4x - 4$
Sofie: $2x - 4(x + 1) = 2x - 4x + 4$

Wer hat falsch umgeformt? Erkläre.

c) Welche Aussagen passen zur Gleichung: $x + (x + 1) + (x + 2) = 33$?

A Tina ist um ein Jahr älter als Sina, Sina ist um ein Jahr älter als Nina. Alle zusammen sind 33 Jahre alt.

B Nina ist 2 Jahre älter als Sina, Tina ist um 2 Jahre jünger als Nina. Alle zusammen sind 33 Jahre alt.

C Nina ist 2 Jahre älter als Sina, Sina ist um ein Jahr jünger als Tina. Alle zusammen sind 33 Jahre alt.

4 a) Vereinfache.

$(7x + 6y)^2 - (7x + 6y)(7x - 6y)$

b) Ergänze.

$5x\ (\boxed{}2y) = 35x - \boxed{}$

c) Petra behauptet: „Ich wähle zwei beliebige Zahlen aus und bilde deren Summe und deren Differenz. Wenn ich nun die Summe quadriere und das Quadrat der Differenz davon subtrahiere, erhalte ich immer eine durch 4 teilbare Zahl."
Hat Petra Recht?

5 a) Faktorisiere. $121x^2 - 66xy + 9y^2$

b) Klammere vor dem Faktorisieren aus. $50s^2 - 140st + 98t^2$

c) Wenn man die Quadrate von vier aufeinander folgenden Zahlen abwechselnd addiert bzw. subtrahiert, erhält man als Ergebnis immer eine gerade Zahl. Begründe.

6 Die Summe von drei aufeinander folgenden natürlichen Zahlen kann man mit dem Term $x + (x + 1) + (x + 2)$ darstellen.

a) Wie heißen die drei Zahlen, wenn die Summe der beiden letzten Zahlen 35 ist?

b) Wie müsste der Term heißen, wenn x die größte der drei Zahlen ist?

c) Die Summe der drei Zahlen ist 99. Wie heißen die drei Zahlen? Warum kann die Summe nicht 100 sein?

7 a) Finde einen Term mit den Variablen x und y, der für $x = 1$ und $y = 2$ den Wert 10 hat.

b) Gib einen Term mit x und y an, der für $x = -2$ und $y = -3$ den Wert 3 ergibt.

c) Gib drei Wertepaare für x und y an, die in den Term $2 \cdot (x - 2y)$ eingesetzt den Wert 6 ergeben.

8 Für die Oberfläche eines Quaders gilt: $O = 2a^2 + 4ah_k$.

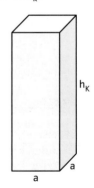

a) Berechne die Oberfläche für $a = 8{,}0\,cm$ und $h_k = 15{,}0\,cm$.

b) Löse die Formel nach h_k auf.

c) Die Höhe des Quaders ist um 50 % länger als die Grundkante. Stelle jeweils eine Formel für das Volumen und die Oberfläche des Quaders auf.

9 Berechne die Größe der beiden Winkel.

a) Es gilt: $\overline{AB} = \overline{BD} = \overline{BC}$.

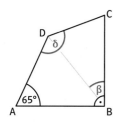

b) Es gilt: $\overline{AB} \| \overline{CD}$

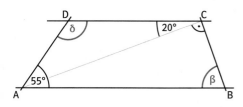

c) Es gilt:
$\overline{AE} = \overline{AD}$; $\overline{CE} = \overline{CD}$; $\overline{BE} = \overline{BC}$

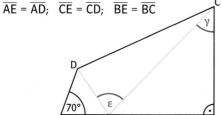

10 a) △ABC und △ABD sind gleichschenklig. Wie groß ist der Winkel γ?

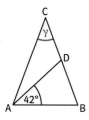

b) Im Dreieck ABC gilt:
$\overline{AC} = \overline{BC}$, $\overline{CE} = \overline{DE}$ und $\overline{AD} = \overline{AE}$
Bestimme den Winkel α.

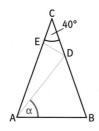

c) Für das Viereck ABCD gilt: $\overline{AB} = \overline{CD}$
Berechne den Winkel γ.

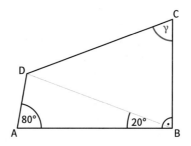

11 a) Berechne den Flächeninhalt des Trapezes. Es gilt: $\overline{AB}$ = 10,2 cm; $\overline{CD}$ = 6,8 cm; Trapezhöhe h = 5,2 cm.

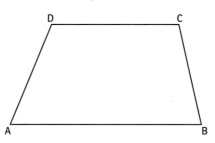

b) Berechne den Inhalt der gelben Fläche.

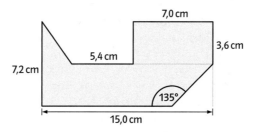

c) Welche Trapeze haben den gleichen Flächeninhalt?

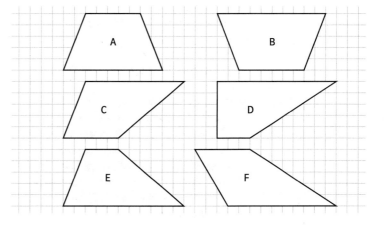

203

12 a) Welche Figur gehört zum Text?

Das Viereck ABCD hat in D einen rechten Winkel. Die Diagonalen $\overline{AC}$ und $\overline{BD}$ stehen senkrecht aufeinander. Die Strecke $\overline{AE}$ ist kürzer als die Strecke $\overline{EC}$.

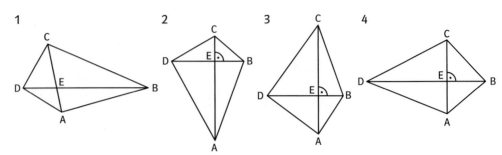

b) Welche der Beschreibungen gehört zur abgebildeten Figur?

A Das Viereck ABCD hat bei D einen rechten Winkel. Die Diagonalen halbieren sich. Die Strecken $\overline{BC}$ und $\overline{CD}$ sind gleich lang.

B Das Viereck ABCD hat bei A einen rechten Winkel. Die Diagonalen halbieren sich nicht. Die Strecken $\overline{BC}$ und $\overline{CD}$ sind gleich lang.

C Das Viereck ABCD hat bei C einen rechten Winkel. Die Diagonalen halbieren sich. Die Strecken $\overline{AD}$ und $\overline{AB}$ sind gleich lang.

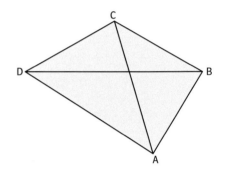

c) Welche Formel gehört zu welchem Körper? Begründe deine Entscheidung.

A $V = a^3 + 3a^2 + 2a$

B $V = 2a^3 - 2a$

C $V = a^3 + 2a^2$

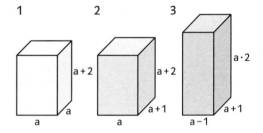

13 a) Konstruiere ein Dreieck aus
a = 6,8 cm; β = 43° und γ = 64°.
b) Konstruiere den Umkreis eines Dreiecks mit a = 4,5 cm; b = 7,2 cm und γ = 72°.
c) Konstruiere das Dreieck △ABC mit folgenden Maßen:
a = 10,0 cm; b = 8,0 cm; c = 12,0 cm.
Kennzeichne den Teil des Dreiecks, für dessen Punkte P folgende Bedingungen gleichzeitig erfüllt sind:
• P ist höchstens 4 cm von C entfernt.
• P liegt näher bei A als bei B.
• P liegt näher an a als an b.

14 a) Konstruiere ein Dreieck aus
a = 5,2 cm; b = 3,5 cm und c = 7,8 cm.
Miss die Innenwinkel.
b) Von einem Dreieck sind zwei Seitenlängen und zwei Winkel bekannt:
a = 7 cm; c = 8,6 cm; α = 42,5°; β = 67,2°
Timo zeichnet mit den Bestimmungsstücken a, c und β und behauptet:
„In meinem Dreieck misst die Seite b = 12,0 cm."
c) Laurin will ein Dreieck mit den Maßen a = 7,5 cm; b = 11,0 cm und c = 18,8 cm konstruieren.

15 a) Der Körper ist aus einem Quader und einem Würfel zusammengesetzt. Berechne sein Volumen.

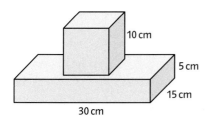

b) Aus einem Würfel wird ein zweiter Würfel mit der halben Kantenlänge herausgearbeitet. Wie groß ist die Oberfläche des entstandenen Körpers?

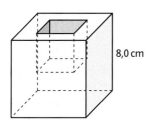

c) Von einem Würfel mit der Kantenlänge 15,0 cm werden 8 Ecken abgeschnitten. Erkläre, warum sich die Oberfläche nicht ändert.

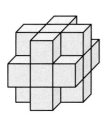

16 Der Würfel ist in drei Richtungen ausgeschachtet.
a) Berechne sein Volumen, wenn der vollständige Würfel eine Kantenlänge von 12,0 cm hat.
b) Wie groß ist die neue Oberfläche?
c) Wie hat sich die Oberfläche prozentual verändert?

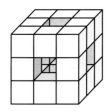

17 Vom Quader wurden zwei Teilwürfel entfernt. Die Teilwürfel haben eine Kantenlänge von 8 cm.
a) Berechne das Volumen des neu entstandenen Körpers.
b) Wie groß ist die Oberfläche des neu entstandenen Körpers?
c) Wenn man bestimmte Teilwürfel vom Quader entfernt, vergrößert sich die Oberfläche. Wie viele davon müssen mindestens herausgebrochen werden, damit die Oberfläche des ursprünglichen Quaders um mindestens 10 % zunimmt?

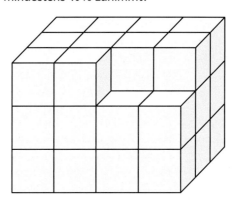

18 Auf dem Würfelnetz sind Linien eingezeichnet.

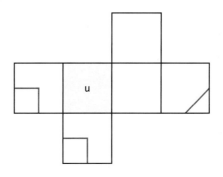

a) Zeichne das Schrägbild mit den Linien.
b) Zerschneidet man den Würfel längs der Linien, entstehen zwei Schnittflächen. Von welcher Art sind sie? Begründe.
c) Durch die zwei Schnitte wird der Würfel in zwei Teilkörper zerlegt. Das Volumen des kleinen Körpers verhält sich zum gesamten Würfelvolumen wie
    1:8   1:10   1:15   1:16.
Das Volumenverhältnis der Teilkörper ist
    2:8   1:14   1:15   1:16   1:17.

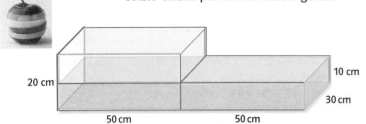

19 Der aus drei Quadern zusammengesetzte Glaskörper ist mit Wasser gefüllt.

a) Wie hoch steht das Wasser, wenn der Körper auf die rote Seitenfläche gestellt wird?
b) Wie hoch steht das Wasser, wenn der Körper auf der grünen Seitenfläche steht?
c) Wie hoch steht das Wasser, wenn der Körper auf die Vorderfläche gestellt wird?

20 Die abgebildeten Figuren sind Grundflächen von volumengleichen Prismen.

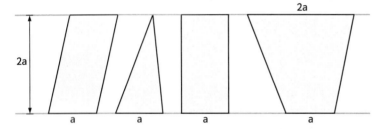

a) Welche Prismen sind gleich hoch?
b) Das Prisma mit der rechteckigen Grundfläche ist 12 cm hoch.
Wie hoch sind dann die anderen Prismen?
c) Vergleiche die Höhen der vier Prismen.

21 a) Ergänze das Netz des Trapezprismas.
b) Wie groß ist die Oberfläche des Trapezprismas?
c) Ergänze das Netz des Dreiecksprismas und trage den farbigen Streckenzug ein.
Miss die Länge des Streckenzugs.

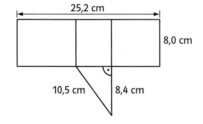

22 Das Dreiecksprisma hat ein Volumen von 750 cm³.

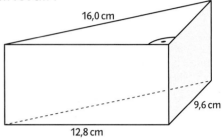

a) Berechne die Höhe des Prismas.
b) Wie groß ist die Oberfläche?

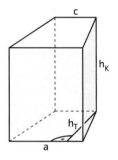

c) Ein weiteres Prisma hat eine trapezförmige Grundfläche. Die Maße sind:
$a = 6{,}4$ cm; $c = 3{,}6$ cm; $h_k = 8{,}0$ cm und $V = 300$ cm³.
Berechne die Länge der Höhe h_T.

23 Zwei Trapezprismen werden zusammengesetzt. Dabei werden je zwei kongruente Flächen ohne Überstand verklebt.

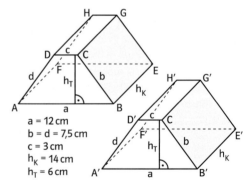

$a = 12$ cm
$b = d = 7{,}5$ cm
$c = 3$ cm
$h_K = 14$ cm
$h_T = 6$ cm

a) Wie viele Möglichkeiten gibt es? Sind alle zusammengesetzten Körper Prismen?
b) Berechne die Oberflächen der Körper aus a).
c) Für die zwei Prismen soll jetzt $h_k = 12$ cm gelten. Beantworte Frage a) erneut.

24 Eine Serie von Münzwürfen ergibt WZZWZ WZZWZ ZZWZZ WZWWW WZZZW.
a) Berechne die relativen Häufigkeiten für das Ergebnis Wappen nach 5; 10; 15; 20 und 25 Würfen. Stelle die Ergebnisse in einem Säulendiagramm dar.
b) Zufällig wiederholt sich die Serie der ersten 25 Würfe. Setze die Berechnungen der relativen Häufigkeiten fort und ergänze das Diagramm. Beschreibe, was dir am Verlauf des Diagramms auffällt.
c) Nach 200 Münzwürfen ergibt sich für Wappen die relative Häufigkeit 0,49. Überraschend folgt dann zehnmal Wappen. Berechne die relative Häufigkeit für Wappen nach 210 Würfen. Wie hätte sich die Serie von 10 Wappen nach 2000 Würfen auf die relative Häufigkeit ausgewirkt?

25 Die Lostrommeln einer Jahrmarktsbude werden mit fertig abgepackten Losmischungen gefüllt. Jedes Paket enthält fünfzehn Nieten, vier Kleingewinne und einen Hauptgewinn.
a) Bestimme die Wahrscheinlichkeiten für das Ziehen des Hauptgewinns, einer Niete und irgendeines Gewinns.
b) Der Losverkäufer verrät, dass acht Nieten und der Hauptpreis schon gezogen sind. Wie sind jetzt die Chancen, irgendeinen Gewinn zu erzielen?
c) Die Supertrommel wird mit zwei Lospackungen gefüllt. Jemand möchte zwei Lose kaufen. Bietet ihm die Supertrommel bessere Chancen als die normale?

26 Ein Fußballverein sucht einen neuen Torwart. Ein Trainer hat sich einige Ergebnisse des Elfmeterschießens der Jugendmannschaft notiert:

	gehalten	nicht gehalten
David	15	5
Ismail	29	11
Marcel	2	1
Tim	23	2

a) Argumentiere für jeden Spieler mithilfe der absoluten Häufigkeiten, dass er besser ist als andere.

b) Ergänze die Tabelle durch eine Spalte mit den relativen Häufigkeiten für gehaltene Bälle. Wer bietet die größte Wahrscheinlichkeit, Treffer ins Tor abzuwehren?
c) Alle sollen durch fünf zusätzliche Schüsse aufs Tor Gelegenheit bekommen, ihre Werte zu verbessern. Alte und neue Ergebnisse werden zusammen gewertet. Wer hat unter günstigen Umständen noch eine Chance auf die beste Haltequote?

27 Ein Tetraeder wird als Würfel mit den Ergebnissen 1; 2; 3 und 4 benutzt.
a) Bestimme die Wahrscheinlichkeit, dass sich bei zweimaligem Werfen zwei gleiche Zahlen ergeben. Zeichne dafür ein Baumdiagramm.
b) Wie groß ist die Wahrscheinlichkeit, dass der zweite Wurf eine größere Zahl ergibt als der erste Wurf?
c) Erfinde eine Spielregel für ein Glücksspiel, sodass sich beim zweimaligen Wurf die Gewinnwahrscheinlichkeit $\frac{1}{8}$ ergibt. Gibt es auch eine Spielregel für die Gewinnwahrscheinlichkeit $\frac{1}{3}$?

28 In einem Glücksspiel entscheidet ein Münzwurf, aus welchem Lostopf der Spieler eine Kugel zufällig ziehen darf. „Wappen" führt zu Topf W, in dem drei rote Kugeln und eine weiße Kugel liegen. Bei „Zahl" wird Topf Z mit zwei roten und zwei weißen Kugeln genommen. Der Spieler gewinnt, wenn er eine weiße Kugel erhält.
a) Stelle in einem Baumdiagramm alle möglichen Abläufe dar. Wie groß ist die Wahrscheinlichkeit, dass der Spieler eine weiße Kugel findet und damit gewinnt?
b) Zeige, dass die Gewinnchance nicht davon abhängt, wie man die drei weißen Kugeln auf die Lostöpfe verteilt, wenn jeder Topf durch die roten Kugeln auf vier Kugeln aufgefüllt wird.
c) Der Spieler darf die acht Kugeln selbst auf die Töpfe verteilen. Er legt unterschiedlich viele Kugeln in die beiden Töpfe. Wie muss er die Kugeln verteilen, damit seine Gewinnwahrscheinlichkeit besonders hoch ist? Gibt es auch eine für ihn besonders ungünstige Verteilung der Kugeln?

Zahl

29 a) Frau Metzger kauft im Schlussverkauf einen Mantel. Der um 7,5 % reduzierte Preis beträgt dann 222 €.
b) Der Wert einer Antikvase erhöht sich um 12,8 %. Sie kostet dann 1522,80 €.
c) Wegen einer Geschäftsaufgabe werden alle Waren um 20 % verbilligt. Eine Kaffeemaschine wird anschließend nochmals um 50 € billiger verkauft. Sie kostet dann noch 590 €. Um wie viel Prozent wurde der Preis insgesamt reduziert?

30 a) Insgesamt 25 % gespart. Die Jeans kostet jetzt nur noch 69,90 €. Was kostete sie ursprünglich?
   A 52,43 €   **B** 87,38 €
   C 93,20 €   **D** 94,90 €
b) Ein Paar Schuhe wird um 10 € verbilligt. Anschließend wird der Preis nochmals um 10 % reduziert. Sie kosten dann 89,10 €.
c) Ein Viertel aller Mitglieder des Sportvereins spielt Tennis. Die Hälfte der Tennisspieler laufen zusätzlich noch Ski.
Wie viel Prozent aller Mitglieder spielen Tennis und laufen gleichzeitig auch Ski?

31 a) Der Preis einer Limonade ist von 1,50 € auf 1,80 € gestiegen. Um wie viel Prozent ist er gestiegen?
   A 10 %   **B** 15 %
   C 20 %   **D** 25 %
b) Eine Schokoladentafel ist um 50 % leichter als vorher. Sie wiegt jetzt 150 g.
c) Lara erhält im 1. Lehrjahr eine Ausbildungsvergütung von netto 390 €. Auf die Brutto-Ausbildungsvergütung zahlt sie 15 % Lohnsteuer und 150 € Abgaben.

32 Aus der Werbung: Das neue 4,5 kg Sparpaket! Jetzt 12,5 % mehr Inhalt zum neuen Preis von 16,99 €.
a) Was hat das bisherige Paket gewogen?
b) Auf einem alten Paket steht der Preis 14,99 €. Was meinst du?
c) Auf einem anderen Werbeplakat steht: „Der Preis wird um 20 % reduziert. Davon dürfen Sie noch ein Drittel des Preises abziehen."
Kostet die Ware dann mehr oder weniger als die Hälfte des ursprünglichen Preises?

33 Das Freizeitbad Toll-Aqua erhöht seine Preise.

	Vor der Erhöhung:	Nach der Erhöhung:
Jugendliche	2,00 €	2,50 €
Erwachsene	3,30 €	4,00 €

a) Für welche Altersgruppe hat sich der Preis prozentual stärker erhöht?
b) Eine Saisonkarte kostet für Jugendliche vor der Erhöhung 38,40 €.
Rechne mit derselben prozentualen Verteuerung wie beim Einzeleintritt.
c) Die Tabelle zeigt die Preisentwicklung bei der Familien-Saisonkarte.

	Vor der Erhöhung:	Nach der Erhöhung:
1. Erwachsener	63,90 €	75,00 €
2. Erwachsener	48,50 €	60,00 €
1. Kind	23,00 €	23,00 €
2. Kind	11,50 €	11,50 €
3. Kind	–	–

Um wie viel Prozent hat sich der Preis für eine fünfköpfige Familie verteuert?

34 a) Herr Boll kauft eine Bohrmaschine. Er erhält 3 % Skonto. Dies sind 14,67 €. Welchen Betrag muss Herr Boll an der Kasse bezahlen?

b) Ein Skateboard wird zweimal nacheinander um 10 % verbilligt. Es kostet jetzt 121,50 €. Berechne den ursprünglichen Preis.
c) Im Räumungsverkauf wird ein Fahrrad um die Hälfte billiger angeboten. Da es nicht verkauft wird, entschließt sich der Händler, den Preis nochmals zu halbieren. Welche Aussage ist richtig?
A Es kostet jetzt weniger als 30 % des ursprünglichen Preises.
B Der Preisnachlass beträgt drei Viertel des anfänglichen Preises.
C Das Fahrrad ist jetzt umsonst zu haben.

35 a) Leon zahlt bei einem Zinssatz von 13,5 % für eine Zeitdauer von 80 Tagen einen Zinsbetrag von 75 €.
b) Marie zahlt für 1 Jahr und 9 Monate einen Betrag von 5000 € auf einen Sparvertrag ein. Der Zinssatz beträgt 3,8 %.
c) Frau Berg bekommt für eine Spareinlage von ihrer Bank 3,0 % Zinsen. Wenn der Zinssatz sich auf 5,0 % erhöhen würde, bekäme sie 150 € mehr Zinsen. Wie hoch ist die Spareinlage?

36 Frau Schwarz vergleicht die Angebote zweier Banken.

Bank A: Darlehen 18 000 €
            600 € Zinsen für 5 Monate
Bank B: Darlehen 18 000 €
            960 € Zinsen für 8 Monate

a) Wie soll sie sich entscheiden?
b) Frau Schwarz entscheidet sich ganz anders und leiht bei Bank C. Dort zahlt sie nach einem Jahr 1350 € Zinsen.
c) Frau Schwarz überlegte, ihr Guthaben von 3000 € bei Bank D aufzulösen, wo sie 2,25 % Zinsen pro Jahr erhält. Den Rest will sie bei einer der Banken A–C leihen. Bewerte die Situation nach einem Jahr.

37 a) Frau Grün überzieht ihr Girokonto 12 Tage lang um 1800 €. Die Bank verrechnet einen Zinssatz von 14,75 %.
b) Familie Bauer möchte ihre Wohnung neu einrichten. Der Gesamtpreis beträgt 18 000 €. Sie zahlt 9500 € an. Für den Restbetrag muss sich Familie Bauer zwischen zwei Angeboten entscheiden.

Stadtsparkasse	Möbelhaus Gigant
Kleinkredit für 6 Monate. Jahreszinssatz: 9,5 %	Rückzahlung in 6 Monatsraten zu je 1500 €

c) Familie Roth liegen zwei Darlehensangebote vor.

Bank A: Zinssatz 12 %; Laufzeit 1 Jahr; keine Bearbeitungsgebühr
Bank B: Zinssatz 9 %; Laufzeit 1 Jahr; 200 € Bearbeitungsgebühr

Ab welchem Betrag ist Bank B günstiger?

38 Die Daten zeigen die monatlichen Ausgaben der Klasse 8 a.

Lea 17 €	Tina 42 €	Sina 20 €
Anna 22 €	Nina 22 €	Rosetta 30 €
Jana 18 €	Janine 15 €	Sheela 34 €
Sarah 28 €	Pia 20 €	Olga 32 €
Tom 33 €	Benni 10 €	Ahmed 22 €
Paul 19 €	Mark 16 €	Fabio 46 €
Tim 42 €	Max 36 €	Dirk 19 €

a) Bestimme sämtliche Kennwerte.
b) Zähle aus, wie häufig 10 € bis 14 €; 15 € bis 19 €; … ausgeben werden. Erstelle dazu ein Säulendiagramm.
c) Vergleiche mit den Ausgaben der 8 b.

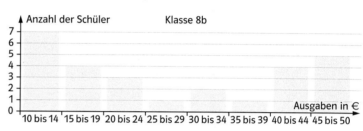

39 Victoria und Giovanni haben die Einnahmen der Schülercafeteria notiert:
   27,05 €; 18,50 €; 36,40 €; 43,10 €; 19,30 €; 28,90 €; 52,45 €; 36,20 €; 30,60 €
a) Bestimme Minimum, Maximum und Spannweite.
b) Berechne den Mittelwert.
c) Die beiden Einnahmen 15,60 € und 76,90 € kommen noch hinzu. Berechne die Werte erneut.

40 Die Liste zeigt die Internetnutzung in Stunden aller Schülerinnen und Schüler der Klasse 8 a während einer Woche.

   17; 10,5; 1,5; 6,5; 9; 23; 8; 0; 7,5; 4; 28; 15; 11,5; 14; 6; 8,5; 2; 0,5; 12; 5,5; 3; 7; 10,5; 1,5; 3,5

a) Ermittle Minimum, Maximum und Spannweite.
b) Bestimme den Mittelwert.
Streiche aus der Liste die beiden größten und die beiden kleinsten Werte. Wie ändert sich der Mittelwert?
c) Wähle fünf Schülerinnen und Schüler so aus, dass sie als Teilgruppe die Eigenschaften der Klasse 8 a gut darstellen.

41 a) Alle Behälter sind gleich hoch. Sie werden mit Wasser gefüllt. Das Wasser fließt gleichmäßig zu. Welcher Behälter gehört zu welchem Schaubild? Erkläre.

A

B

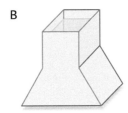

C

D

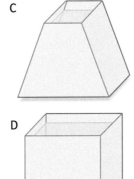

b) Zeichne zu der Geschichte ein passendes Schaubild. Trage die Zeit auf der Waagerechten und die zurückgelegte Wegstrecke auf der Senkrechten ab.

„Jana trainiert ihre Ausdauer durch einen Tempowechsellauf. Nach dem Start läuft sie langsam los. Nach 5 Minuten steigert sie ihr Tempo für die Dauer von 3 Minuten. Anschließend läuft sie 10 Minuten lang wieder das Anfangstempo. Nun sprintet sie 2 Minuten, läuft danach 3 Minuten langsam aus, sprintet erneut über die vorherige Zeitdauer und bleibt 5 Minuten lang stehen und macht Gymnastik."

c) Der aus Würfeln zusammengesetzte Körper wird durch einen gleichmäßigen Wasserzufluss von oben befüllt.

Was wurde im Schaubild falsch gemacht? Welche Fehler findest du? Erkläre sie und korrigiere das Schaubild.

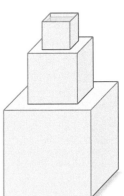

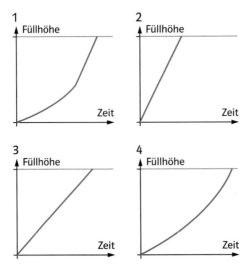

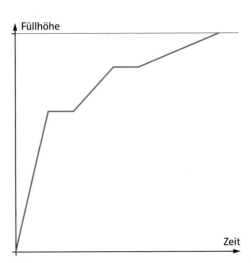

42 a) Bestimme die Funktionsgleichungen der Geraden.

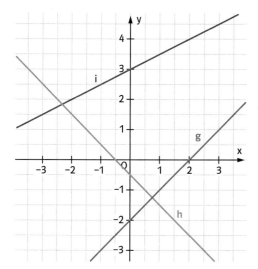

b) Welche der Geraden geht durch den Punkt P(10 | 9)?

c) Die Gerade k verläuft parallel zur Geraden i und geht durch den Punkt Q(−4 | −5,5). Bestimme die Funktionsgleichung von k.

43 a) Liegt der Punkt Q(52 | −48) auf der Geraden g?

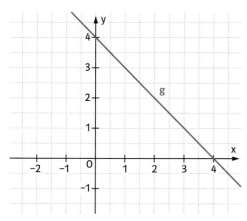

b) Eine weitere Gerade h geht durch P(3 | 1) und bildet zusammen mit der Geraden g und der y-Achse ein gleichschenkliges Dreieck, dessen Basis auf der y-Achse liegt.
Bestimme die Gleichung der Geraden h.

c) Berechne den Flächeninhalt des gleichschenkligen Dreiecks aus b).

44 a) Welche Funktionsgleichung gehört zu welcher Geraden?

Funktionaler Zusammenhang

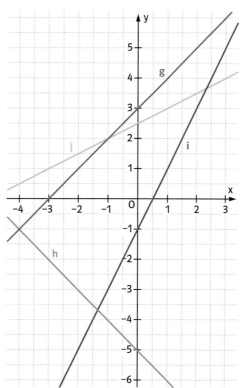

A $y = -x + 3$	**B** $y = \frac{1}{2}x - 2$
C $y = 2x - 1$	**D** $y = x + 3$
E $y = -x - 5$	**F** $y = \frac{1}{2}x + 2,5$
G $y = -2x + 2$	**H** $y = -\frac{1}{2}x + 2$

b) Durch den Punkt P(7 | 3) kann man beliebig viele Geraden zeichnen. Gib von zwei möglichen Geraden die Gleichungen an.

c) Eine Gerade g geht durch P(4 | 3). Sie verläuft durch den ersten, dritten und vierten Quadranten. Was kannst du über die Steigung der Geraden aussagen?

45 Die Graphen zweier linearer Funktionen gehen beide durch den Punkt P(3 | 4). Eine der beiden Geraden hat die Steigung $m = \frac{2}{3}$. Die andere Gerade geht durch Q(0 | 7).

a) Zeichne die Geraden in ein Koordinatensystem.

b) Bestimme die Funktionsgleichungen der beiden Geraden.

c) Berechne die Koordinaten der Schnittpunkte mit den Achsen.

46 a) Die Tabelle zeigt die Werte einer linearen Funktion. Zeichne den Graphen. Wie heißt die Funktionsgleichung?

x	−3	−1	2	3	5
y	−7	−3	3	5	9

b) Gehören die beiden Tabellen zur gleichen linearen Funktion? Begründe.

x	−2	5	8
y	4	7,5	9

x	−10	2	7
y	−10	−4	−1,5

c) Eine lineare Funktion hat die Steigung $m = 2$ und geht durch den Punkt $P(-3|-2)$. Durch welchen der vier Quadranten verläuft die Gerade nicht? Verschiebe die Gerade parallel, sodass sie durch diesen Quadranten geht. Gib eine mögliche Funktionsgleichung an.

47 a) Zeichne die Strecke $\overline{AB}$ mit $A(8|6)$ und $B(-2|-1)$ ins Koordinatensystem. Gib die Gleichung einer Geraden g an, die die Strecke $\overline{AB}$ halbiert und durch $Q(-3|4,5)$ geht.
b) Diese Gerade g bildet zusammen mit den Koordinatenachsen ein Dreieck. Berechne den Flächeninhalt.
c) Die Gerade h hat die Gleichung $y = -x - 5$. Verändere die Steigung h so, dass sie $\overline{AB}$ schneidet.

48 a) Welche Geraden begrenzen den Drachen?

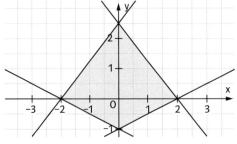

b) Beschreibe Unterschiede und Gemeinsamkeiten der Geraden $y = \frac{1}{3}x$ und $y = 3x$.
c) Gegeben sind die beiden Geraden g mit $y = -x - 1$ und h mit $y = mx + 2$. Wähle die Steigung m so, dass sich die Geraden im zweiten Quadranten schneiden.

zu Aufgabe 51:

Rent a mobil
Gefahrener km: 50 Ct
Einmalige Grundgebühr: 30 €

Auto-Service
Gefahrener km: **75** Ct

49 Im Schaubild kannst du ablesen, wie zwei Kerzen abbrennen.

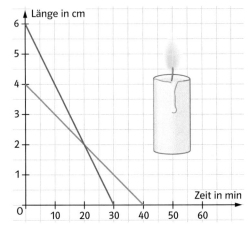

a) Wie lang waren die Kerzen vor dem Anzünden? Welche der beiden Kerzen ist die dickere?
b) Nach welcher Zeit waren die Kerzen gleich weit abgebrannt?
c) Wie lang hätte die rote Kerze sein müssen, damit sie zur gleichen Zeit wie die blaue Kerze vollständig abgebrannt gewesen wäre?

50 a) Eine 18 cm lange zylindrische Kerze brennt in 10 Minuten um 15 mm ab. Wie lange dauert es, bis die Kerze vollständig abgebrannt ist?
b) Drei Kerzen werden gleichzeitig angezündet. Die zugehörigen Graphen verlaufen parallel. Was kannst du über die Form der Kerzen aussagen?
c) Eine 24 cm und eine 12 cm lange Kerze werden gleichzeitig angezündet und brennen ab. Nach 5 Stunden sind beide Kerzen 4 cm hoch. Wie lange brennen die Kerzen jeweils insgesamt?

51 a) Familie Schmid hat eine Fahrstrecke von 500 km, Familie Spatz muss nur 150 km zurücklegen. Gib den beiden Familien einen Ratschlag.
b) Stimmt die Aussage für beide Angebote: Für doppelt so viel Geld können sie doppelt so weit fahren.
c) Bei welcher Fahrstrecke sind beide Angebote gleich günstig?

52 Löse folgende Ungleichungen in $\mathbb{N}$ und $\mathbb{Q}$. Bestätige die Lösungen durch eine geeignete Probe.

a) $12 - 2x < 7x + 3$

b) $3x + 4,5 > -3x - 2,5$

c) $2 \cdot (3x + 5) - 7 < -4x - (3 + x)$

53 Herr Schmitt kauft im Baumarkt Fliesen ein und möchte sie in seinem Pkw transportieren.
Er darf laut Zulassung den Pkw höchstens mit 460 kg beladen. Ein Paket Fliesen wiegt genau 20 kg, sein Körpergewicht beträgt 80 kg. Er hat insgesamt 32 Pakete gekauft.

a) Wie viele Fahrten muss er insgesamt durchführen?

b) Wie ändert sich die Zahl der Fahrten, wenn seine beiden Kinder, die 28 kg und 42 kg wiegen, ebenfalls im Auto sind?

c) Wie würdest du die Pakete auf die einzelnen Fahrten verteilen?

54 Die SV der Jahn-Realschule verkauft auf dem Flohmarkt Brezeln. Sie rechnet mit 15 € festen Unkosten pro Tag. Der Verdienst an einer Brezel beträgt 0,23 €.

a) Wie viele Brezeln muss die SV verkaufen, damit sie 100 € verdient?

b) Die Stadt Trier erhebt eine Standgebühr von 10 € pro Tag.

c) Durch einen günstigeren Einkauf steigt der Gewinn pro Brezel um 25 %, die Kosten verringern sich um 10 %. Der Verdienst soll ebenfalls 100 € betragen.

55 a) Bestimme die Lösung des linearen Gleichungssystems rechnerisch.

(1) $3x + 4y = 1$

(2) $2x - 3y = 12$

b) Wie viele Lösungen hat das lineare Gleichungssystem?

(1) $2y + 10 = 4x$

(2) $3 + 3y = 6x$

c) Woran lässt sich im Schaubild eines linearen Gleichungssystems die Anzahl der Lösungen ablesen?

56 a) Löse das Gleichungssystem zeichnerisch.

(1) $y = \frac{1}{2}x - 4$ (2) $y = -1,5x + 2$

Überprüfe deine Lösung durch Rechnung.

b) Löse das lineare Gleichungssystem.

(1) $2x + 5y = 16$ (2) $3x - 5y = -1$

c) Wo schneiden sich die beiden Geraden?

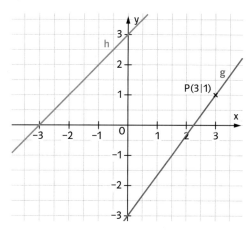

57 a) Löse das Gleichungssystem.

$2(x - 2y) + x = 2(2 - 3y)$

$\frac{1}{2}x - 2y = 3$

b) Frau Bauer kauft Äpfel und Orangen und bezahlt dafür 15,93 €. Insgesamt wiegt das Obst 7 kg. Die Äpfel kosten 1,99 € pro kg, die Orangen 2,49 €.

c) Zwei Mädchen und drei Jungen teilen 200 Kugeln untereinander auf. Beide Mädchen erhalten gleich viele Kugeln. Jeder Junge erhält doppelt so viele Kugeln wie ein Mädchen.

58 a) Harald hat doppelt so viele 1-Euro-Münzen wie Martina. Insgesamt haben sie 30 Euro. Stelle ein Gleichungssystem auf und berechne die Anzahl der Münzen von Martina.

b) Manuela hat drei 1-Euro-Münzen mehr als Henning. Zusammen haben sie 73 €. Stelle die zugehörige Gleichung auf und berechne die Anzahl der Münzen.

c) Harald sagt zu Martina: „Ich habe dreimal so viele 1-Euro-Münzen wie du, und ich habe auch drei 1-Euro-Münzen mehr als du." Martina wundert sich und sagt: „Meinst du vielleicht, dass du 3-mal so viel Geld hast wie ich und auch 3 € mehr?"

Lösungen des Basiswissens

Basiswissen | Rechnen mit Brüchen, Seite 6

1
a) 1
b) $\frac{3}{7}$
c) 2
d) $\frac{11}{12}$
e) $\frac{4}{5}$
f) $1\frac{1}{15}$
g) $1\frac{1}{3}$
h) $\frac{3}{8}$
i) $\frac{1}{2}$

2
a) $1\frac{5}{24}$
b) $1\frac{11}{20}$
c) $\frac{7}{36}$
d) $1\frac{27}{40}$
e) $\frac{11}{35}$
f) $\frac{4}{15}$
g) $\frac{13}{56}$
h) $\frac{59}{63}$
i) $\frac{11}{72}$

3
a) $1\frac{1}{4}$
b) $4\frac{1}{6}$
c) $4\frac{13}{24}$
d) $\frac{27}{40}$
e) $1\frac{5}{18}$
f) $2\frac{1}{3}$

4
a) $2\frac{1}{3}$
b) $1\frac{1}{4}$
c) $1\frac{23}{28}$
d) $2\frac{3}{8}$
e) $1\frac{27}{28}$
f) $2\frac{35}{36}$

5
a) $\frac{3}{10}$
b) $\frac{9}{10}$
c) $\frac{1}{3}$
d) $\frac{3}{8}$
e) $\frac{9}{28}$
f) $\frac{5}{7}$
g) $\frac{6}{5}$
h) $\frac{1}{2}$
i) $\frac{8}{9}$

6
a) $\frac{21}{30} = \frac{7}{10}$
b) $\frac{15}{56}$
c) $\frac{16}{45}$
d) $\frac{7}{36}$
e) $\frac{35}{36}$
f) $\frac{16}{63}$
g) $1\frac{1}{54}$
h) $\frac{35}{72}$
i) $\frac{21}{64}$

7
a) $\frac{2}{3}$
b) $\frac{2}{15}$
c) $\frac{1}{6}$
d) 2
e) $3\frac{3}{4}$
f) $2\frac{1}{2}$

8
a) $\frac{1}{2}$
b) $\frac{5}{14}$
c) 1
d) $\frac{4}{5}$
e) $\frac{3}{20}$
f) $\frac{1}{18}$

Basiswissen | Rechnen mit rationalen Zahlen, Seite 7

1
a) 59
b) -60
c) -58
d) 11
e) $-2,4$
f) $-\frac{1}{4}$

2
a) 16
b) 8
c) 59
d) -220
e) $-2,6$
f) $-\frac{3}{8}$

3
a) 108
b) 242
c) 125
d) 6,4
e) $\frac{1}{6}$
f) $-\frac{1}{6}$

4
a) -330
b) -171
c) -147
d) -12
e) -2
f) -16

5
a) 9
b) 12,5
c) 7
d) 30
e) $\frac{1}{40}$
f) -3

6
a) -8
b) -16
c) -20
d) -30
e) $-\frac{3}{2}$
f) -52

7
a) -68
b) -340
c) $-36,1$
d) 0
e) 71
f) $-\frac{1}{3}$

8
a) 5,6
b) 4
c) 1
d) $-11,5$
e) $-0,5$
f) $-0,25$

Basiswissen | Rechnen mit Termen, Seite 8

1
a) 3
b) -9
c) -18
d) -2

2

	x	-3	-2	-1	0	1	2	3
a)	$4 + 2x$	-2	0	2	4	6	8	10
b)	$-3x - 4$	5	2	-1	-4	-7	-10	-13
c)	$2x - 5x$	9	6	3	0	-3	-6	-9
d)	$2x^2 - x$	21	10	3	0	1	6	15

3
a) $11x + 8y$ b) $-9a + 15b$ c) $-11ab - 6xy$
d) $3a^2 - 3a$

4
a) $9y$ b) $17x$ c) $-4b$ d) $(xy - ab)$

5
a) $960x^2yz$ b) $60xyz$ c) $-288a^2bc$
d) $-12a^3bc$ e) $10xy$ f) $-5y^2$

6
a) $-59xy$ b) $2xy$ c) $-7a^2b^2 - c^2d^2$

7
a) $3a + 9b$ b) $5a + 9$ c) $5m - 6n$ d) $-5m + 6n$

8
a) $27ab + 18a$ b) $56ab - 72ac$
c) $60xy - 30y^2$ d) $-36x^2 - 30xy^2$
e) $54x^2 + 63xy^2$ f) $2a - 3$
g) $ab - 2bc$ h) $-16a^2b + 2b^2$

Basiswissen | Gleichungen lösen, Seite 9

1
a) $x = 6$ b) $x = 2$ c) $x = 1$
d) $x = 10$ e) $x = 0$ f) $x = -4$

2
a) $x = 14$ b) $x = 12$ c) $x = 5$
d) $x = \frac{9}{2}$ e) $x = -\frac{2}{5}$ f) $x = \frac{3}{2}$

3
a) $x = 2$ b) $x = 6$ c) $y = 9\frac{5}{14}$
d) $y = 0$ e) $u = -31$

4
a) $x = \frac{1}{2}$ b) $y = -\frac{2}{3}$ c) $z = 8\frac{1}{3}$

5
$x = 3$

6
a) $x = 4$ b) $x = 15$

7
$(x + 4) \cdot 2 + 10 = 3x + 12$
$x = 6$

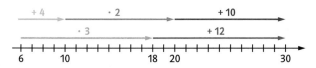

Basiswissen | Dreiecke, Seite 10

1

	α	β	γ	
a)	60°	60°	60°	spitzwinklig Dreieck
b)	40°	125°	15°	stumpfwinklig Dreieck
c)	45°	45°	90°	rechtwinklig Dreieck

2

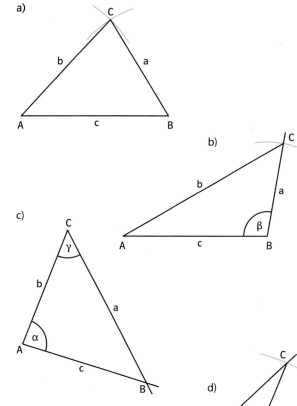

3
Einer maßstäblichen Zeichnung (1 cm entspricht 10 m)
entnimmt man: h = 15,9 cm.
Der Turm ist etwa 159 m hoch.

4

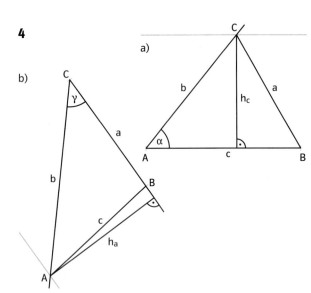

a)

b)

Basiswissen | Proportionale und antiproportionale Zuordnungen, Seite 11

1

a) Der Vorrat reicht für 12 Tage.
b) Die Bretter werden dann 6 cm dick.
c) Hajo braucht nur 8 Minuten.
d) Die restlichen 10 Personen erhalten jeweils 96 €.

2
Sie werden 1,20 € nehmen.

3
6: 4 Stunden
12: 2 Stunden
60: 24 Minuten

4
a) 9 h 46 Minuten
b) 95 km/h

Lösungen der Rückspiegel

Rückspiegel, Seite 29, links

1
a) $2n^2 + 2n = 2n(n + 1)$
b) $2n^2 + 3n + 1 = (2n + 1)(n + 1)$

2
a) $24abx + 18abx^2$ b) $-42m^2n + 3mn^2$
c) $x^2 - x - 12$ d) $-y^2 - 6y + 27$
e) $30x^2 - 3x - 6$ f) $6x^2 + xy - y^2$

3

a)

·	x	−6
x	x^2	−6x
5	5x	−30

$x^2 - x - 30$
$= (x - 6)(x + 5)$

b)

·	x	−7
x	x^2	−7x
12	12x	−84

$x^2 + 5x - 84$
$= (x - 7)(x + 12)$

4
a) $81x^2 + 90xy + 25y^2$ b) $9x^2 + 2,4xy + 0,16y^2$
c) $(y - 8x)^2$ d) $(4a + 5b)^2$
e) $(9t + 11s)(9t - 11s)$ f) $s^2 - 4u^2$

5
a) $x^2 + 16x + 64$ b) $a^2 - 20a + 100 = (a - 10)^2$
c) $121 - 22w + w^2 = (11 - w)^2$ d) $4x^2 - 4xy + y^2 = (2x - y)^2$
e) $(6r + 9s)^2 = 36r^2 + 108rs + 81s^2$

6
a) $0 = 6a^2 + 4ax$ b) $V = a^3 + a^2x = a^2(a + x)$

7
a) $4(x^2 + 6xy + 9y^2)$ $= 4(x + 3y)^2$
b) $3(16x^2 - 40xy + 25y^2)$ $= 3(4x - 5y)^2$
c) $28(u^2 - 4w^2)$ $= 28(u - 2w)(u + 2w)$
d) $0,5(p^2 - 4p + 4)$ $= 0,5(p - 2)^2$

Rückspiegel, Seite 29, rechts

1
a) $2n^2 + 4n + 2 = (2n + 2)(n + 1)$
b) $n^2 + 4n + 4 = (n + 2)^2$

2
a) $48a^2b + 64ab^2$ b) $-8x^3y + 24x^3$
c) $17r - 17s - rt + st$ d) $16b + 15a - ab - 240$
e) $16x^2 - 49x + 3$ f) $-6x^2 - 3,8xy + 0,8y^2$

3

a)

·	x	−3
x	x²	−3x
14	14x	−42

$x^2 + 11x - 42$
$= (x - 3)(x + 14)$

b)

·	−3x	y
2x	−6x²	2xy
−3y	9xy	−3y²

$-6x^2 + 11xy - 3y^2$
$= (-3x + y)(2x - 3y)$

4

a) $256t^2 - 384st + 144s^2$ b) $0{,}49c^2 - 0{,}28cd + 0{,}04d^2$
c) $(3x + 0{,}5y)^2$ d) $(a + 0{,}5b)^2$
e) $(x + 0{,}5y)(x - 0{,}5y)$ f) $\frac{1}{9}a^2 - \frac{1}{4}b^2$

5

a) $9x^2 + 3xy + 0{,}25y^2 = (3x + 0{,}5y)^2$
b) $64m^2 - 32mn + 4n^2 = (8m - 2n)^2$
c) $c^2 - 34c + 289 = (c - 17)^2$
d) mehrere Lösungen möglich
$\quad 16r^2 - 56rs + 49s^2 = (4r - 7s)^2$
$\quad 4s^2 - 56rs + 196r^2 = (2s - 14r)^2$
e) $(15a - 5b)^2 = 225a^2 - 150ab + 25b^2$

6

a) $O = 22x^2 + 26x + 4$ b) $V = 6x^3 + 12x^2 + 6x$

7

a) $\frac{1}{2}(x^2 - 4x + 4) = \frac{1}{2}(x - 2)^2$

b) $\frac{3}{4}\left(v^2 - \frac{1}{4}w^2\right)$

c) $\frac{1}{5}(x^2 + 4xy + 4y^2) = \frac{1}{5}(x + 2y)^2$

d) $6(25x^2 + 20xy + 4y^2) = 6(5x + 2y)^2$

Rückspiegel, Seite 47, links

1

a) $x = 3$ b) $x = 2$ c) $x = -2$

2

a) 9   b) 21   c) 105   d) −15   e) −63

3

a) $x = -\frac{5}{2}$ b) $y = -1$ c) $z = -11$

4

a) $L = \varnothing$ b) $L = \{\frac{3}{10}\}$ c) $L = \{1\}$

5

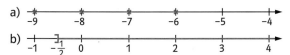

c)

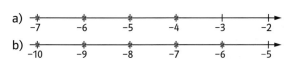

d) Die Lösung ist ganz ℚ.

e)

6

a) $b = \frac{A}{a}$
b) $b = 4\,cm$; $b = 4{,}5\,cm$, $b = 6{,}5\,cm$

7

2 € Einsatz: 13 034,10 €
4 € Einsatz: 26 068,20 €
6 € Einsatz: 39 102,30 €

8

a) $x = 6\,cm$ b) $x = 21\,cm$

Rückspiegel, Seite 47, rechts

1

a) $x = 2$ b) $x = 8$ c) $x = 12$

2

a) −2   b) 0   c) −6
d) +2   e) +0,5

3

a) $x = 4$ b) $y = 21$ c) $z = 7$

4

a) $L = \{12\}$ b) $L = \{2\}$ c) $L = \{-2\}$

5

c) Die Lösung ist leer.

6

a) $G = \frac{W}{p\,\%}$ b) $G = 420{,}00\,€$; $G = 3500\,m$; $G = 960\,kg$

7

Die erste Röhre würde das Becken in 3 Stunden, die zweite in 6 Stunden füllen.

8

Breite 2 cm; Länge 4 cm; Höhe 10 cm

Rückspiegel, Seite 67, links

1

a) D(3|5)   b) D(−1|6)

2

a)

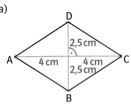

b)

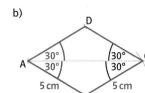

3

β = 115°; γ = 65°; δ = 115°

4

β = 67°

5

α + β + γ + δ = α + (α + 30°) + 3α + (α + 60°) = 6α + 90°
6α + 90° = 360°
α = 45; β = 75°; γ = 135°; δ = 105°

6

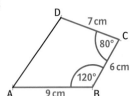

7

a)

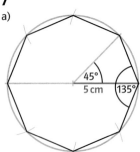

b) α = 135°
Winkelsumme: 8 · 135° = 1080°

Rückspiegel, Seite 67, rechts

1

a) C(6|8); D(1|3)   b) D(−4|6)

2

a)

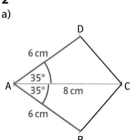

b)

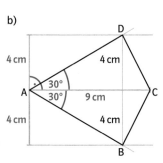

3

α = 85° + 50° = 135°; β = 45°

4

α = 73°

5

α + β + γ + δ = α + (2α + 30°) + 2α
+ (3α − 70°) = 8α − 40°
8α − 40° = 360°
α = 50°
β = 130°
γ = 100°
δ = 80°

6

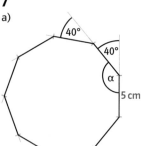

7

a)

b) α = 140°
Winkelsumme: 9 · 140° = 1260°

Rückspiegel, Seite 87, links

1

a = 12 cm u_R = 50 cm u_Q = 48 cm
Das Rechteck hat den größeren Umfang.

2

a) $u = 19{,}7\,\text{cm}$; Der Konstruktion entnimmt man $h_c = 4{,}8\,\text{cm}$
und berechnet $A = 18{,}0\,\text{cm}^2$.

b) $u = 22{,}0\,\text{cm}$; Der Konstruktion entnimmt man $h_a = 5{,}2\,\text{cm}$
und berechnet $A = 28{,}6\,\text{cm}^2$.

3

$A = 36{,}49\,\text{m}^2$

4

$A_1 = 591\,\text{m}^2$ $\qquad\qquad$ $A_2 = 643\,\text{m}^2$

5

a) $b = 4{,}0\,\text{cm}$ $\qquad\qquad$ $u = 33{,}0\,\text{cm}$
b) $h = 4{,}2\,\text{cm}$

6

$A = 39\,000\,\text{cm}^2 = 3{,}9\,\text{m}^2$

Rückspiegel, Seite 87, rechts

1

$h = 20\,\text{cm}$

2

a) $u = 20{,}0\,\text{cm}$; Der Konstruktion entnimmt man
$h_a = 3{,}0\,\text{cm}$ und berechnet $A = 19{,}5\,\text{cm}^2$.

b) $u = 22{,}1\,\text{cm}$; Der Konstruktion entnimmt man
$c = 2{,}5\,\text{cm}$ und $h = 4{,}0\,\text{cm}$ und berechnet $A = 23{,}4\,\text{cm}^2$.

3

$A = 36{,}13\,\text{m}^2$

4

$A_1 = 591\,\text{m}^2$ $\quad$ $A_2 = 643\,\text{m}^2$ $\quad$ $A_3 = 689\,\text{m}^2$

5

a) $a = 8{,}0\,\text{cm}$; $A = 44{,}0\,\text{cm}^2$ $\quad$ b) $c = 5{,}5\,\text{cm}$

6

Seite $a = 3e + 2 \cdot 2e = 7e$; $A = 10 \cdot e^2$

Rückspiegel, Seite 111, links

1

$P(\text{zwei blaue Kugeln}) = \frac{3}{10} \cdot \frac{3}{10} = \frac{9}{100} = 9\%$

2

a)

	1	2	3	4	5	6
1	(1,1)	(1,2)	(1,3)	(1,4)	(1,5)	(1,6)
2	(2,1)	(2,2)	(2,3)	(2,4)	(2,5)	(2,6)
3	(3,1)	(3,2)	(3,3)	(3,4)	(3,5)	(3,6)
4	(4,1)	(4,2)	(4,3)	(4,4)	(4,5)	(4,6)
5	(5,1)	(5,2)	(5,3)	(5,4)	(5,5)	(5,6)
6	(6,1)	(6,2)	(6,3)	(6,4)	(6,5)	(6,6)

b) $P(\text{Pasch}) = \frac{6}{36} = \frac{1}{6} \approx 16{,}7\%$

3

a) $P(\text{einmal rot, einmal blau}) = \frac{2}{32} = \frac{1}{16} = 6{,}25\%$
b) $P(\text{unterschiedliche Farben}) = \frac{42}{64} = \frac{21}{32} = 65{,}625\%$

4

a) $P(\text{mindestens ein Gewinn}) = 36\%$
b) $P(\text{genau ein Gewinn}) = 32\%$
c) $P(\text{kein Gewinn}) = 64\%$
d) $P(\text{höchstens ein Gewinn}) = 96\%$

5

Die Behauptung des Budenbesitzers kann stimmen. Alle
drei zusammen haben bei 30 Enten sechs Gewinne, das
entspricht 20%. Der Budenbesitzer hat sogar nur $\frac{1}{6} = 16{,}7\%$
versprochen.

6

$P(\text{kein Gewinn}) = \frac{2}{3} \cdot \frac{2}{3} = \frac{4}{9} \approx 44{,}4\%$.

Rückspiegel Seite 111, rechts

1

$P(\text{mindestens eine rote Kugel}) = \frac{75}{10} = 75\%$

2

a) $P(\text{Augensumme größer als 9}) = \frac{6}{36} = \frac{1}{6} \approx 16{,}7\%$

	1	2	3	4	5	6
1	2	3	4	5	6	7
2	3	4	5	6	7	8
3	4	5	6	7	8	9
4	5	6	7	8	9	10
5	6	7	8	9	10	11
6	7	8	9	10	11	12

3

P(genau zweimal rot) = $\frac{4}{64}$ = $\frac{1}{16}$ = 6,25 %

P(mindestens einmal rot) = $\frac{28}{64}$ = $\frac{7}{16}$ = 43,75 %

P(höchstens einmal rot) = $\frac{60}{64}$ = $\frac{15}{16}$ = 93,75 %

P(kein rot) = $\frac{36}{64}$ = $\frac{9}{16}$ = 56,25 %

4

a) P(kein Gewinn) = $\frac{1892}{2450}$ ≈ 77,2 %

P(zwei Gewinne) = $\frac{30}{2450}$ ≈ 1,2 %

P(ein Gewinn) = $\frac{528}{2450}$ ≈ 21,6 %

b) Die Summe der Wahrscheinlichkeiten von Aufgabe 1 ist 100 % = 1.
Begründung: Wenn man zwei Lose zieht, hat man nur die drei Möglichkeiten: nichts, mit nur einem Los oder sogar mit beiden Losen zu gewinnen. Die drei Möglichkeiten stellen also ein sicheres Ereignis dar, dessen Wahrscheinlichkeit 1 ist.

5

Es wurden in 14 % aller Fälle Sechsen gewürfelt. Das ist etwas weniger als ein Sechstel, kann aber durchaus sein. Deswegen gibt es keinen Grund zu glauben, dass der Würfel gefälscht ist.

6

P(mindestens ein Gewinn) = 0,3 · 0,25 = 0,075 = 7,5 %

Rückspiegel, Seite 131, links

1

	Grundwert	Veränderung in Prozent	Veränderter Grundwert
a)	315 €	+16 %	365,40 €
b)	820 km	−5 %	779 km
c)	20 km	+30 %	26 km

2
Herr Stark muss 1163,87 € bezahlen.

3
a) 679 €   b) 672,21 €

4
a) 10,20 € Zinsen; neuer Kontostand 690,20 €
b) 459 €

5

	Kapital	Zinssatz	Zinsen	Zeit
a)	600 €	5 %	10 €	4 Mon.
b)	1200 €	6 %	18 €	$\frac{1}{4}$ Jahr
c)	1800 €	6 %	4,20 €	14 Tage
d)	2400 €	11 %	198 €	270 Tage

6
Rechnungsbetrag abzüglich 2 % Skonto 1231,37 €,
also 25,13 €. Zinsen für diesen Betrag 7,90 €. Es lohnt sich, sie spart 17,23 €.

Rückspiegel, Seite 131, rechts

1

	Grundwert	Veränderung in Prozent	Veränderter Grundwert
a)	23,56 €	+10,5 %	26,03 €
b)	124 m	−3$\frac{1}{4}$ %	119,97 m
c)	125,50 €	−2 %	122,99 €

2
Der Heimtrainer kostete ohne Mehrwertsteuer 755,46 €.

3
a) Der ursprüngliche Preis betrug 300 €.
b) um 23,5 %

4
a) 1330 €   b) Marion 1,75 % (Jan 1,5 %)

5

	Kapital	Zinssatz	Zinsen	Zeit
a)	564 €	4,5 %	14,81 €	7 Mon.
b)	678,50 €	10,5 %	53,39 €	$\frac{3}{4}$ Jahr
c)	1225,38 €	3$\frac{1}{4}$ %	8,85 €	80 Tage
d)	826,75 €	10,5 %	32,07 €	133 Tage

6
Frau Hahn muss für die 9000 € Rest beim Händler 630 € bezahlen, bei der Bank bekommt sie das Geld für 570 € Zinsen. Die Bank ist also günstiger.

Rückspiegel, Seite 155, links

1

$V = 1080\,\text{cm}^3$ $O = 663\,\text{cm}^2$

2

$c = 5\,\text{cm}$

3

Netz in halber Größe:

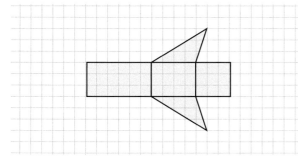

4

Schrägbild in halber Größe:

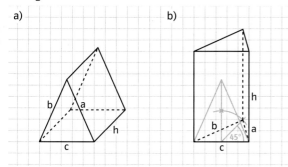

5

$G = \frac{1}{2}c \cdot h_c = 24\,\text{cm}^2$ $u = 32\,\text{cm}$

$V = G \cdot h = 192\,\text{cm}^3$ $M = u \cdot h = 256\,\text{cm}^2$

$O = 2 \cdot G + M = 304\,\text{cm}^2$

6

$V = 216\,\text{cm}^3 + 64\,\text{cm}^3 = 280\,\text{cm}^3$

$O = 5 \cdot 36\,\text{cm}^2 + 5 \cdot 16\,\text{cm}^2 + (36 - 16)\,\text{cm}^2 = 280\,\text{cm}^2$

oder

$O = 6 \cdot 36\,\text{cm}^2 + 6 \cdot 16\,\text{cm}^2 - 2 \cdot 16\,\text{cm}^2 = 280\,\text{cm}^2$

Rückspiegel, Seite 155, rechts

1

Das Volumen vergrößert sich mit dem Faktor 8. Die Oberfläche vergrößert sich mit dem Faktor 4.

2

$c = 5\,\text{cm}$

3

Netz in halber Größe:

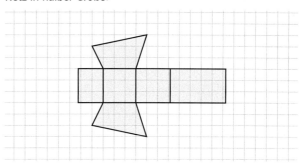

4

Schrägbild in halber Größe:

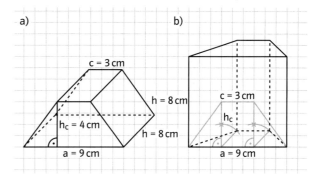

5

$G = a \cdot h_a = 75\,\text{cm}^2$ $u = 42\,\text{cm}$

$V = G \cdot h = 900\,\text{cm}^3$ $M = u \cdot h = 504\,\text{cm}^2$

$O = 2 \cdot G + M = 654\,\text{cm}^2$

6

$V = 1881,6\,\text{m}^3 + 512,0\,\text{m}^3 = 2393,6\,\text{m}^3$

Der Boden gehört nicht zur Außenfläche.

$A = 2 \cdot 14,00 \cdot 10,50\,\text{m}^2 + 2 \cdot 10,50 \cdot 12,80\,\text{m}^2 + 2 \cdot 14,00 \cdot 12,80\,\text{m}^2$
$+ 4 \cdot 8,00 \cdot 8,00\,\text{m}^2 = 1177,2\,\text{m}^2$

Rückspiegel, Seite 175, links

1

a) $y = 2,5x$

x	−3	−2	−1	0	1	2	3
y	−7,5	−5	−2,5	0	2,5	5	7,5

b) $y = -2x - 1$

x	−3	−2	−1	0	1	2	3
y	5	3	1	−1	−3	−5	−7

c) $y = 0{,}4x + 1{,}5$

x	−3	−2	−1	0	1	2	3
y	0,3	0,7	1,1	1,5	1,9	2,3	2,7

d) $y = -\frac{3}{5}x + 0{,}8$

x	−3	−2	−1	0	1	2	3
y	2,6	2	1,4	0,8	0,2	−0,4	−1

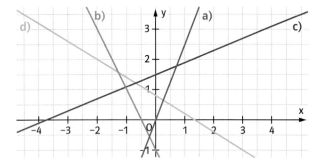

2

a) $y = -\frac{2}{3}x - 4$ linear, Steigung $-\frac{2}{3}$ und y-Achsenabschnitt −4

b) $y = 3x$ proportional, Gerade geht durch den Ursprung

c) $y = 2$ linear, Steigung 0, y-Achsenabschnitt 2

d) $y = x^2 - 5x$ weder linear noch proportional Schaubild ist keine Gerade

3

g_1: $y = \frac{1}{2}x + 2$ g_2: $y = \frac{3}{2}x - 1{,}5$

g_3: $y = -\frac{3}{4}x + 0{,}5$ g_4: $y = -\frac{2}{5}x - 0{,}5$

4

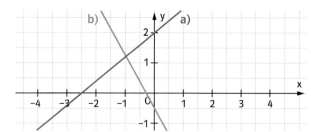

5

a) P(2|1,5)   b) V(−2|4)   c) S(2|0,5)
    Q(4|3)   W(−1,5|3)   T(5|1,25)

6

z. B. $y = -2x + 3$

7

a) 4 m
b) $y = 0{,}4x + 2$
c) Schaubild, nach ungefähr 20 Tagen

Rückspiegel Seite 175, rechts

1
a)

x	−3	−2	−1	0	1	2	3
y	4,5	3	1,5	0	−1,5	−3	−4,5

b)

x	−3	−2	−1	0	1	2	3
y	0,5	$-\frac{1}{6}$	$-\frac{5}{6}$	−1,5	$-\frac{13}{6}$	$-\frac{17}{6}$	$-\frac{21}{6}$

c)

x	−3	−2	−1	0	1	2	3
y	6,5	1,5	−1,5	−2,5	−1,5	1,5	6,5

d)

x	−3	−2	−1	0	1	2	3
y	5,5	5	4,5	4	3,5	3	2,5

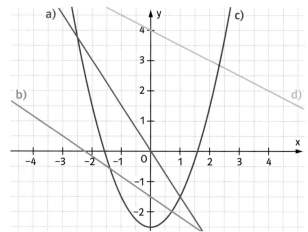

2
$y = 2{,}5x + 1$

3
g_1: $y = \frac{2}{7}x - \frac{5}{2}$ g_2: $y = \frac{5}{3}x + \frac{3}{2}$

g_3: $y = -2x + 2$ g_4: $y = -\frac{5}{6}x - \frac{1}{2}$

4
$y = -1{,}5x + 2$

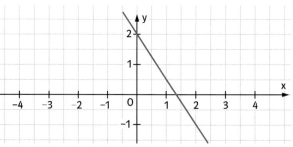

5

a) $y = x + 1$ b) $y = -x + 3$ c) $y = \frac{1}{2}x - 2$

6

a) $y = 15 + 25x$

x ist die Anzahl der Stunden, y die Wasserhöhe in cm.

b) 15 cm Wasserhöhe sind 12,5 %

     120 cm Wasserhöhe sind 100 %

Nach 4,2 h oder 4 h 12 min ist diese Höhe erreicht.

Rückspiegel, Seite 193, links

1

a) $L = \{(3 \; ; -2)\}$ b) $L = \{(4 \; ; 2)\}$

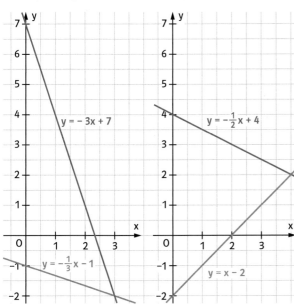

2

a) $y = -\frac{1}{2}x + 5$ und $y = x - 1$; $L = \{(4 \; ; 3)\}$

b) $y = 3x + 3$ und $y = \frac{1}{2}x - 2$; $L = \{(-2 \; ; -3)\}$

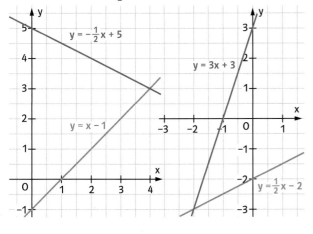

3

a) $L = \{(2 \; ; 3)\}$ b) $L = \left\{\left(1 \; ; -\frac{2}{3}\right)\right\}$

4

a) $L = \left\{\left(4 \; ; \frac{3}{2}\right)\right\}$ b) $L = \{(4 \; ; 3)\}$

c) $L = \{(7 \; ; 10)\}$

5

g: $y = x + 2$ und h: $y = -\frac{1}{2}x + 5$; $S(2 \,|\, 4)$

6

a) Keine Lösung, Geraden sind parallel.

b) $S(0 \,|\, -1)$; $L = \{(0 \; ; -1)\}$

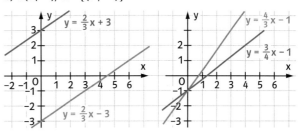

7

Erwachsene zahlen 5 €, Kinder 2 €. Für zwei Erwachsene und zwei Kinder müssen 14 € bezahlt werden.

8

Die Angebote können mit zwei linearen Gleichungen dargestellt werden. A: $y = 120 + 25x$ und B: $y = 100 + 30x$

Familie Hartmann muss die Anzahl der Urlaubstage berücksichtigen. Bei 4 Tagen sind die Angebote gleich, ab 5 Tagen wird das Angebot A günstiger.

Rückspiegel, Seite 193, rechts

1

a) $L = \{(3 \; ; 2)\}$ b) $L = \{(2 \; ; 1,5)\}$

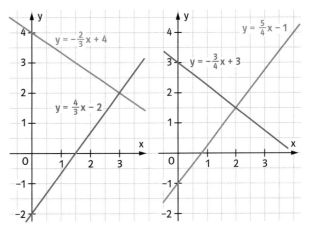

2

a) $y = \frac{1}{2}x + 1$ und $y = -3x + 8$; $L = \{(2 ; 2)\}$

b) $y = -\frac{2}{5}x - \frac{4}{5}$ und $y = -\frac{5}{2}x + \frac{11}{2}$; $L = \{(3 ; -2)\}$

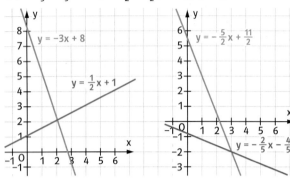

3

a) $L = \{(-1 ; 2)\}$ b) $L = \{(0 ; 4)\}$

4

a) $L = \{(3 ; -2)\}$ b) $L = \{(24 ; 16)\}$ c) $L = \{(27 ; 44)\}$

5

g: $y = \frac{1}{3}x + 2$ und h: $y = -x + 4$; $S(1,5 | 2,5)$

6

a) unendlich viele Lösungen, es ist dieselbe Gerade,
$y = 3x - 4$

b) Keine Lösung, Geraden sind parallel.

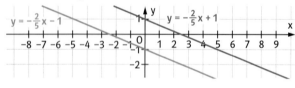

7

Eine Tulpe kostet 0,80 €, eine Rose 1,50 €.
Ein Strauß mit 8 Rosen und 7 Tulpen kostet 17,60 €.

8

Die Tarife können mit zwei linearen Gleichungen dargestellt
werden. A: $y = 45,50 + 0,165x$ und B: $y = 75,25 + 0,155x$
Familie Munz muss ihren Stromverbrauch ermitteln. Bei
2975 KWh sind beide Tarife gleich teuer, bei einem höheren
Verbrauch wird der Tarif B günstiger.

Lösungen des Sammelpunktes

1

a) $(3x - 2)^2 = 9x^2 - 12x + 4$

b) $(7x - 3y)^2 = 49x^2 - 42xy + 9y^2$

c) $(4x + 6y)^2 = 16x^2 + 48xy + 36y^2$
  $(3x + 8y)^2 = 9x^2 + 48xy + 64y^2$
  $(2x + 12y)^2 = 4x^2 + 48xy + 144y^2$

2

a) (B)   b) $(3 - 2y)(1 + y) = 3 + y - 2y^2$

c) $(5a - 7b)^2 = 25a^2 - 70ab + 49b^2$
  oder $(5a + 7b)^2 = 25a^2 + 70ab + 49b^2$

3

a) (C)   b) Anna und Sofie   c) A und C

4

a) $84xy + 72y^2$ b) $5x(7 - 2y) = 35x - 10xy$

c) Ja, Petra hat Recht. Es bleibt nach der Vereinfachung der
Term $4xy$ übrig, d.h. das Ergebnis ist durch 4 teilbar.
Termansatz: $(x + y)^2 - (x - y)^2$

5

a) $121x^2 - 66xy + 9y^2 = (11x - 3y)^2$

b) $50s^2 - 140st + 98t^2 = 2(5s - 7t)^2$

c) Termansatz: $x^2 - (x + 1)^2 + (x + 2)^2 - (x + 3)^2 = -4x - 6$
$= 2(-2x - 3)$
Das Ergebnis ist also durch 2 teilbar und somit gerade.

6

a) Die Zahlen heißen 16; 17 und 18.

b) $x + (x - 1) + (x - 2)$

c) Die drei Zahlen heißen 33; 34; 35.
Der Term $x + (x + 1) + (x + 2)$ ergibt umgeformt den Term
$3x + 3$. Dieser Term ist durch 3 teilbar.
Die Summe 100 ist nicht durch 3 teilbar.

7

a) z.B. $4x + 3y$ b) z.B. $3x - 3y$

c) z.B. $x = 1$ und $y = -1$; $x = 5$ und $y = 1$;
$x = -1$ und $y = -2$

8

a) $O = 2a^2 + 4ah_k$
  $O = 2 \cdot 8^2 + 4 \cdot 8 \cdot 15$
  $O = 608\,cm^2$

b) $h_k = \frac{O - 2a^2}{4a}$

c) $V = 1,5a^3$; $O = 8a^2$

9

a) $\delta = 135°$; $\beta = 40°$ b) $\delta = 125°$; $\beta = 70°$

c) $\gamma = 45°$; $\varepsilon = 80°$

10

a) $\gamma = 42°$ b) $\alpha = 50°$ c) $\gamma = 70°$

11

a) $A = 44{,}2\,\text{cm}^2$ b) $A = 77{,}4\,\text{cm}^2$

c) A, C, D, E

12

a) (3) b) (B)

c) 1 C; $V = a^2(a + 2) = a^3 + 2a^2$

  2 A; $V = a(a + 1)(a + 2) = (a^2 + a)(a + 2)$

    $= a^3 + 2a^2 + a^2 + 2a = a^3 + 3a^2 + 2a$

  3 B; $V = (a - 1)(a + 1)\,2a = (a^2 - 1)\,2a = 2a^3 - 2a$

13

a)

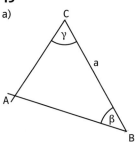

b)

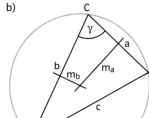

c)

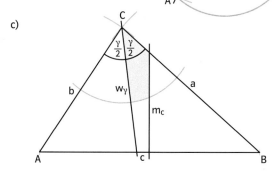

14

a) $\alpha = 32°$; $\beta = 21°$; $\gamma = 126°$

b) Es sind zu viele Angaben.

c) Die Seiten a und b sind zusammen kürzer als c.

15

a) $V = 3250\,\text{cm}^3$

b) $O = 448\,\text{cm}^2$

c) An jeder Ecke entstehen drei neue Quadratflächen, die mit den vorherigen Außenflächen übereinstimmen. Daher ändert sich beim Abschneiden von Außenecken die Oberflächengröße nicht.

16

a) Es werden 7 Teilwürfel entnommen.
Das Volumen beträgt somit $1280\,\text{cm}^3$.

b) Durch die Ausschachtung wird die Oberfläche vergrößert. Sie besteht aus 72 Teilquadraten (20 Würfel, 8 davon haben 3 freie Flächen, 12 haben 4 freie Flächen).

$O = 1152\,\text{cm}^2$

c) Die Oberfläche hat um $33{,}\overline{3}\,\%$ zugenommen.

17

a) $V = 17\,408\,\text{cm}^3$

b) Das Abschneiden von Eckwürfeln ändert die Oberfläche nicht.

$O = 4224\,\text{cm}^2$

c) Der ursprüngliche Quader hat 66 Oberflächenquadrate. Damit die Oberfläche um mindestens 10 % zunimmt, müssen mindestens 7 Teilquadrate hinzukommen. Beim Herausbrechen eines Teilwürfels entstehen 2 zusätzliche Teilquadratflächen.

Dies gilt allerdings nur für Teilwürfel, die an den Kanten aber nicht an den Ecken liegen. Es müssen also 4 solcher Teilwürfel herausgebrochen werden.

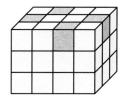 oder so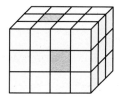

18

a)

b) Es entstehen ein Rechteck und ein Dreieck.
Das Rechteck ist kein Quadrat. Die senkrechten und die waagerechten Seiten sind verschieden lang.

c) Das Volumen des kleinen Körpers verhält sich zum gesamten Würfelvolumen wie 1 : 16.
Das Volumenverhältnis der Teilkörper ist 1 : 15.

19

a) 50 cm b) 75 cm

c) $\frac{2}{3}$ des Gesamtvolumens sind mit Wasser gefüllt.

Wenn der Körper auf der Vorderfläche liegt, füllt das Wasser erneut zwei Drittel der Körperhöhe.

Also steht das Wasser 20 cm hoch. Rechnerische Lösung ebenso möglich.

20

a) Die Prismen mit der parallelogrammförmigen und der rechteckigen Grundfläche sind gleich hoch.

b) Das parallelogrammförmige Prisma ist ebenfalls 12 cm hoch.

Das Dreiecksprisma ist doppelt so hoch, also 24 cm.

Das trapezförmige Prisma ist 8 cm hoch.

c) Die Höhen verhalten sich wie 3 : 6 : 3 : 2.

21

a)

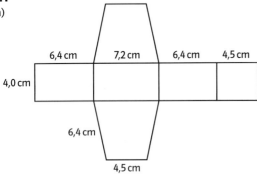

b) Die Höhe der Trapezfläche kann durch Abmessen bestimmt werden: h_T = 6,3 cm.

Damit gilt für die Oberfläche: O = 171,7 cm².

c)

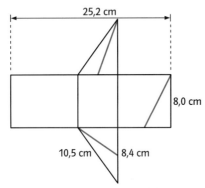

Der Streckenzug hat eine Länge von ungefähr 25,6 cm.

22

a) Die Körperhöhe beträgt 12,2 cm.

b) O = 591,36 cm²

c) h_T = 7,5 cm

23

a) Es gibt 5 Möglichkeiten. Alle entstehenden Körper sind Prismen.

b) Die Oberfläche eines einzelnen Prismas misst: O = 510 cm²

Die zusammengesetzten Körper haben folgende Oberflächengrößen: 930 cm²; 684 cm²; 810 cm²; 936 cm².

c) Das große Mantelrechteck ist jetzt ein Quadrat.

Es gibt also eine weitere Möglichkeit der Zusammensetzung:

Das Quadrat A'B'F'E' wird dabei um 90° gedreht.

Der Körper ist dann allerdings kein Prisma.

24

a)

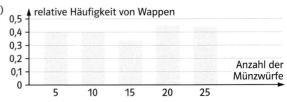

b)

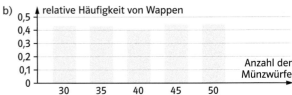

Für die Würfe 30 bis 50 verläuft das Diagramm ähnlich, aber auf höherem Niveau und mit geringeren Schwankungen. Einzelne „Pechsträhnen" fallen nicht mehr so stark ins Gewicht.

c) Nach 210 Würfen beträgt die relative Häufigkeit ca. 0,514. Nach 2010 Würfen würde sie ca. 0,493 betragen. Eine solche Serie würde sich also nicht mehr so stark auswirken.

25

a) P(Hauptgewinn) = $\frac{1}{20}$ P(Niete) = $\frac{15}{20} = \frac{3}{4}$

P(irgendein Gewinn) = $1 - \frac{3}{4} = \frac{1}{4}$

b) Wenn man davon ausgeht, dass ursprünglich nur eine Packung eingefüllt wurde und der Hauptgewinn schon gezogen worden sind, beträgt die Wahrscheinlichkeit P(irgendein Gewinn) = $\frac{4}{11}$.

c) Bei der Supertrommel besteht die Möglichkeit, zwei Hauptgewinne zu ziehen. Dies ist bei den normalen Trommeln nicht möglich.

26

a) David: Ich bin auf jeden Fall besser als Ismail und Marcel. Ismail hat viel mehr Bälle nicht gehalten und Marcel hat nur zwei Bälle gehalten.

Ismail: Ich bin der Beste. Ich habe die meisten Bälle gehalten.

Marcel: Ich bin der Beste. Ich habe nur einen einzigen Ball nicht gehalten.

Tim: Ich bin der Beste. Ich habe 21 Bälle mehr gehalten als ich nicht gehalten habe.

b)

	gehalten	nicht gehalten	rel. Häufigkeit gehaltene Bälle
David	15	5	75%
Ismail	29	11	72,5%
Marcel	2	1	66,7%
Tim	23	2	92%

Tim scheint der beste Torwart zu sein.

c) Alle außer Ismail haben noch Aussichten, die beste Haltequote zu erzielen.

Selbst wenn Ismail alle fünf Bälle halten würde und Tim keinen Ball halten könnte, wäre Tim noch besser als Ismail.

27
a)

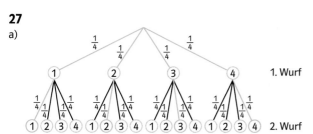

1. Wurf

2. Wurf

$P(\text{zwei gleiche Zahlen}) = \frac{1}{4} \cdot \frac{1}{4} + \frac{1}{4} \cdot \frac{1}{4} + \frac{1}{4} \cdot \frac{1}{4} + \frac{1}{4} \cdot \frac{1}{4} = \frac{4}{16} = \frac{1}{4}$

b) $\frac{3}{16} + \frac{2}{16} + \frac{1}{16} + \frac{0}{16} = \frac{6}{16}$

c) Mögliche Spielregel für die Gewinnwahrscheinlichkeit $\frac{1}{8}$: Die Summe der Würfe muss 7 ergeben. Es gibt keine Regel für die Wahrscheinlichkeit $\frac{1}{3}$. Denn da 16 nicht durch 3 teilbar ist, gibt es kein Ereignis, das in genau $\frac{1}{3}$ aller möglichen Ergebnisse eintritt.

28
a)

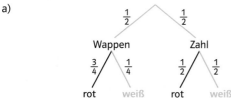

$P(\text{weiß}) = \frac{1}{2} \cdot \frac{1}{4} + \frac{1}{2} \cdot \frac{1}{2} = \frac{1}{8} + \frac{1}{4} = \frac{3}{8}$

b) Mögliche Verteilungen:

Wappen	Zahl
3 weiße, 1 rote	4 rote
2 weiße, 2 rote	1 weiße, 3 rote
1 weiße, 3 rote	2 weiße, 2 rote
4 rote	3 weiße, 1 rote

Die beiden mittleren Fälle haben dieselben Wahrscheinlichkeiten zum Ergebnis, da „Wappen" und „Zahl" gleich wahrscheinlich sind.
Dieser Fall wurde unter a) behandelt.
Auch die anderen beiden Fälle haben als Ergebnis
$P(\text{weiß}) = \frac{1}{2} \cdot \frac{0}{4} + \frac{1}{2} \cdot \frac{3}{4} = \frac{3}{8}$.

c) Die günstigste Konstellation erreicht er, wenn er in einen Topf eine einzige weiße Kugel legt und alle anderen sieben Kugeln in den anderen Topf. Dann ist
$P(\text{weiß}) = \frac{1}{2} \cdot \frac{1}{1} + \frac{1}{2} \cdot \frac{2}{7} = \frac{1}{2} + \frac{1}{7} = \frac{9}{14}$.
Die ungünstigste Konstellation ist umgekehrt, wenn sich in einem Topf nur eine einzige rote Kugel befindet. Dann gilt
$P(\text{weiß}) = \frac{1}{2} \cdot 0 + \frac{1}{2} \cdot \frac{3}{7} = \frac{3}{14}$.

29
a) Der Mantel kostete ursprünglich 240 €.
b) Die Antikvase hatte zuvor einen Wert von 1350 €.
c) 26,25 %

30
a) 93,20 €   b) Ursprünglicher Preis: 110 €
c) 12,5 %

31
a) 20 %   b) Die Schokoladentafel wog vorher 300 g.
c) 635,29 €

32
a) Das bisherige Paket dürfte 4,0 kg schwer gewesen sein.
b) Wäre der Preis proportional angehoben worden, hätte das neue 4,5-kg-Sparpaket nur 16,86 € kosten dürfen. Es ist somit kein Sparpaket.
c) Die Ware kostet dann noch 53,3 % des ursprünglichen Preises, also noch mehr als die Hälfte.

33
a) Für die Jugendlichen (25 %), Erwachsene (21,2 %)
b) 48 €   c) 15,4 %

34
a) 474,33 €   b) 150 €
c) Der neue Preis beträgt noch 25 % des ursprünglichen Preises.
Folgende Aussagen sind deshalb richtig:
(1) Es kostet jetzt weniger als 30 % des ursprünglichen Preises.
(2) Der Preisnachlass beträgt drei Viertel des anfänglichen Preises.

35
a) K = 2500 €
b) Marie bekommt nach 1 Jahr und 9 Monaten 5337,92 € ausbezahlt.
c) Die Spareinlage beträgt 7500 €.

36
a) In beiden Fällen beträgt der Zinssatz 8 %.
Die Frage ist, für wie lange sie das Geld leihen muss.
b) Bank C bietet einen Zinssatz von 7,5 % und ist dann am günstigsten, wenn sie das Geld auch für das gesamte Jahr braucht.
c) Zinsen für Sparguthaben: 67,50 €
Jahreszinsen bei den Banken A und B: 1200 €
Jahreszinsen bei Bank C: 1125 €
Ersparnis bei Bank A und B: 172,50 €
Ersparnis bei Bank C: 247,50 €

37

a) Es fallen 8,85 € Zinsen an.

b) Gesamtkosten über Möbelhaus Gigant: 18 500 €
   Gesamtkosten über Stadtsparkasse: 18 403,75 €

c) ab 6666,67 €

38

a) Minimum: 10 €; Maximum: 46 €

b)

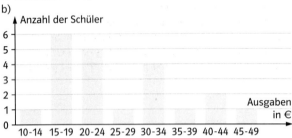

c) In der Klasse 8a ist das Ausgabeverhalten recht einheit-
lich: Mehr als die Hälfte gibt weniger als 30 € pro Woche
aus. Dagegen gibt in der 8 b ca. ein Drittel der Schüler unter
20 € aus, ein Drittel aber über 40 €. Dazwischen wird breit
gestreut.

39

a) Minimum 18,50 €; Maximum 52,45 €; Spannweite 33,95 €

b) Mittelwert 32,50 €

c) neuer Mittelwert 35 €

40

a) Minimum 0; Maximum 28; Spannweite 28

b) Mittelwert 8,62
Der Mittelwert ändert sich auf 7,81

c) Mögliche Auswahl: 1,5; 5,5; 7,5; 11,5; 17

41

a) A 2; Behälter hat überall den selben Querschnitt, füllt sich
also gleichmäßig; geringes Volumen; Wasser steigt schnell
B 1; Behälter füllt sich erst langsam, dann schneller, da der
Querschnitt kleiner wird; weiter oben gleichmäßig
C 4; Behälter füllt sich erst langsam, dann immer schneller;
gleichmäßige Verengung nach oben hin
D 3; Behälter hat überall denselben Querschnitt, füllt sich
gleichmäßig; großes Volumen; Wasser steigt langsam

b)

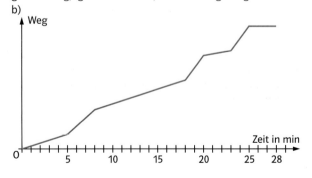

c) Es gibt keine waagrechten Abschnitte im Graphen und die
ansteigenden Abschnitte sind vertauscht: der flache gehört
zum größten Würfel, der steile zum kleinsten.

42

a) g: $y = x - 2$ h: $y = -x - 0,5$ i: $y = 0,5x + 3$

b) keine

c) $y = 0,5x - 3,5$

43

a) ja, $y = -x + 4$ und $-48 = -52 + 4$

b) $h: y = x - 2$

c) 9 Flächeneinheiten

44

a) g D; h E; i C; j F

b) $y = x - 4$; $y = \frac{1}{2}x - \frac{1}{2}$; $y = 2x - 11$; $y = -x + 10$

c) Die Steigung muss größer als $\frac{3}{4}$ sein.

45

a)

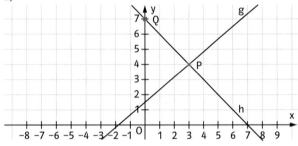

b) g: $y = \frac{2}{3}x + 2$ h: $y = -x + 7$

c) g: $S_1(-3\,|\,0)$; $S_2(0\,|\,2)$ h: $S_1(7\,|\,0)$; $S_2(0\,|\,7)$

46

a) Gerade durch $(0\,|\,-1)$ und $(1\,|\,1)$
$y = 2x - 1$

b) Nein.

1. Tabelle: $y = \frac{1}{2}x + 5$ 2. Tabelle: $y = \frac{1}{2}x - 5$

c) $y = 2x + 4$, geht somit nicht durch den IV. Quadranten.
z. B. $y = 2x - 3$

47

a) Zeichnung von $\overline{AB}$
Der Punkt $P(3\,|\,2,5)$ halbiert die Strecke $\overline{AB}$.

Die Gerade g hat die Gleichung $y = -\frac{1}{3}x + 3,5$.

b) Der Flächeninhalt des Dreiecks ist $A = \frac{10,5 \cdot 3,5}{2}$ FE, also
18,375 FE.

c) z. B. die Gerade h mit $y = 3x - 5$

48

a) Der Drachen wird durch die Geraden g_1 mit $y = -\frac{5}{4}x + 2{,}5$,
g_2 mit $y = \frac{5}{4}x + 2{,}5$, g_3 mit $y = \frac{1}{2}x - 1$ und g_4 mit $y = \frac{1}{2}x - 1$
begrenzt.

b) Die Gerade mit $y = \frac{1}{3}x$ verläuft flacher als die Winkel-
halbierende $y = x$.
Die Gerade mit $y = 3x$ verläuft steiler als die Winkel-
halbierende $y = x$.
Beide Geraden gehen durch den Ursprung und haben eine
positive Steigung.

c) Wählt man bei der Geraden h beispielsweise die Steigung
$m = 1$, dann schneiden sich die Geraden im II. Quadranten
im Punkt $P(-1{,}5 \mid 0{,}5)$.

49

a) Die Kerze, die zur roten Gerade gehört, war 6 cm lang,
die Kerze, die zur blauen Gerade gehört, war 4 cm lang.
Die „blaue" Kerze ist die dickere der beiden.

b) Die Kerzen waren nach 20 Minuten etwa gleich weit
abgebrannt.

c) Die rote Kerze hätte 8 cm lang sein müssen.

50

a) 120 Minuten

b) Die zylinderförmigen Kerzen sind dann gleich dick.

c) Die 24 cm lange Kerze brennt insgesamt 6 Stunden,
die 12 cm lange Kerze brennt insgesamt 7,5 Stunden.

51

a) Familie Schmid zahlt bei Rent a mobil 280 €, bei Auto-
Service 375 €.
Familie Spatz zahlt bei Rent a mobil 105 €, bei Auto-Service
112,50 €.
In beiden Fällen ist Rent a mobil günstiger.

b) Nein, diese Aussage gilt lediglich für die Firma Auto-
Service.

c) Bei 120 gefahrenen Kilometern sind die beiden Angebote
gleich günstig (90 €).

52

a) $L = \{x \in \mathbb{N} \mid x > 1\} = \{2; 3; 4; \ldots\}$
$L = \{x \in \mathbb{Q} \mid x > 1\}$

b) $L = \{x \in \mathbb{N} \mid x > -\frac{7}{6}\} = \mathbb{N}$
$L = \{x \in \mathbb{Q} \mid x > -\frac{7}{6}\}$

c) $L = \{x \in \mathbb{N} \mid x < -\frac{6}{11}\} = \{\}$
$L = \{x \in \mathbb{Q} \mid x < -\frac{6}{11}\}$

53

a) Er muss zwei Fahrten durchführen.

b) Er muss eine zusätzliche Fahrt unternehmen.

c) Gleichmäßige Verteilung; 11 Pakete, 11 Pakete, 10 Pakete

54

a) 500 Brezeln

b) 544 Brezeln

c) Mit der Standgebühr von 10 € müssen nun täglich 430
Brezeln verkauft werden.

55

a) $x = 3$; $y = -2$

b) Keine, Geraden verlaufen parallel.

c) An der Anzahl der Schnittpunkte: Bei einem Schnittpunkt
gibt es genau eine Lösung, bei unendlich vielen Schnittpunk-
ten (Geraden liegen aufeinander) gibt es unendlich viele
Lösungen, bei keinem Schnittpunkt (Geraden liegen parallel)
gibt es keine Lösung.

56

a) $x = 3$; $y = -2{,}5$

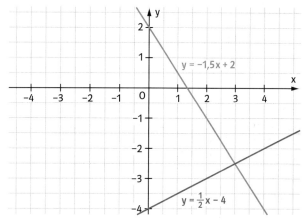

b) $x = 3$; $y = 2$

c) Die Geraden haben die Gleichungen:
g: $y = \frac{4}{3}x - 3$; h: $y = x + 3$
Die Geraden g und h schneiden sich im Punkt $Q(18 \mid 21)$.

57

a) $x = 2$; $y = -1$

b) Frau Bauer kauft 3 kg Äpfel und 4 kg Orangen.

c) Die Mädchen erhalten jeweils 25 Kugeln, die Jungen bekommen jeweils 50 Kugeln.

58

a) Mögliches lineares Gleichungssystem:
(1) $h = 2m$ (2) $h + m = 30$
Martina hat 10 Euromünzen.

b) (1) $m = h + 3$ (2) $m + h = 73$
Henning hat 35 Münzen, Manuela hat 38 Münzen.

c) $3x = x + 3$ hat keine ganzzahlige Lösung, aber die
Lösung $x = 1{,}50$ €.

Register

Mathematische Symbole

=	gleich
<, $\leq$	kleiner als; kleiner oder gleich
>, $\geq$	größer als; größer oder gleich
$\mathbb{N}$	Menge der natürlichen Zahlen
$\mathbb{Z}$	Menge der ganzen Zahlen
$\mathbb{Q}$	Menge der rationalen Zahlen
$g \perp h$	die Geraden g und h sind zueinander senkrecht
$\llcorner$	rechter Winkel
$g \parallel h$	die Geraden g und h sind parallel
g, h, ...	Buchstaben für Geraden
A, B, ... , P, Q, ...	Buchstaben für Punkte
$\alpha, \beta, \gamma, \delta, ...$	griechische Buchstaben für Winkel
$\overline{AB}$	Strecke mit den Endpunkten A und B
A(−2|4)	Punkt im Koordinatensystem mit dem x-Wert −2 und y-Wert 4

Maßeinheiten und Umrechnungen

Zeiteinheiten

Jahr		Tag		Stunde		Minute		Sekunde
1 a	=	365 d						
		1 d	=	24 h				
				1 h	=	60 min		
						1 min	=	60 s

Gewichtseinheiten

Tonne		Kilogramm		Gramm		Milligramm
1 t	=	1000 kg				
		1 kg	=	1000 g		
				1 g	=	1000 mg

Längeneinheiten

Kilometer		Meter		Dezimeter		Zentimeter		Millimeter
1 km	=	1000 m						
		1 m	=	10 dm				
				1 dm	=	10 cm		
						1 cm	=	10 mm

Flächeneinheiten

Quadrat-kilometer		Hektar		Ar		Quadrat-meter		Quadrat-dezimeter		Quadrat-zentimeter		Quadrat-millimeter
1 km^2	=	100 ha										
		1 ha	=	100 a								
				1 a	=	100 m^2						
						1 m^2	=	100 dm^2				
								1 dm^2	=	100 cm^2		
										1 cm^2	=	100 mm^2

Raumeinheiten

Kubikmeter		Kubikdezimeter		Kubikzentimeter		Kubikmillimeter
1 m^3	=	1000 dm^3				
		1 dm^3	=	1000 cm^3		
		1 l	=	1000 ml		
				1 cm^3	=	1000 mm^3

Bildquellenverzeichnis

U.1: Fotosearch RF (Image 100), Waukesha, WI – 4.1: Avenue Images GmbH (Photo Disc); 4.2: (Stockbyte), Hamburg – 4.3: Getty Images (Paula Hibl); 4.5: (Stone/Frans Jansen), München – 5.1: Corbis (zefa/Engel), Düsseldorf – 5.2: Avenue Images GmbH (Thinkstock); 5.3: (Brand X Pictures), Hamburg – 5.5: iStockphoto (RF/David Freund), Calgary, Alberta – 12.1: Avenue Images GmbH (Photo Disc), Hamburg – 13.3: Corbis (zefa/Allig); 28.1: (Archivo Iconografico), Düsseldorf – 28.3: Picture-Alliance (akg / von Linden), Frankfurt – 30.1: Avenue Images GmbH (Stockbyte); 30.5: (Corbis RF/ Thinkstock), Hamburg – 31.1: Getty Images (Photographer`s Choice/Frederic Tousche); 31.2: PhotoDisc – 31.4: (iconica/Omer Knaz), München – 36.2: Avenue Images GmbH (Image Source), Hamburg – 39.1: Alamy Images RM (profimedia), Abingdon, Oxon – 40.1: Casio, Norderstedt – 41.2: Helga Lade (Photri), Frankfurt – 42.1: Corel Corporation, Unterschleissheim – 42.2: Getty Images (Photographer's Choice/Chase Jarvis), München – 42.3: Mauritius (Keyphoto International), Mittenwald – 42.4: Getty Images (Image Bank/John Kelly); 48.1: (Paula Hibl); 49.2: (Stone/ PM Images), München – 50.1: AKG, Berlin; 54.1: archivberlin (Geduldig), Berlin – 61.1: Corbis (Ralph A. Clevenger), Düsseldorf – 61.2: Mauritius (Rosenfeld), Mittenwald – 61.4: Corbis (Adam Woolfitt), Düsseldorf – 61.5: Musiolek, Wilhelm, Lehrte/Arpke – 69.3: Getty Images (Taxi/Paul Viant); 69.4: (iconica/Bryan Mullennix), München – 70.2: Mauritius (age), Mittenwald – 80.4: Okapia (Möller), Frankfurt – 86.1: Mauritius (Mehlig), Mittenwald – 88.1: Getty Images (Stone/Frans Jansen), München – 88.2: Corbis (Thomsen/ zefa), Düsseldorf – 88.3: Avenue Images GmbH (PhotoDisc), Hamburg – 88.5: Getty Images (Photonica/ Charles Gullung), München – 89.1: Avenue Images GmbH (PhotoDisc); 89.2: (Stock Disc), Hamburg – 89.3: Corbis (Emely/zefa), Düsseldorf – 89.4: Getty Images (Image Bank/ Gandee Vasan); 89.6: (Taxi/ Nick White), München – 90.1: MEV, Augsburg – 90.2: Corbis (zefa/ Holger Winkler), Düsseldorf – 93.1: Bananastock RF (Banana Stock), Watlington / Oxon – 98.3: Alamy Images RM (Karpeles), Abingdon, Oxon – 109.2: Motor-Presse International, Stuttgart – 112.1: Corbis (zefa/Engel), Düsseldorf – 112.2; 112.3: Avenue Images GmbH (Stockdisc), Hamburg – 113.1: Getty Images (Stone/ Tom Morrison), München – 114.1: MEV, Augsburg – 117.1: Getty Images (Altrendo images), München – 119.3: MEV, Augsburg – 120.1: creativ collection, Freiburg – 121.1: Getty Images RF (Digital Vision), München – 127.2: ullstein bild (Contrast/Pollak), Berlin – 128.1: MEV, Augsburg – 129.4: Picture-Alliance (Conradie), Frankfurt – 130.1: MEV, Augsburg – 132.1: Avenue Images GmbH (Thinkstock), Hamburg – 137.3: iStockphoto (RF/mike morley), Calgary, Alberta – 140.1: Illuscope, Waidhofen/ Thaya – 142.1: MEV, Augsburg – 142.2: Fotosearch RF, Waukesha, WI – 142.3: Getty Images RF (PhotoDisc), München – 143.4: www.wasserfest.de – 145.5: Mauritius (Rosenfeld), Mittenwald – 145.6: TOPICMedia, Ottobrunn – 154.2: Siegfried Kuttig, Lüneburg – 154.4: CEMAFER, Breisach am Rheinße – 156.1: Avenue Images GmbH (Brand X Pictures); 156.2: (Stockdisc), Hamburg – 156.3: Corbis (zefa/Klawitter), Düsseldorf – 157.1: Avenue Images GmbH (Stockdisc), Hamburg – 157.2: Getty Images (Photographer`s Choice/Kaz Mori); 157.3: (Photonica/Ranald Mackechnie), München – 158.1: MEV, Augsburg – 160.3: Avenue Images GmbH (Image Source), Hamburg – 161.4: Picture-Alliance, Frankfurt – 163.3: MEV, Augsburg – 168.3: Getty Images (Stone/Chris Cole), München – 168.3: Avenue Images GmbH (image 100), Hamburg – 169.1: Mauritius (Heidi Velten), Mittenwald – 170.1: Getty Images (Photodisc/PhotoLink), München – 171.3: Lokomotiv-Ateliers für Visuelle Kom (Thomas Willemsen), Stadtlohn – 174.1: Mauritius (Hackenberg), Mittenwald – 176.1: Getty Images (Image Bank/Bob Elsdale), München – 176.4: (Stock 4B/Sabine Fritsch), München – 177.2: Avenue Images GmbH (Image Source), Hamburg – 182.3: Imago Stock & People (Niehoff), Berlin – 183.2: Viscom Fotostudio (Siegfried Schenk), Schwäbisch Gmünd – 192.2: laif (Specht), Köln – 194.1: Okapia (Ingo Arndt), Frankfurt – 194.2: ullstein bild (AP), Berlin – 194.4: Astrofoto, Sörth – 195.1: Fotolia LLC (RF/Elias), New York – 196.1: IMAGO (Hoch Zwei); 196.2; 197.2: (Reporters), Berlin – 198.1: Alamy Images RM (Tor Eigeland), Abingdon, Oxon – 200.2: Getty Images (photonica/Neo Vision), München – 200.3: Corbis (Randy Faris), Düsseldorf – 200.4: Getty Images (photonica/Hoshikawa), München – 200.5: Jupiterimages GmbH (FoodPix/Bill Boch), Ottobrunn / München – 201.1: Getty Images (Stone/Uwe Krejci), München – 201.1: Corbis (zefa/Sagel & Kranefeld); 201.2: (zefa/Christopher Stevenson); 201.3: (creasource), Düsseldorf – 208.1: Getty Images RF (PhotoDisc), München

Alle übrigen Fotos entstammen dem Archiv des Ernst Klett Verlages, Stuttgart.

Nicht in allen Fällen war es uns möglich, den uns bekannten Rechteinhaber ausfindig zu machen. Berechtigte Ansprüche werden selbstverständlich im Rahmen der üblichen Vereinbarungen abgegolten.